HANDBUCH KLEBTECHNIK 2024

adhäsion KLEBEN & DICHTEN
Industrieverband Klebstoffe e. V.

Springer Vieweg

Herausgeber:	adhäsion KLEBEN & DICHTEN Abraham-Lincoln-Straße 46 D-65189 Wiesbaden Tel.: +49 (0) 6 11-78 78-2 62 www.adhaesion.com E-Mail: adhaesion@springer.com
	mit Unterstützung des: Industrieverband Klebstoffe e. V. Völklinger Straße 4 (RWI-Haus) D-40219 Düsseldorf Tel.: +49 (0) 2 11-6 79 31 10 Fax: +49 (0) 2 11-6 79 31 33
Verlag:	Springer Vieweg | Springer Fachmedien Wiesbaden GmbH Abraham-Lincoln-Straße 46 D-65189 Wiesbaden www.springer-vieweg.de

FCIO BERUFSGRUPPE BAUKLEBSTOFFE — Österreich (A)
FKS Fachverband Klebstoff-Industrie Schweiz — Schweiz (CH)
Industrieverband Klebstoffe e.V. Innovationen erkleben — Deutschland (D)
VLK vereniging lijmen en kitten — Niederlande (NL)

Alle Eintragungen in den Firmenprofilen und Bezugsquellen beruhen auf Angaben der jeweiligen Firma (Stand: 2024). Für Vollständigkeit sowie Richtigkeit der Angaben übernimmt der Verlag keine Gewähr.

Die Deutsche Nationalbibliothek verzeichnet diese Publikation in der Deutschen Nationalbibliografie; detailierte bibliografische Daten sind Internet über http://dnb.d-nb.de abrufbar.

Einbandabbildung: ViscoTec Pumpen- u. Dosiertechnik GmbH

Layout/Satz: satzwerk mediengestaltung · D-63303 Dreieich

Gedruckt auf säurefreiem und chlorfrei gebleichtem Papier

Die Springer Fachmedien Wiesbaden GmbH ist Teil der Fachverlagsgruppe SpringerNature.
www.springer-vieweg.de

ISBN 978-3-658-45917-8 Schutzgebühr: € 25.90

Liebe Leserinnen und Leser,

nach einem schwierigen Jahr 2023 blickt die deutsche Klebstoffindustrie etwas zuversichtlicher in die Zukunft. Es gibt heutzutage kaum mehr einen Industrie- oder Handwerkszweig, der auf den Einsatz der Klebtechnik als innovative und verlässliche Verbindungstechnologie verzichten kann. Sie ist essenziell, wenn es darum geht, verschiedene Werkstoffe unter Erhalt ihrer Eigenschaften langzeitbeständig zu kombinieren. Nur durch den Einsatz innovativer Klebstoffsysteme sind die Möglichkeiten für neue, prozesssichere Bauweisen gegeben. Über das eigentliche Verbinden hinaus können auch weitere Funktionalitäten in geklebte Bauteile integriert werden – so z.B. Ausgleich unterschiedlicher Fügeteildynamiken, Strom- und Wärmeleitfähigkeit, Korrosionsschutz, Schwingungsdämpfung oder Abdichten gegen Flüssigkeiten und Gase. Wie keine andere Verbindungstechnik erlaubt das Kleben die Umsetzung fortschrittlichen Designs durch eine optimale Kombination technologischer, ökonomischer und ökologischer Aspekte. Insofern gilt die Klebtechnik unbestritten als die Schlüsseltechnologie des 21. Jahrhunderts.

Der deutschen Klebstoffindustrie kommt dabei eine ganz besondere Bedeutung zu. Sie steht einschließlich der Umsätze ihrer Auslandstöchter mit Produkten „erfunden in Deutschland“ mit einem Umsatz von rund 13,3 Mrd. EUR weltweit für fast 20% des globalen Klebstoffmarktes. Sie beschäftigt rund 18.000 Menschen in Deutschland und ca. 52.000 Menschen weltweit. Durch den Einsatz etablierter und innovativer Klebstoffsysteme wird ein Wertschöpfungspotential von mehr als 400 Mrd. EUR generiert. Diese enorme Wertschöpfung entspricht etwa 50% des Beitrags des produzierenden Gewerbes und der Bauwirtschaft am deutschen Bruttoinlandsprodukt – oder anders ausgedrückt: rund 50% der in Deutschland produzierten Waren stehen mit Kleb- und Dichtstoffen in Verbindung – das auch im wahrsten Sinne des Wortes.

Der Industrieverband Klebstoffe repräsentiert die technischen und wirtschaftspolitischen Interessen von derzeit 156 Klebstoff-, Klebeband- und Klebrohstoffherstellern, wichtigen Systempartnern und wissenschaftlichen Instituten. Er ist der weltweit größte und im Hinblick auf sein Service-Portfolio auch der weltweit führende Verband im Bereich der Klebtechnik.

In Kooperation mit seinen Schwesterverbänden – dem *Fachverband Klebstoffindustrie Schweiz,* dem *Fachverband der Chemischen Industrie Österreichs* und dem niederländischen Verband *Vereniging lijmen en kitten* – gibt der Industrieverband Klebstoffe in diesem Handbuch einen Einblick in die Welt der Klebstoffindustrie.

Es zählt zu den zentralen Aufgaben der Verbände, regelmäßig über die Schlüsseltechnologie „Kleben“, die Hersteller von innovativen Klebstoffsystemen und über die Aktivitäten der Branchenorganisationen zu informieren. Dieses Handbuch enthält wichtige Fakten über die Klebstoffindustrie und ihre Verbände, und es informiert über die umfangreichen Liefer- und Leistungsprofile der Klebstoffhersteller, wichtiger Systempartner sowie wissenschaftlicher Institute.

Gemeinsam mit der Redaktion „adhäsion KLEBEN & DICHTEN“ freuen wir uns, die nunmehr 16. Ausgabe des Handbuch Klebtechnik präsentieren zu können. Das Handbuch Klebtechnik wird jährlich aktualisiert und erscheint im Wechsel in deutscher und englischer Sprache.

Dr. Kathrin Hein
Vorsitzende des Vorstandes des Industrieverband Klebstoffe e. V.

Dr. Vera Haye
Hauptgeschäftsführerin des Industrieverband Klebstoffe e.V.

Inserentenverzeichnis

Titelbild: 2K-Dosierlösung mit optimierter Bauraumgestaltung. (Quelle: ViscoTec Pumpen- u. Dosiertechnik GmbH)

Analysemethoden

Herausforderungen bei der Charakterisierung thermischer und mechanischer Eigenschaften von Haftklebstoffen

Die mechanischen und thermischen Eigenschaften von Haftklebstoffen zu kennen, ist wichtig. Diese werden sowohl in der Industrie als auch im Alltag vielfältig verwendet. Mit rheologischen Methoden lassen sich mechanische und thermische Analysen gleichzeitig durchführen.

Haftklebstoffe (engl.: Pressure Sensitive Adhesive – PSA) sind in Industrie und Alltag weit verbreitet. Mechanische und thermische Analysemethoden sind entscheidend, um Endprodukte von hoher Qualität und Leistung zu fertigen. Moderne Rheometer bieten vielfältige Versuchsmöglichkeiten wie Viskositätsmessungen zur Charakterisierung von Schmelzen bei Verarbeitungstemperaturen oder Kleb- und Abzugsversuche. Oszillationsversuche, wie die dynamisch-mechanische Analyse (DMA), ermöglichen die Charakterisierung viskoelastischer Eigenschaften über ein breites Frequenz- und Temperaturspektrum. DMA ist besonders wichtig für die Qualitätskontrolle und Formulierung von Haftklebstoffen, da sie umfassende Informationen in einem einzigen Versuch liefert.

Das bevorzugte Prüfverfahren ist die sogenannte Time-Temperature-Superposition (TTS): Dabei werden isotherme Frequenzversuche bei unterschiedlichen Temperaturen wiederholt durchgeführt. Um diesen Test in einem einzigen Durchgang zu absolvieren, gilt es, unterschiedliche Herausforderungen der Regelungstechnik zu meistern. Darüber hinaus ermöglichen verschiedene Auswertungswerkzeuge, die Daten in eine benutzerfreundliche Darstellungsform umzuwandeln und sie für weitere Nutzungen verfügbar zu machen. TTS-Messungen über einen breiten Temperaturbereich sind üblich bei der Entwicklung von Klebstoffen.

Verhalten sich die Moleküle eines Materials thermorheologisch nicht komplex, das heißt, die Relaxationszeiten λ weisen alle dieselbe Temperaturabhängigkeit auf, lässt sich eine sogenannte Masterkurve erzeugen. Diese ermöglicht Aussagen über das Materialverhalten weit über den messbaren Frequenzbereich hinaus. So lassen sich leicht 35 Dekaden im Frequenzbereich ermitteln. Dazu werden die isothermen Frequenz-Sweeps bei einer Referenztemperatur mittels numerischer Algorithmen überlagert. Dabei wird angenommen, dass das mechanische Verhalten bei niedrigen Temperaturen dem bei hohen Frequenzen entspricht und umgekehrt. Ursächlich ist die Molekularbewegung: Bei hohen Temperaturen ist die molekulare Mobilität vergleichsweise hoch und entspricht daher eher der mechanischen Antwort auf niederfrequente, langsame Oszillation Bei niedrigen Temperaturen hingegen ist die molekulare Mobilität stark reduziert, und das makroskopische Verhalten entspricht dem bei hohen Frequenzen. Dabei haben die Moleküle nicht genügend Zeit, der Scherdeformation zu folgen [1].

Hilfsmittel Masterkurve

PSA verhalten sich streng genommen thermorheologisch komplex, weisen mehrere Übergänge auf und bestehen aus unterschiedlichen Molekülen. Die Annahme, dass die Relaxationszeiten λ alle dieselbe Temperaturabhängigkeit aufweisen, trifft demzufolge nicht zu. Dennoch ist es eine gängige Praxis, TTS-Versuche durchzuführen, und damit eine Masterkurve zu erzeugen. Obwohl dieser Vorgang aus materialwissenschaftlicher Sicht nicht vollständig korrekt ist, ermöglicht er es dennoch, auf empirischem Weg wertvolle Informationen über den Haftklebstoff zu erhalten [2, 3].

Die charakteristische Kurvenform der Materialeigenschaften - nämlich Speichermodul G‘, Verlustmodul G“ und Verlustfaktor tanδ, in Abhängigkeit von Temperatur und Frequenz - kann gut mit der industriellen Anwendung korreliert werden. Die Höhe des Plateaus des Moduls oder die Position der Glasübergangstemperatur entsprechen beispielsweise den kohäsiven Eigenschaften von PSA. In diesem Zusammenhang führte E. P. Chang das Konzept eines viskoelastischen Fensters ein, um verschiedene Klebstofftypen zu kategorisieren [2]. Weiterhin beschreiben die rheologischen Parameter Speichermodul G‘, Verlustmodul G“ und Verlustfaktor tanδ bei niedrigen Frequenzen das Klebverhalten. Hohe Frequenzen zeigen hingegen das Ablöseverhalten. Andere Materialeigenschaften wie die komplexe Viskosität weisen darauf hin, wie sich der Klebstoff beim Anpressen an die Rauigkeit der Oberfläche anpassen kann. Darüber hinaus lassen die dynamischen „Fingerabdrücke“ eines Materials, die aus DMA-Messungen gewonnen werden, Rückschlüsse auf chemische Details wie Kristallisation, Polymerverschlaufungen oder Molekulargewichte zu.

Je größer der Temperatur- und Frequenzbereich der Messungen ist, umso mehr Informationen über die viskoelastischen Eigenschaften des Materials sind ermittelbar. Solche Versuche stellen jedoch aufgrund messtechnischer Grenzen eine experimentelle Herausforderung dar: Bei sehr niedrigen Temperaturen versteifen die Proben und führen aufgrund der Torsionsnachgiebigkeit des Messsystems und des Motors zu Problemen [4]. Hohe Frequenzen beeinflussen die Massenträgheit des Messsystems und der Probe stark, wodurch das Drehmoment zu hohe Werte aufweisen kann [5].

Material und Methoden

Die TTS-Messungen wurden mit einem luftgelagerten Rheometer (MCR 702e, Anton Paar, Graz, Österreich) durchgeführt **(Bild 1).** Die PSA-Proben lagen zwischen zwei parallelen Platten, ein Konvektionsofen temperierte den Aufbau. Die isothermen Frequenz-Sweeps bewegten sich zwischen -60 und 170 °C mit $\Delta T = 1$ K. Das System regelte die Scherdeformation γ automatisch. Die Messungen wurden im Separater-Motor-Transducer-Modus (SMT) durchgeführt, das heißt, der untere Messantrieb oszilliert und belastet die Probe, während der obere Antrieb die Reaktion der Probe misst.

Das Platte/Platte-Messsystem besaß einen Durchmesser von 12 mm. Der Messspalt betrug etwa 0,7 mm, wobei er zwischen den verschiedenen Proben leicht variierte. Anstatt den Messspalt festzuhalten, wurde eine konstante Normalkraft von 2 N eingestellt. Dadurch ließ sich die Gefahr des Wandgleitens verringern und der Messspalt konnte sich automatisch an die Wärmeausdehnung oder Kontraktion der Probe anpassen.

Zwei handelsübliche Klebebänder (PSA 1 und PSA 2) dienten als Probe. Bei diesen handelt es sich um transparente, doppelseitig selbstklebende Bänder. Für die Messung wurden fünf Schichten übereinander geklebt und mit einer Kraft von 2 N bei 50 °C angedrückt, um eine gute Verbindung zu gewährleisten.

Dynamische Messsteuerung

Werden DMA-Prüfungen in Torsion mit einem PSA durchgeführt, besteht die Herausforderung darin, dass sowohl die Probe zwischen den Platten als auch die Komponenten des Rheometers (zum Beispiel Messsystem und Motor) Torsionsbelastungen ausgesetzt sind. Wenn die Probe eher flüssig und viel weniger steif als das Messsystem ist, absorbiert die Probe die gesamte Torsionsenergie. Das heißt, der Auslenkwinkel des Motors ist gleich dem Auslenkwinkel der Probe. Ist die Probe jedoch sehr steif, beispielsweise bei Klebstoffen, die sehr niedrigen Temperaturen ausgesetzt sind, erfahren die Rheometerkomponenten ebenfalls eine Torsion. Das führt dazu, dass der Auslenkwinkel der Probe kleiner ist als der Auslenkwinkel am Motor [4, 6, 7].

Eine weitere Herausforderung ist die Oszillation bei hohen Frequenzen: Aufgrund der Trägheit der beweglichen Rheometerkomponenten und der Probe wird das zur Beschleunigung des Messsystems erforderliche Drehmoment größer, folglich das Drehmoment der Probe zu hoch gemessen

Bild 1: Modular Compact Rheometer (MCR) mit eingebautem Convection Temperature Device (CTD) für Temperaturen bis + 600 °C und Platte-Platte-Messsystem.

© Anton Paar Germany GmbH

[5, 8 - 10]. Um die genannten Effekte auszugleichen, muss die Rheometersteuerung den Zustand der Probe kontrollieren, indem sie die tatsächlichen Torsionsnachgiebigkeits- und Trägheitswerte der Komponenten berücksichtigt und diese Effekte kompensiert. Zusätzlich wird durch den SMT-Modus der Einfluss der Trägheit verringert [4, 5].

Wahl der Messparameter

Proben, die während einer DMA-Messung in Torsion einen Phasenübergang durchlaufen, können ihre mechanischen Eigenschaften drastisch verändern. Neben der Auswahl des Messsystems sind die richtigen Messparameter entscheidend für die Versuchsqualität. Hier ist eine weitere intelligente Automatisierung im Controller sehr hilfreich, um die Rohdaten in einem gewissen sicheren Bereich zu halten [4]. In diesem Fall kam das sogenannte Auto Range Adjustment (ARA) zum Einsatz. Damit lässt sich das minimale und maximale Drehmoment während des gesamten Frequenz- und Temperatur-Sweeps einstellen (zum Beispiel ein minimales Drehmoment von 1 µNm und ein maximales Drehmoment von 25 mNm). Es ist zu beachten, dass 1 µNm ein sehr konservatives Minimum ist, verglichen mit dem minimalen Drehmoment, was ein DMA-Messgerät unter normalen Bedingungen messen kann [4, 11 - 14].

Wenn eine Scherdeformation von 0,01 % vorgegeben wird, liegt das Mindestdrehmoment in einem angemessenen und sicheren Bereich (weit über 1 µNm), wenn sich die Probe im glasartigen Zustand befindet (bei niedrigen Temperaturen). Wenn die Probe jedoch erweicht (bei Temperaturen von etwa 160 °C), passt der intelligente Automatismus im Controller die Deformation langsam an. Das gewährleistet, dass mindestens 1 µNm in der Messung eingehalten wird. Dasselbe gilt für die entgegengesetzte Richtung. Wenn die vom Benutzer eingestellte Deformation das maximal eingestellte Drehmoment überschreitet, passt der Regler die Deformation automatisch an und verhindert ein zu großes Drehmoment (zum Beispiel bei niedrigen Temperaturen, wenn sich die Probe im Glaszustand befindet). Damit wird auch eine zu große Überkompensation bei der Korrektur der Torsionsnachgiebigkeit vermieden.

Temperaturabhängiges Verhalten

Haftklebstoffe sollten idealerweise in einem breiten Temperaturfenster anwendbar sein. Mit einem Temperatur-Sweep lassen sich Materialien auf ihr temperaturabhängiges Verhalten untersuchen **(Bild 2).** Insbesondere für die Entwicklung von Klebstoffen sind das Speichermodul G‘ sowie der Verlustfaktor tanδ relevant. Anhand des Plateauwerts G_N^0 können Benutzer Aussagen über den adhäsiven und kohäsiven Charakter des Materials treffen. Liegt das Plateau zu hoch, so ist der Haftklebstoff zu kohäsiv und hat wenig adhäsive Eigenschaften, der Haftklebstoff haftet also nicht auf dem Material. Ist hingegen der Plateauwert zu niedrig, so sind die kohäsiven Kräfte nicht hinreichend ausgeprägt und es erfolgt ein kohäsiver Fehler. Der Haftklebstoff kann zwar auf der aufgebrachten Oberfläche haften, jedoch ist der interne Zusammenhalt zu schwach und die Haftklebstoffschicht zerreißt.

Neben dem Plateauwert G_N^0 ist wie bereits erwähnt auch der Verlauf des Verlustfaktors elementar, um Haftklebstoffe zu beurteilen. Abhängig jeweils von der Polymerzusammensetzung, den

Additiven und des Herstellungsprozesses befinden sich die Maxima des Verlustmoduls an unterschiedlichen Stellen. Üblicherweise steht jedes Maximum für einen Phasenübergang oder eine Veränderung der Molekülanordnung und -mobilität.

Die in **Bild 2** dargestellten Haftklebstoffe zeigen unterschiedliches temperaturabhängiges Verhalten. Das Speichermodul von PSA 1 befindet sich schon unter 0 °C im richtigen viskoelastischen Fenster (PSA-Leistungsfenster nach [2]), während das Modul von PSA 2 erst ab circa 25 °C die obere Grenze unterschreitet. Im weiteren Verlauf zeigt das Modul von PSA 1 bis über 100 °C ein stetiges Verhalten und steigt dann an, um bei circa 140 °C das viskoelastische Fenster zu verlassen. Das Speichermodul von PSA 2 hingegen baut deutlich ab und macht bei circa 75 °C einen Sprung nach unten, die untere Grenze des viskoelastischen Fensters schneidet es bereits bei circa 120 °C. Es lässt sich somit ableiten, dass PSA 1 in einem breiteren Temperaturfenster anwendbar ist.

Frequenzabhängiges Verhalten

Haftklebstoffe finden in vielen Produkten des alltäglichen Lebens Anwendung und sind daher neben großen Temperaturspannen auch mechanischer Belastung wie Vibrationen und Stößen ausgesetzt. Das kann zum Beispiel durch das versehentliche Fallenlassen eines Handys geschehen. Die Kräfte, die bei einem Stoß wirken, lassen sich durch hochfrequente Oszillationsbewegungen beschreiben. Ebenfalls erlauben die Oszillationen unterschiedlicher Frequenzen die Abbildung verschiedener Anwendungsphasen – bei Klebstoffen stehen beispielsweise kleine Frequenzen für den Ruhezustand, da das Material nur geringer Belastung ausgesetzt ist. Wird der Haftklebstoff hingegen aufgebracht oder abgezogen, entspricht das eher einer schnellen Bewegung. Hochfrequente Oszillationen bilden diesen Prozess ab.

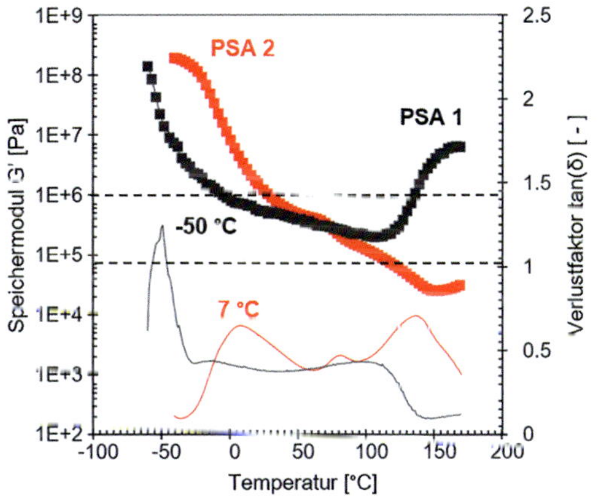

Bild 2: Temperaturabhängiges Verhalten zweier Haftklebstoffe PSA 1 und PSA 2. Dargestellt sind das Speichermodul G' und der Verlustfaktor tanδ. Die gestrichelten Linien zeigen das viskoelastische Fenster, in dem Haftklebstoffe üblicherweise gut applizierbar sind.

Der in **Bild 3** dargestellte Haftklebstoff PSA 2 weist eine starke Frequenzabhängigkeit auf. Bei niederfrequenten Oszillationen (1 Hz) liegt der PSA 2 zwischen 30 und 120 °C im viskoelastischen Fenster. Bei 80 Hz verschiebt sich der Bereich zu höheren Temperaturen, von 60 bis 150 °C. Diese Verschiebung zeigt sich auch im Verlustfaktor: Bei 1 Hz liegt die Glasübergangstemperatur (T_g) bei 7 °C und verschiebt sich bei 80 Hz hin zu 30 °C. Bei einer einzigen Messung bei 1 Hz könnte also der Eindruck entstehen, dass ein Einsatz bei 50 °C problemlos möglich ist. Ist die Anwendung jedoch Vibrationen oder Stößen ausgesetzt, ist es vermutlich nicht ideal, den Klebstoff in diesem Temperaturbereich einzusetzen. Vermutlich verändert sich sein Verhalten und seine Haftkraft lässt nach. Die TTS-Versuche analysieren diese Frequenzverschiebungen noch präziser. Wie in **Bild 4a** zu sehen ist, liegt die Glasübergangstemperatur Tg von PSA 2 bei etwa 0 °C und nimmt mit steigender Frequenz zu. Die Auftragung der T_g über der Kreisfrequenz stellt eine Korrelation her. Die Glasübergangstemperatur lässt sich über den Arrhenius-Ansatz mit der Kreisfrequenz korrelieren **(Bild 4b).**

Zeit-Temperatur-Superposition

Bild 5a zeigt die TTS-Ergebnisse von PSA 1. Das Speichermodul G‘ variiert von fast 1.000 MPa (bei niedrigen Temperaturen) bis zu weniger als 0,01 MPa (bei hohen Temperaturen) und das Verlustmodul von 100 bis 0,001 MPa. Ein einziger Versuch deckt mehr als fünf Dekaden der Module ab, ohne das Messsystem wechseln zu müssen. Rheometer-Software (RheoCompass 1.32 von Anton Paar) diente zur Auswertung der Messergebnisse.

Thermische Eigenschaften wie die Glasübergangstemperatur T_g lassen sich leicht anhand von Temperaturversuchen ermitteln. Die mit einer TTS-Messung bei verschiedenen Temperaturen aufgezeichneten isothermen Frequenz-Sweeps lassen sich einfach über der Temperatur statt der

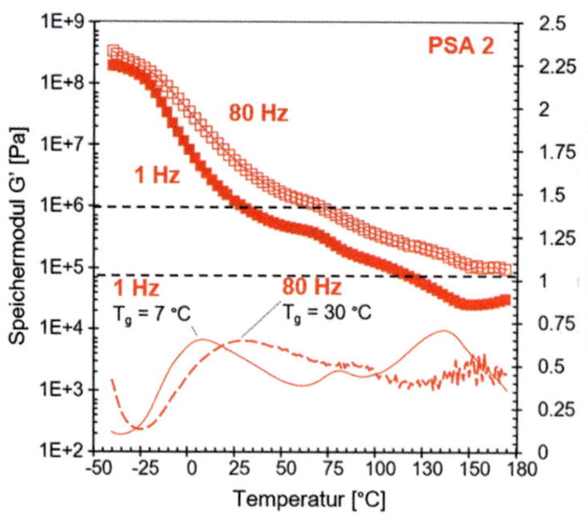

Bild 3: Frequenzabhängiges Verhalten von PSA 2. Dargestellt sind das Speichermodul G‘ und der Verlustfaktor tanδ. Die gestrichelten Linien zeigen das viskoelastische Fenster, in dem Haftklebstoffe üblicherweise gut applizierbar sind.

Frequenz auftragen. Dies ergibt für den kompletten aufgezeichneten Frequenzbereich einen Temperatur-Sweep **(Bild 5b).**

TTS-Messungen werden häufig herangezogen, um Masterkurven zu erstellen. Diese erweitern den Frequenzbereichns im Vergleich zu einem einzelnen Frequenzversuch und können weitere interessante Aussagen liefern. **Bild 6** zeigt die Masterkurve der TTS-Messung aus **Bild 5a.** Wie eingangs bereits erläutert, können Daten bei niedrigen Frequenzen den Daten der Frequenzversuche bei hohen Temperaturen gleichgesetzt werden. Dieser Zusammenhang ergibt sich nur unter der

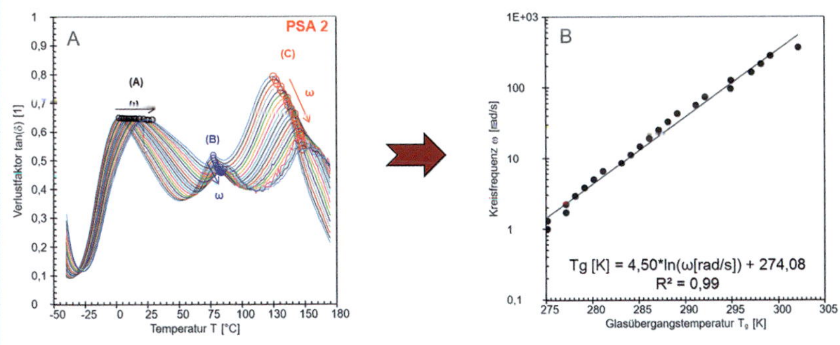

Bild 4: Frequenzabhängige Verschiebung der Glasübergangstemperatur T_g und daraus berechnete Arrhenius-Modellierung der Kreisfrequenz in Abhängigkeit der Temperatur.

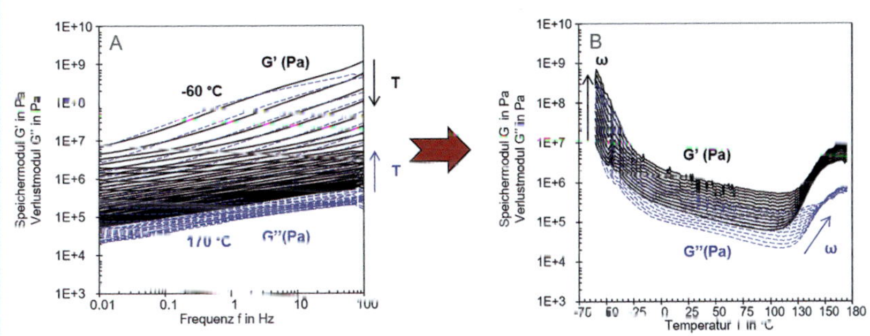

Bild 5: Umwandlung einer TTS-Messung in temperaturabhängige G'- und G''-Module.

Annahme der gleichmäßigen Temperaturabhängigkeit der Relaxationszeiten λ aller Moleküle des Materials. Die so erstellte Masterkurve ermöglicht die Bewertung der Leistung bei einer gewählten Referenztemperatur über einen weit ausgedehnten Frequenzbereich von etwa 35 Dekaden (in diesem Fall war die Referenztemperatur 25 °C). Mit der Extrapolation bei 25 °C gelingt unter gewissen Voraussetzungen die mathematische Ableitung des Verhaltens außerhalb des mechanisch messbaren Frequenzbereichs. Dies ist zum Beispiel nützlich, um das Verhalten von Haftklebstoffen bei der Referenztemperatur im kHz-Bereich vorherzusagen.

Steigt die Referenztemperatur an, verschiebt sich die Masterkurve zu höheren Frequenzen. Daher ändern sich die Eigenschaften des Haftklebstoffs bei einer bestimmten Frequenz. Anhand eines ausgeprägten Datenpunktes, zum Beispiel des Maximums des Verlustfaktors tanδ, lässt sich der Haftklebstoff bei der gewählten Temperatur klassifizieren: Mit zunehmender Temperatur (und damit zunehmendem Maximum von tanδ) verändert sich die Probe von einer eher harten in eine weiche Probe.

Schlussfolgerungen

Der Bericht schildert die Herausforderungen beim Messen des temperaturabhängigen Verhaltens von Haftklebstoffen (PSA). Zudem zeigt sich, wie sich durch geeignete Regeltechnik die oberen und unteren Messgrenzen erweitern lassen. Besonders wichtig ist, die Scherdeformation an das Motordrehmoment automatisch anzupassen, um Proben mit sprunghaften Änderungen von fest zu weich über verschiedene Temperaturen und Frequenzen zu messen. Zusätzlich zur Steuer- und Regeltechnik trägt die Präzision des Messgerätes entscheidend zum Erfolg anspruchsvoller Messungen bei. Geräte mit zwei Rotationsmotoren und Separater-Motor-Transducern können effektiv Trägheitseffekten der Probe entgegenwirken. Diese Methoden erfüllen die hohen Anforderungen

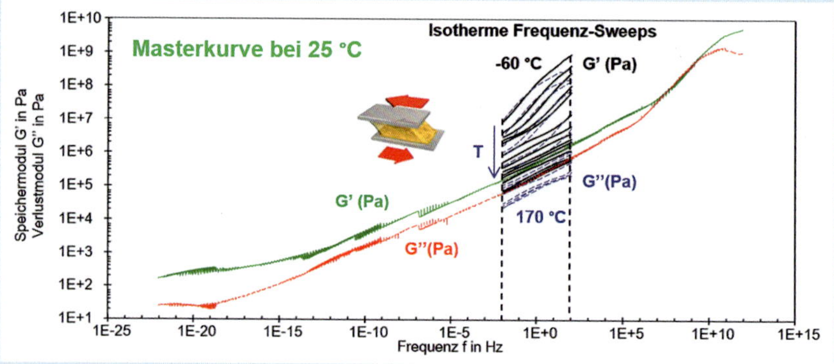

Bild 6: Isotherme Frequenz-Sweeps mit einer logarithmischen Frequenzrampe von 0,01 bis 100 Hz im Bereich von - 60 bis 170 °C (G‘ in schwarz und G“ in blau). Die Masterkurve wurde bei einer Referenztemperatur von 25 °C berechnet (G‘ in grün und G“ in rot). © Anton Paar Germany GmbH

der Probe in einem breiten Temperatur- und Frequenzbereich. Das ist unerlässlich, um einen TTS-Versuch durchführen zu können.

Die Mess- und Auswertungsbeispiele von isothermen Frequenz-Sweeps an Haftklebstoffen zeigen, wie sich multidimensionale Daten übersichtlich und sinnvoll darstellen lassen. Durch die Frequenz-Temperatur-Superposition wurde eine Masterkurve für einen Frequenzbereich über 35 Dekaden erstellt. Dieses Beispiel verdeutlicht die aufschlussreichen Erkenntnisse, die Benutzer durch einen TTS-Versuch gewinnen. Mit einem erfolgreichen TTS-Versuch charakterisieren sie Haftklebstoffe über ein breites Anwendungsspektrum hinweg mit einer einzigen Messung zuverlässig. Solche Bestimmungen sind von sehr interessant für die Qualitätskontrolle, Formulierung und Leistungsbewertung in der Klebstoffindustrie und darüber hinaus.

Literatur

/1/ Morrison FA. Understanding Rheology [Internet]. Oxford University Press; 2001. (Raymond F. Boyer Library Collection). Verfügbar unter: https://books.google.it/books?id=bwTn8ZbR0C4C

/2/ Chang EP. Viscoelastic windows of pressuresensitive adhesives. J Adhes. 1. Juni 1991;34(1-4): 189-200.

/3/ Sun S, Li M, Liu A. A review on mechanical properties of pressure sensitive adhesives. Int J Adhes Adhes. 1. März 2013;41:98-106.

/4/ Müller-Pabel M, Rodríguez Agudo JA, Gude M. Measuring and understanding cure-dependent viscoelastic properties of epoxy resin: A review. Polym Test. 1. Oktober 2022;114:107701.

/5/ Läuger J, Stettin H. Effects of instrument and fluid inertia in oscillatory shear in rotational rheometers. J Rheol. 1. Mai 2016;60(3):393-406.

/6/ Hutcheson SA, McKenna GB. The measurement of mechanical properties of glycerol, m-toluidine, and sucrose benzoate under consideration of corrected rheometer compliance: An in-depth study and review. J Chem Phys. 21. August 2008;129(7):074502.

/7/ Liu CY, Yao M, Garritano RG, Franck AJ, Bailly C. Instrument compliance effects revisited: linear viscoelastic measurements. Rheol Acta. 4. Juni 2011;50(5):537.

/8/ Franck A. Instrument inertia corrcotion during dynamic mechanical testing. TA Instruments 2005; 2005.

/9/ Hudson RE, Holder AJ, Hawkins KM, Williams PR, Curtis DJ. An enhanced rheometer inertia correction procedure (ERIC) for the study of gelling systems using combined motor-transducer rheometers. Phys Fluids.1. Dezember 2017;29(12):121602.

/10/ Ogunkeye A, Hudson RE, Curtis DJ. The effect of instrument inertia on the initiation of oscillatory flow in stress controlled rheometry. J Rheol. 4. Oktober 2023;67(6):1175-87.

/11/ Ewoldt RH, Johnston MT, Caretta LM. Experimental challenges of shear rheology: How to avoid bad data. In: Spagnolie SE, Herausgeber. Complex Fluids in Biological Systems: Experiment, Theory, and Computation [Internet]. New York, NY: Springer New York; 2015. S. 207-41. Verfügbar unter: https://doi.org/10.1007/978-1-4939-2065-5_6

/12/ Johnston MT, Ewoldt RH. Precision rheometry: Surface tension effects on low-torque measurements in rotational rheometers. J Rheol. 1. November 2013;57(6):1515–32.

/13/ Mezger T. The Rheology Handbook: For users of rotational and oscillatory rheometers [Internet]. Vincentz Network; 2020. Verfügbar unter: https://doi.org/10.1515/9783748603702

/14/ Wierschem A, Dakhil H. Measuring low viscosities and high shear rates with a rotational rheometer in a thin-gap parallel-disk configuration. Appl Rheol. 2014;24(6):26–31.

Die Autoren:

Dominic Oppen, José Alberto Rodríguez Agudo,
Michael Schäffler, Andre Braun und Xandra Puntigam
Anton Paar Germany GmbH
Hellmuth-Hirth-Straße 6, 73760 Ostfildern
info.de@anton-paar.com
www.anton-paar.com

FIRMENPROFILE

Klebstoffhersteller
Rohstoffanbieter

ADTRACON®

ADHESIVE TECHNOLOGIES

Adtracon GmbH
Hofstraße 64
D-40723 Hilden
Telefon +49 (0) 21 03-2 53 17-0
Telefax +49 (0) 21 03-2 53 17-19
E-Mail info@adtracon.de
www.adtracon.de

Mitglied des IVK

Das Unternehmen

Gründungsjahr
2002

Größe der Belegschaft
15 Mitarbeiter

Gesellschafter
Dr. Roland Heider
Investitions- und Strukturbank
Rheinland Pfalz
KfW

Ansprechpartner
Dr. Roland Heider

Vertriebswege
direkt und Vertriebspartner

Weitere Informationen
Die Adtracon GmbH ist im Bereich der Entwicklung, Produktion und dem Vertrieb von reaktiven Schmelzklebstoffen tätig. Die Adtracon GmbH bietet Know-how und Laborkapazität für technische Fragestellungen.

Das Produktprogramm

Klebstofftypen
Reaktive Schmelzklebstoffe

Für Anwendungen im Bereich
Automobilindustrie
Holzverarbeitende Industrie
Buchbinderei
Textil-, Filter- und Schuhindustrie
Allgemeine Industrie
Schaumverklebung

ALBERDINGK BOLEY

Alberdingk Boley GmbH
Düsseldorfer Straße 53
D-47829 Krefeld
Telefon +49 (0) 21 51-5 28-0
Telefax +49 (0) 21 51-57 36 43
E-Mail: info@alberdingk-boley.de
www.alberdingk-boley.com

Mitglied des IVK

Das Unternehmen

Gründungsjahr
1772

Größe der Belegschaft
500 (weltweit)

Ansprechpartner Geschäftsleitung
Geschäftsführung/Verkauf und Marketing:
Timm Wiegmann
Leiter Forschung und Entwicklung:
Dr. Gregor Apitz

Anwendungstechnik und Vertrieb
Leitung Technisches Marketing:
Markus Dimmers
Technisches Marketing Klebstoffe:
Irene Tournee
Leitung Verkauf Dispersionen:
Johannes Leibl
Verkauf Klebstoffe: Sebastian Damm

Tochterfirmen
Alberdingk Boley Leuna GmbH, Leuna
Alberdingk Boley, Inc., Greensboro, USA
Alberdingk Italia SrL, Treviso, Italien
Alberdingk Resins (Shenzhen) Co., Ltd., Shenzhen, China
Alberdingk Resins (Zhuhai) Co. Ltd., Zhuhai, China
Alberdingk UK Ltd., Congleton, GB

Das Produktprogramm

Rohstoffe
Polymere:
Polyurethan-Dispersionen
Acrylat-Dispersionen
Styrolacrylat-Dispersionen
Vinylacetatcopolymere
UV-vernetzende Dispersionen
Biobasierte Bindemittel

Für Anwendungen im Bereich
Klebstoffe:
Klebebänder, Etiketten
Wärmeaktivierbare Klebstoffe
Verpackungen

Beschichtungen:
Holz/Möbel
Metall, Kunststoffe, Glas
Baugewerbe inkl. Fußboden, Wand u. Decke
Textil, Leder
Automobil
Elektro
Folien
Papier und Verpackungen
Barrierebeschichtung für Lebensmittelverpackungen

SIMALFA®

ALFA Klebstoffe AG
Vor Eiche 10
CH-8197 Rafz
Telefon: +41 43 433 30 30
Telefax: +41 43 433 30 33
E-Mail: info@alfa.swiss
www.alfa.swiss

Mitglied des FKS

Das Unternehmen

Gründungsjahr
1972

Größe der Belegschaft
83 Mitarbeiter

Besitzverhältnisse
Aktiengesellschaft, im Familienbesitz

Tochterfirmen
ALFA Adhesives, Inc. (Partner)
SIMALFA China Co. Ltd.

Vertriebswege
Internationales Distributionsnetzwerk

Ansprechpartner
Management:
info@alfa.swiss
Applikationstechnologie und Verkauf:
info@alfa.swiss

Weitere Informationen
ALFA Klebstoffe AG ist führend in der Entwicklung, Produktion und globalen Distribution umweltfreundlicher Klebstoffe. Mit Produkten wie SIMALFA®, dem Marktführer für wasserbasierte Schaumstoffverklebungen, den vielseitigen ALFAST®-Dispersionsklebstoffen und den effizienten ALFAMELT®-Hotmelts, sowie unserem einzigartigen Cradle-2-Cradle zertifizierten ALFAPURA®, setzt das Schweizer Familienunternehmen innovative Maßstäbe für nachhaltige, recyclingfähige Klebstoffe in diversen Industrien.

Das Produktprogramm

Klebstofftypen
Dispersionsklebstoffe
Schmelzklebstoffe
Biobasierte Klebstoffe
Haftklebstoffe
Recycling-fähige Klebstoffe

Anwendungen im Bereich
Schaumstoffverarbeitende Industrie
Herstellung von Matratzen
Polsterei
Papier/Verpackungen
Buchbinderei/Grafikdesign
Holz-/Möbelindustrie
Automotive-Industrie, Luftfahrtindustrie
Hygiene

APM Technica
Adhesive & Surface Technology

APM Technica AG
Max-Schmidheiny-Strasse 201
CH-9435 Heerbrugg
Telefon: +41 (0) 71 788 31 00
Telefax: +41 (0) 71 788 31 10
E-Mail: info@apm-technica.com
www.apm-technica.com

Mitglied des FKS

Das Unternehmen

Gründungsjahr
2002

Grösse der Belegschaft
135 Mitarbeiter

Firmenstruktur
- APM Technica AG
- APM Technica GmbH, Deutschland
- APM Technica AG, Philippinen
- APM Academy
- Polyscience AG, Cham
- Abatech Ingénierie SA, La Chaux-de-Fonds

Weitere Informationen
Die APM Technica AG ist Full-Service-Anbieter auf den Gebieten Klebe- und Oberflächentechnologie und vertreibt daneben Handelsprodukte namhafter Hersteller.

Das Produktprogramm

Handel
- Klebstoffe und Silikone
- Feinkitte
- Schmierstoffe
- Lacke
- Lösungs- und Reinigungsmittel
- Equipment (Dosieren-Dispensing, UV-Aushärtegeräte, Wärmeschränke, Plasmareinigungsanlagen, Tiefkühlschränke, Speedmixer-Mischanlagen, Robotersysteme)
- tiefgekühlte Klebstoffe

Kundenspezifische Assemly
- Baugruppen im Bereich
  - Optronik-, Elektronik-, Automotive- und Medical- Anwendungen
- Gerätekomponenten:
  - Dosenlibellen
  - Glasfasern-Lichtleiter
  - Sensoren
  - Display's
- optische Beschichtungen
- funktionale Beschichtungen (Antikratz- & Antifog-Beschichtungen & Parylene Beschichtungen)

Testcenter
- Werkstoffprüfung und Werkstoffentwicklung
- Umweltsimulation

Beratung und Engineering im Bereich
- Oberflächen
- Klebstoffe
- Assembly

Seminare
- Klebeseminare
- Kundenspezifische Seminare

Zertifikate
ISO 9001, 14001, 13485, 17025 und IATF 16949

ARAKAWA RKW EUROPE

Arakawa Europe GmbH
Alfred-Herrhausen-Allee 3 - 5
D-65760 Eschborn
Telefon +49 (0) 6196 - 50383 - 0
Telefax +49 (0) 6196 - 50383 - 10
E-Mail: info@arakawaeurope.de
www.arakawaeurope.com

Mitglied des IVK

Das Unternehmen

Gründungsjahr
1998

Größe der Belegschaft
< 100 Mitarbeiter

Gesellschafter
Arakawa Chemical Industries Ltd.

Stammkapital
52.000,- €

Besitzverhältnisse
100 % Tochtergesellschaft von Arakawa Chemical Industries Ltd.

Ansprechpartner
Geschäftsführung: Uwe Holland

Anwendungstechnik und Vertrieb:
Dr. Ulrich Stoppmanns

Weitere Informationen
Vertrieb von hydrierten und nicht hydrierten Kohlenwasserstoffharzen und Naturharzderivaten.

Das Produktprogramm

Rohstoffe
C9 Harze,
Naturharze

Für Anwendungen im Bereich Industrie
Papier/Verpackung
Buchbinderei/Graphisches Gewerbe
Holz-/Möbelindustrie
Fahrzeug, Luftfahrtindustrie
Klebebänder, Etiketten
Hygienebereich
Haushalt, Hobby und Büro
Kosmetik, Pharmazeutische Industrie
Oberflächenbeschichtungen

ARDEX GmbH

Friedrich-Ebert-Straße 45
D-58453 Witten
Telefon +49 (0) 23 02-6 64-0
Telefax +49 (0) 23 02-6 64-2 40
E-Mail: technik@ardex.de
www.ardex.de

Mitglied des IVK

Das Unternehmen

Gründungsjahr 1949

Unternehmensform
Konzernfreies, unabhängiges Familienunternehmen

Geschäftsführung
Mark Eslamlooy (Vorsitzender der Geschäftsführung)
Lukas Hädicke, Dr. Hubert Motzet,
Uwe Stockhausen, Dr. Markus Stolper

Umsatz/Gruppe 2023: 1.090 Mio. €

Mitarbeiter/Gruppe 2023: 3.900

Schulungs- und Informationszentren in Deutschland an 4 Standorten
Parchim/Mecklenburg, Altusried/Allgäu
Bad Berka/Thüringen, Witten/Ruhr

Vertriebsorganisation Deutschland
70 Gebietsleiter und 5 Verkaufsleiter in den Verkaufsgebieten Nord, West, Mitte, Süd und Ost

Vertriebsorganisation weltweit
LUGATO GmbH & Co. KG, Deutschland
GUTJAHR Systemtechnik GmbH, Deutschland
ARDEX Schweiz AG, Schweiz
The W. W. Henry Company L.P., USA
ARDEX L.P., USA
ARDEX UK Ltd., Großbritannien
Building Adhesives Limited, Großbritannien
ARDEX Building Products Ireland Limited, Irland
ARDEX Australia Pty.. Ltd., Australien
ARDEX New Zealand Ltd., Neuseeland
ARDEX Singapore Pte. Ltd., Singapur
QUICSEAL Construction Chemicals Ltd., Singapur
ARDEX Manufacturing SDN.BHD., Malaysia
ARDEX Taiwan Inc., Taiwan
ARDEX HONG KONG LIMITED, China
ARDEX (Shanghai) Co. Ltd., China
ARDEX Vietnam ARDEX Korea Inc., Korea
ARDEX Endura (INDIA) Pvt. Ltd., Indien
ARDEX Baustoff GmbH, Österreich
ARDEX Epitöanyag Kereskedelmi Kft., Ungarn
ARDEX Baustoff s.r.o.. Tschechien
ARDEX EOOD, Bulgarien
ARDEX Russia OOO, Russland
ARDEX Yapi Malzemeleri Ltd. Sti., Türkei
ARDEX s.r.l, Italien
ARDEX Romania s.r.l, Rumänien
DUNLOP Romania, Rumänien
ARDEX Middle East FZE, Dubai
ARDEX Skandinavia A/S, Dänemark
ARDEX Skandinavia AS, Filial Norge, Norwegen
ARDEX-ARKI AB, Schweden
ARDEX OY, Finnland
ARDEX Polska Sp.zo. o., Polen
ARDEX France S.A.S., Frankreich
ARDEX CEMENTO S.A., Spanien
SEIRE Products S.L., Spanien
ARDEX Cementos Mexicanos, Mexiko
Wakol GmbH, Deutschland
Knopp Gruppe, Deutschland
DTA Australia Pty. Ltd., Australien
Nexus Australia Pty. Ltd., Australien
Ceramfix Argamassas E Rejuntes, Brasilien
LOBA, Ditzingen
wedi GmbH, Emsdetten

Weiteres Vertriebsbüros
Belgien und Luxemburg, Niederlande

Das Produktprogramm

Rohbauprodukte für Betonkosmetik und -reparatur

Schnellzement/Estriche

Untergrundvorbereitungen

Bodenspachtelmassen zum Ausgleichen und Nivellieren von Unterböden

Abdichtungen unter Fliesenbelägen

Fliesenkleber für Fliesen, Natursteine und Dämmstoffe

Fugenmörtel für Fliesen und Marmor

Silicon-Dichtstoffe für den Baubereich

Wandspachtelmassen zum Glätten von Wandflächen

Bodenbelags- und Parkettklebstoffe für Teppich, Parkett etc.

ARLANXEO
Performance Elastomers

ARLANXEO Deutschland GmbH
Chempark Dormagen
Alte Heerstraße 2
D-41540 Dormagen
www.arlanxeo.com

Mitglied des IVK

Das Unternehmen

ARLANXEO ist ein weltweit führender Anbieter für synthetischen Kautschuk, der etwa 3.500 Mitarbeiter beschäftigt und mit mehr als 11 Standorten in über 8 Ländern präsent ist. ARLANXEO wurde im April 2016 als Gemeinschaftsunternehmen von LANXESS und Saudi Aramco gegründet. Seit dem 31. Dezember 2018 ist ARLANXEO eine hundertprozentige Tochtergesellschaft von Saudi Aramco.

Der Konzern mit Sitz in Den Haag, Niederlanden, ist auf die Entwicklung, Herstellung und auf den Vertrieb von synthetischen Hochleistungskautschuken spezialisiert.

Ansprechpartner
Dr. Rainer Kalkofen
Mobil: +49 175 31 21249
E-Mail: rainer.kalkofen@arlanxeo.com

Das Produktprogramm

Roh- und Hilfsstoffe zur Herstellung von Kleb- und Dichtstoffen

Aufgrund ihrer besonderen Eigenschaften sind die Polymere aus den Baypren® (Chloropren-Kautschuk), Levamelt® (Ethylen-Vinylacetat Copolymer), Krynac®, Perbunan®, Baymod® N (Nitrilkautschuk) and X_Butyl® (Butylkautschuk) Produktlinien besonders geeignet für den Einsatz in Klebstoffanwendungen.

Die synthetischen Kautschuke bieten einzigartige Eigenschaften hinsichtlich Elastizität, Polarität und Klebrigkeit, wodurch sie sich besonders für vielseitige Anwendungen in der Kleb- und Dichtstoffindustrie eignen:

- Baypren®, Krynac®, Perbunan® und Baymod® N: Erste Wahl für lösemittelbasierte Kontaktklebstoffe
- Levamelt®: Basispolymer für Haftklebstoffe und als Modifier für strukturelle Klebstoffe und Hot Melts
- X_Butyl®: Basis für Haftkleb- und Dichtstoffe

artimelt AG
Wassermatte 1
CH-6210 Sursee
Telefon +41 41 926 05 00
Telefax +41 41 926 05 29
E-Mail: info@artimelt.com
www.artimelt.com

Mitglied des FKS

Das Unternehmen

Gründungsjahr
1981
2016 umfirmiert in artimelt AG

Besitzverhältnisse
100 % im Familienbesitz

Tochterfirmen
LAS Adhesives Inc., Tucker, GA 30084, USA

Vertriebswege
Direkter Vertrieb

Ansprechpartner
Christian Fischer
Telefon + 41 926 05 35
E-Mail: christian.fischer@artimelt.com

Weitere Informationen
artimelt entwickelt, produziert und vermarktet Schmelzklebstoffe und beschäftigt weltweit 45 Mitarbeitende. Das Kompetenzzentrum ist in der Schweiz.

Das Produktprogramm

Klebstofftypen
Schmelzklebstoffe

Für Anwendungen im Bereich
Etiketten
Klebebänder
Verpackungen
Medizin Applikationen
Sicherheitssysteme
Grafische Anwendungen
Baugewerbe

ASTORtec AG

Zürichstrasse 59
CH-8840 Einsiedeln
Telefon +41 55 418 37 37
Telefax +41 55 418 37 38
E-Mail: info@astortec.ch
www.astortec.ch

Mitglied des FKS

Das Unternehmen

Gründungsjahr
1970

Größe der Belegschaft
45 Mitarbeiter

Besitzverhältnisse
private Aktionäre

Tochterfirmen
ASTORPLAST Klebetechnik GmbH, POLYSCHAUM Packtechnik und Isoliermaterial GmbH

Vertriebswege
Direktverkauf und Vertriebspartner

Ansprechpartner
Geschäftsführung: Marco Grossen

Anwendungstechnik und Vertrieb:
Guillaume Douard, Leiter Entwicklung

Weitere Informationen
Die ASTORtec AG entstand im 2019 aus der Fusion der ASTORplast AG mit der Astorit AG, beides Firmen mit über 50-jähriger Tradition. Die Firma ist ein Schweizer KMU mit Fokus auf Kundenlösungen mit dem Motto: klebt. dichtet. schützt. - passt.

Die ASTORtec AG bietet folgende Lösungen an:

- MISCHEN im Lohn:
  Chargengrösse 15 bis 1.000 Liter Reaktionsharze, Klebstoffe, chemische Rohstoffe, ATEX Produkte (EX-1 Zone), UV-sensitive Produkte, Öle, inkl. Rohstoff-Beschaffung
- ABFÜLLEN im Lohn
  Kartuschen: 1-K, 2-K Systeme (1:1 bis 1:10) Kleingebinde bis IBC (1000 Liter): Tuben, Dosen, Flaschen, Kessel, Fässer, dünnflüssig bis fettartig, breite Palette an Standard-Gebinden, auch unter ATEX Bedingung, inkl. Etikettierung und Gefahrenstoffdeklaration, Versand: weltweit, Lagerung möglich
- FORMULIEREN & ENTWICKELN
  kundenspezifische Anpassungen von Standardprodukten: Farbe, Viskosität, Füllstoffe, Verdünnen, Flexibilisieren, Beschleunigen, inklusive abfüllen in kundenspezifische Gebinde, etikettieren und verpacken
- DICHTUNGEN
  Roboter applizierte Dicht-Schäume (RADS/FIPFG), als Lohnfertigung auf Spritzguss- und Blechteile inkl. Montageschritte, Dichtbänder & Kreuzspulen aus selbstklebenden Schaumstoffen, Stanzteile aus Schaumstoff, Klebebändern
- PRODUKTSCHUTZ
  Stapelscheiben aus Kork, Schaumstoff, Karton-Wabenplatten, Abstandhalter aus Schaumstoff, Bänder/Profile für Dämm- und Lärmschutz im Bau
- QUALITÄTSSICHERUNG & SERVICE
  Labortests zu Eigenschaften der Klebstoffe, Viskosität etc., Prüfzertifikate, Anwendungsberatung & Eignungstests

Das Produktprogramm

Klebstofftypen
Schmelzklebstoffe; Reaktionsklebstoffe (Epoxy, 1K-PU, 2K-PU, MMA); lösemittelhaltige Klebstoffe; Dispersionsklebstoffe; Haftklebstoffe

Rohstoffe
Additive; Füllstoffe; Harze; Lösemittel; Öle

Für Anwendungen im Bereich
Baugewerbe, inkl. Fußboden, Wand und Decke; Elektronik; Maschinen- und Apparatebau; Fahrzeug; Luftfahrtindustrie Textilindustrie; Klebebänder; Etiketten

Avebe U. A.

Prins Hendrikplein 20
NL-9641 GK Veendam
Telefon +31 (0) 598 66 91 11
Telefax +31 (0) 598 66 43 68
E-Mail: info@avebe.com
www.avebe.com

Mitglied des VLK

Das Unternehmen

Gründungsjahr
1919

Größe der Belegschaft
1.311 Mitarbeiter

Besitzverhältnisse
Genossenschaft von Bauern

Vertriebswege
Direkt und weltweit durch geschulte Vertriebspartner

Weitere Informationen
Avebe U.A. ist ein internationaler Hersteller von Kartoffelstärke und Kartoffelproteinen mit Sitz in den Niederlanden. Die Stärke- und Proteinprodukte finden Einsatz im Lebensmittel-, Papier-, Klebstoff-, Textil- und Baubereich sowie im Tierfutterbereich.

Das Produktprogramm

Rohstoffe
Dextrine und Stärkebasierte Klebstoffe
Stärke-Ether

Für Anwendungen im Bereich
Papier und Verpackung
Papiersack-Kleber
Hülsenwickel-Klebstoff
Briefumschlagkleber
Schutzkolloid in PVAc-Dispersionen
Gummierte Papiere (Wasseraktivierbar)
Tapetenkleister und Plakatkleber
Rheologische Additive für den Zement-, Fliesenkleber- und Gispsbereich
Flockungsmittel für die Trinkwasser-aufbereitung

Avery Dennison Materials Group Europe

Sonnenwiesenstrasse 18
CH-8280 Kreuzlingen
Telefon +41 (0) 71 68 68-100
Telefax +41 (0) 71 68 68-181
www.averydennison.com

Mitglied des FKS

Das Unternehmen

Gründungsjahr
1984

Größe der Belegschaft
100 Mitarbeiter

Besitzverhältnisse
GmbH

Das Produktprogramm

Klebstofftypen
Schmelzklebstoffe
lösemittelhaltige Klebstoffe
Dispersionsklebstoffe
Haftklebstoffe

Für Anwendungen im Bereich
Klebebänder, Etiketten

BASF SE
D-67056 Ludwigshafen
Telefon +49 (0) 6 21-60-0
www.basf.com/adhesives
www.basf.com/pib

Mitglied des IVK, FINAT, Afera, FEICA

Das Unternehmen

Gründungsjahr
1865

Mitarbeitende
(31.12.2023): 111.991

BASF bietet ein umfassendes und innovatives Sortiment an Klebrohstoffen und Additiven an. Die Produkte der BASF ermöglichen die Herstellung leistungsstarker und umweltfreundlicher Kleb- und Dichtstoffe für unterschiedlichste Anwendungen. Fundierte technische Unterstützung kombiniert mit einer hohen Kompetenz in Toxikologie- und Umweltfragen machen BASF zum bevorzugten Partner der Klebstoffindustrie.

Kontaktadresse:
myindustryworld.basf.com/contact

Das Produktprogramm

1. Acrylat-Dispersionen (wasserbasiert)
2. Acrylat-Hotmelts (UV-härtend)
3. Polyurethandispersionen (PUD)
4. Styrol-Butadien-Dispersionen
5. Polyisobuten (PIB)
6. Polyvinylpyrrolidon (PVP)
7. Hilfsstoffe
   - Vernetzer
   - Entschäumer
   - Verdicker
   - Netzmittel
8. Additive
   - Antioxidantien
   - Lichtstabilisatoren
   - Andere

Anwendungsgebiete
Papier/Verpackungen
Buchbindung/Grafisches Design
Holz- und Möbelindustrie
Bauindustrie, inklusive Böden, Wände, Decken
Maschinen- und Anlagenbau
Automobil- und Luftfahrtindustrie
Textilindustrie
Klebebänder und Etiketten
Hygiene
Haushalt, Freizeit und Büro
Klebdichtstoffe

BCD Chemie GmbH
Schellerdamm 16
D-21079 Hamburg
Telefon +49 (0) 40 77173 0
Telefax +49 (0) 40 77173-2640
E-Mail: info@bcd-chemie.de
www.bcd-chemie.de

Mitglied des IVK

Das Unternehmen

Größe der Belegschaft
>100 Mitarbeiter

Ansprechpartner
Geschäftsführung:
Mike Dudjan (Vorsitzender), Christian Korr

Anwendungstechnik und Vertrieb:
Simone Jöhnk, Leitung Produkt- und Marketingmanagement Performance Chemicals

Das Produktprogramm

Rohstoffe
Additive:
Dispergiermittel, Entschäumer, Flammschutzadditive, Haftvermittler, Hydrophobierungsadditive, Netzmittel, Rheologieadditive, Verdicker, Weichmacher

Bindemittel:
Acrylatharze, Reinacrylatdispersionen, Styrolacrylatdispersionen, Vinylacetatdispersionen, Polybutadien, PMMA-Harze, biobasierte Harze

Lösemittel:
Ester, Ketone, Alkohole, Glycolether, Amine, Benzine, Aliphaten, Aromaten u. v. m.

Pigmente & Füllstoffe:
Titandioxid, reaktive Füllstoffe

Reiniger:
PU-Löser, Silikonentferner, Entfetter, Speziallöser

Für Anwendungen im Bereich
Papier/Verpackung
Buchbinderei/Graphisches Gewerbe
Holz-/Möbelindustrie
Baugewerbe, inkl. Fußboden, Wand und Decke
Elektronik
Fahrzeug, Luftfahrtindustrie
Textilindustrie
Klebebänder, Etiketten
Hygienebereich
Haushalt, Hobby und Büro

Berger-Seidle GmbH

Parkettlacke · Klebstoffe · Bauchemie

Maybachstraße 2
D-67269 Grünstadt
Telefon +49 (0) 63 59-80 05-0
Telefax +49 (0) 63 59-80 05-170
E-Mail: info@berger-seidle.de
www.berger-seidle.de

Mitglied des IVK

Das Unternehmen

Gründungsjahr
1926

Größe der Belegschaft
100 Mitarbeiter

Besitzverhältnisse
100 %ige Tochtergesellschaft der Phil. Berger GmbH

Vertriebswege
Großhändler, Verkaufspartner, Handelsvertreter, Vertreter im Ausland

Ansprechpartner
Geschäftsführung:
Markus M. Adam

Vertrieb:
National: Andreas Bel
International: Antonio Riccio

Das Produktprogramm

Klebstofftypen
SMP-Klebstoffe
Leime
PU Klebstoffe
EP Klebstoffe
lösemittelhaltige Klebstoffe
Dispersionsklebstoffe

Für Anwendungen im Bereich
Holz-/Möbelindustrie
Baugewerbe, inkl. Fußboden, Wand u. Decke
Etiketten

Biesterfeld
Biesterfeld Spezialchemie GmbH

Biesterfeld Spezialchemie GmbH
Ferdinandstraße 41
D-20095 Hamburg
Telefon +49 (0) 40 320 08-4 89
Telefax +49 (0) 40 320 08-4 33
E-Mail: spezialchemie@biesterfeld.com
www.biesterfeld-spezialchemie.com

Mitglied des IVK

Das Unternehmen

Gründungsjahr
1998

Größe der Belegschaft
325 Mitarbeiter

Besitzverhältnisse
100%ige Tochter der Biesterfeld AG

Standorte
Europaweit in mehr als 20 Ländern

Geschäftsführung
Peter Wilkes

Ansprechpartner
Dr. Martin Liebenau
Business Manager

Das Produktprogramm

Klebstofftypen
Schmelzklebstoffe
Reaktionsklebstoffe
Lösemittelhaltige Klebstoffe
Dispersionsklebstoffe
Pflanzliche Klebstoffe
Dextrin- und Stärkeklebstoffe
Haftklebstoffe
UV-Klebstoffe

Rohstoffe
Additive:
Netzmittel, Entschäumer, Dispergiermittel, Emulgatoren, PU-Katalysatoren, Schaumstabilisatoren, Haftvermittler, Trocknungsmittel, Acrylatverdicker, Rizinusöl-, Amid- und PU-Verdicker, Xanthan Gum, CMC, Antioxidantien, UV-Stabilisatoren, UV-Initiatoren, Flammschutzmittel, Weichmacher, Epoxidharzhärter, STP-Katalysatoren, Crosslinker, Reaktivverdünner, Nanosilica, Reaktivsiloxane

Polymere:
Acrylatharze, Polyesterpolyole, Polyetherpolyole, Prepolymere, Biopolyole, UV-aushärtende Oligomere, Silanmodifizierte Polymere

Gelb- und Weißdextrin, Stärkeester, Stärkeether

Für Anwendungen im Bereich
Papier/Verpackung
Buchbinderei/Grafisches Gewerbe
Holz-/Möbelindustrie
Baugewerbe, inkl. Fußboden, Wand und Decke
Maschinen- und Apparatebau
Textilindustrie
Klebebänder, Etiketten
Automobil, Elektronik, Luft- und Raumfahrt

Bilgram Chemie GmbH

Torfweg 4
D-88356 Ostrach
Telefon +49 (0) 7585-9312-0
Telefax +49 (0) 7585-9312-94
E-Mail: info@bilgram.de
www.bilgram.de

Mitglied des IVK

Das Unternehmen

Gründungsjahr
1971

Größe der Belegschaft
250

Besitzverhältnisse
Inhabergeführt

Vertriebswege
Direktvertrieb, Großhandel, Handelspartner

Anwendungstechnik
bence.pal@bilgram.de

Vertrieb:
sebastian.ahner@bilgram.de

Weitere Informationen
www.bilgram.de

Das Produktprogramm

Klebstofftypen
PVAC - Dispersionen
Latexemulsionen (Kautschuk)
Harnstoff/Formaldehydleim (flüssig/Pulver)
Spezialhärter (flüssig/Pulver) für Harnstoff/Formaldehydleime

Rohstoffe
Formaldehydabsorber
Beschleuniger für U/F - Systeme
Verzögerer für U/F - Systeme
Vernetzter
Reinigungsmittel

Für Anwendungen im Bereich
Fugenfurnierklebstoffe
Kaschierung/Laminierung
Sperrholz bzw. Biegegeholz/Formteile
Türen (Brandschutz/Strahlenschutz)
Parkett/Laminat
Sportartikel (Tischtennis)

BOLTON Adhesives

Bison International B.V.
Dr. A.F. Philipsstraat 9
NL-4462 EW Goes
Telefon +31 (0) 88 3 235 700
Telefax +31 (0) 88 3 235 800
E-Mail: info@boltonadhesives.com
www.boltonadhesives.com
www.bison.net, www.griffon.eu

Hauptsitz: Bolton Adhesives
Adriaan Volker Huis - 14th floor
Oostmaaslaan 67, NL-3063 AN Rotterdam

Mitglied des VLK

Das Unternehmen

Gründungsjahr
1938

Größe der Belegschaft
Bolton Adhesives: >700 Mitarbeiter

Gesellschafter
Bolton Adhesives B.V./Bolton Group

Tochterfirmen
Bison International, Zaventem (B)
Griffon France, Compiègne (F)
Productos Imedio S.A., Madrid (E)

Vertriebswege
Technischer Handel
Eisenwarenhandel
Baumärkte
Lebensmittelhandel
Papier-, Büro-, Schreibwarenhandel
Drogeriemärkte
Kauf- und Warenhäuser

Ansprechpartner
Geschäftsführung:
Remko Tetenburg, Danny Witjes,
Ralf Schniedenharn,
Hubert Lincklaen Arriens

Anwendungstechnik:
Wiebe van der Kerk, Mariska Grob,
Charlotte Janse, John van Duivendijk

Vertrieb:
Professional Business: Egbert Willemsen
DIY: Frank Heus

Das Produktprogramm

Klebstofftypen
2K-Epoxidharzklebstoffe
Cyanacrylatklebstoffe
Lösungsmittelhaltige Klebstoffe
Dispersionsklebstoffe
Konstruktions-/Montageklebstoffe
MS/SMP Klebstoffe

Dichtstofftypen
Acrylatdichtstoffe
Butyldichtstoffe
PUR-Dichtstoffe
Silikondichtstoffe
MS/SMP-Dichtstoffe

Für Anwendungen im Bereich
Holzverarbeitung
Metallverarbeitung
Elektrotechnik
Automobil
Papier/Verpackung
Sanitär- und Installationstechnik
u.v.a.

BODO MÖLLER CHEMIE
Engineer chemistry

Bodo Möller Chemie GmbH
Senefelderstraße 176
63069 Offenbach am Main
Deutschland
Telefon +49 (0) 69-83 83 26-0
Telefax +49 (0) 69-83 83 26-199
E-Mail: info@bm-chemie.de
www.bm-chemie.com

Das Unternehmen

Gründungsjahr
1974

Größe der Belegschaft
über 350

Geschäftsführer
Korinna Möller-Boxberger, Frank Haug

Besitzverhältnisse
In Familienbesitz

Tochterfirmen
Deutschland, Österreich, Slowenien, Schweiz, Frankreich, Benelux, Italien, Spanien, Portugal Großbritannien, Irland, Dänemark, Schweden, Norwegen, Finnland, Estland, Lettland, Litauen, Polen, Tschechische Republik, Slowakei, Ungarn, Kroatien, Rumänien, Türkei, Indien, China, Thailand, Vietnam, Japan, Südkorea, Südafrika, Subsahara-Region, Kenia, Nigeria, Ägypten, Marokko, Vereinigte Arabische Emirate, Israel, USA und Mexiko.

Vertriebswege
Eigene Vertriebs- und Logistikstrukturen in Europa, Afrika, Asien und Amerika.

Weitere Informationen
Führender Partner globaler Chemieunternehmen, wie Huntsman, Dow, DuPont, BASF und Henkel, mit 50 Jahren Erfahrung in der Anwendungstechnik. Globaler Distributor für leistungsstarke Epoxidharze, polyurethan- und silikonbasierte Klebstoffe, Duroplaste, Pigmente, Additive, Textilhilfsmittel, Farbstoffe, Elektrogießharze, Werkzeug und Laminierharze sowie Verbundwerkstoffe. Eigene Produktionsanlagen und Laboratorien in Polen, Spanien, China und Indien für kundenspezifische Formulierungen und Anwendungstests runden das Leistungsspektrum ab. Bodo Möller Chemie ist für die Luftfahrt und Bahn zertifiziert.

Das Produktprogramm

Klebstofftypen
Epoxidharzklebstoffe, Polyurethanklebstoffe, Methacrylatklebstoffe, Silikonklebstoffe, Schmelzklebstoffe, Reaktionsklebstoffe lösemittelhaltige Klebstoffe, Dispersionsklebstoffe, Haftklebstoffe, MS Polymere, Polykondensationsklebstoffe, UV-härtende Klebstoffe, Sprühklebstoffe, Anaerobe Klebstoffe, Cyanoacrylate

Dichtstoffe
Butyl Dichtstoffe, Polysulfid Dichtstoffe, Polyurethan Dichtstoffe, Silikondichtstoffe, MS/SMP Dichtstoffe, Acryl Dichtstoffe

Rohstoffe
Additive: Stabilisatoren, Antioxidantien, Rheologiemodifikatoren, Tackifier, Weichmacher, Verdicker, Dispergiermittel, Flammschutzmittel, Pigmente, Lichtschutzmittel: HALS und UV-Stabilisatoren, Vernetzer

Füllstoffe: Bariumsulfat, Dolomit, Kaolin, Calciumkarbonat, Zink, Talk, Aluminiumoxid

Harze: Acrylat Dispersionen, Polyurethan Dispersionen, Epoxidharze, Kolophoniumharze, Reaktivverdünner, Cobaltfreie Trocknungsmittel

Polymere: Formulierte Polymere EP, PU, PA

Für Anwendungen im Bereich
Papier/Verpackung, Buchbinderei/Graphisches Gewerbe, Holz-/Möbelindustrie, Baugewerbe, inkl. Fußboden, Wand und Decke, Elektronik, Maschinen- und Apparatebau, Fahrzeug, Luftfahrtindustrie, Textilindustrie, Sport, und Freizeit, Marine, Klebebänder, Etiketten, Hygienebereich, Haushalt, Hobby und Büro, Klebstoffanwendungen für Leichtbau, Composite Verklebung

Bona GmbH Deutschland
Jahnstraße 12
D-65549 Limburg/Lahn
Telefon +49 (0) 64 31-4 00 80
Telefax +49 (0) 64 31-40 08 25
E-Mail: bona@bona.com
www.bona.com

Mitglied des IVK

Das Unternehmen

Gründungsjahr
1953

Größe der Belegschaft
106 Mitarbeiter

Gesellschafter
Bona AB, Malmö

Stammkapital
1 Mio. €

Verkauf
Bona Vertriebsgesellschaft mbH
Jahnstraße 12, 65549 Limburg

Vertrieb und Marketing
Christian Löher

Geschäftsführung
Magnus Anderssen
Dr. Thomas Brokamp
Dr. Antti Senf
Christian Löher

Vertriebswege
Handwerk, Großhandel

Ansprechpartner
Anwendungstechnik: Marcel Schmidt
Labor: Dr. Antti Senf

Weitere Informationen
Die „Bona GmbH" ist in 3 Firmen aufgesplittet worden.
Produktion Klebstoffe: Bona GmbH Deutschland
Verkauf: Bona Vertriebsgesellschaft mbH
Logistik: Bona AB

Das Produktprogramm

Klebstofftypen für Parkett-, Holzböden
Silanklebstoffe
Spachtelmassen
Grundierungen

Versiegelungslacke, Öle und Pflegemittel für Parkett-, Holz- und Korkböden
wasserbasierte Versiegelungslacke
Öle
Pflegemittel

Parkettbearbeitung
Parkettschleifmaschinen
Zubehör
Werkzeuge
Schleifmittel

Für Anwendungen im Bereich
Parkett-, Holz- und Korkböden

Bostik GmbH
Industriestraße 3 - 11
D-33829 Borgholzhausen
Telefon +49 (0) 54 25-8 01-0
E-Mail: info.germany@bostik.com
www.bostik.de

Mitglied des IVK

Das Unternehmen

Gründungsjahr
1889 – seit 2015 gehört Bostik zu ARKEMA

Größe der Belegschaft
6.500 Mitarbeiter weltweit

Gesellschafter
Arkema

Umsatz
2,7 Milliarden Euro (2023)

Tochterfirmen
Global, in 45 Ländern

Vertriebswege
Industrie: direkter Vertriebsweg,
Baubereich: Handel und industriefähige Objekteure
DIY: Baumärkte

Geschäftsführung
Olaf Memmen, Wolfgang Schaal

Ansprechpartner
Anwendungstechnik: Wilhelm Volkmann
Business Manager: Richard Riepe

R&D: Frank Mende
Marketing: Markus Hildner

Das Produktprogramm

Klebstofftypen
Schmelzklebstoffe
Reaktionsklebstoffe
lösemittelhaltige Klebstoffe
Dispersionsklebstoffe
pflanzliche Klebstoffe,
Dextrin- und Stärkeklebstoffe
Haftklebstoffe

Für Anwendungen im Bereich
Papier/Verpackung
Buchbinderei/Graphisches Gewerbe
Holz-/Möbelindustrie
Baugewerbe, inkl. Fußboden, Wand und Decke
Elektronik
Fahrzeug, Luftfahrtindustrie
Textilindustrie
Klebebänder, Etiketten
Hygienebereich
Haushalt, Hobby und Büro

BRENNTAG

Brenntag GmbH
Messeallee 11
D-45131 Essen
Telefon +49 (0) 201 6496-0
Telefax +49 (0) 201 6496-1010
E-Mail: alain.kavafyan@brenntag.de
www.brenntag.com/de-de/industrien/case-and-construction/

Mitglied des IVK

Das Unternehmen

Gründungsjahr
1874

Größe der Belegschaft
1.200 Mitarbeiter

Geschäftsführung
Marc Porwol
Susanne Sohn

Ansprechpartner
Business Manager CASE & Construction
Alain Kavafyan

Anwendungstechnik und Vertrieb:
Markus Wolff
Michael Hesselmann
Roland Oberhänsli
Hannes Paller
Caterina Giglitotti
Josef Wasiela
Rafael Molenda

Das Produktprogramm

Rohstoffe
Additive:
Antioxidantien, Beschleuniger, Biozide, Dispergiermittel, Entschäumer, Gleit- und Verlaufsmittel, Haftvermittler, Katalysatoren, Mattierungsmittel, Molekularsiebe, Polyetheramine, Rheologiehilfsmittel, Silane, Steinwollfasern, Tenside, Verdicker, Weichmacher, UV-Stabilisatoren

Bindemittel:
Acrylate (Dispersionen, Harze, Styrolacrylate)
Epoxid-Systeme (Harze, Härter, Modifizierer, Reaktivverdünner)
Waterborne
Kohlenwasserstoffharze
PU-Systeme (Polyetherpolyole, aromatische und aliphatische Isocyanate, Prepolymere, Katalysatoren PUR-Dispersionen)
Silkone (Emulsionen, Harze, Öle)
Phenolharze

Pigmente:
Eisenoxidpigmente
Organische Pigmente

Für Anwendungen im Bereich
Papier/Verpackung
Buchbinderei/Graphisches Gewerbe
Holz-/Möbelindustrie
Baugewerbe, inkl. Fußboden, Wand und Decke
Elektronik
Fahrzeug, Luftfahrtindustrie
Textilindustrie
Klebebänder, Etiketten

BÜHNEN GmbH & Co. KG
Hinterm Sielhof 25
D-28277 Bremen
Telefon +49 (0)4 21-51 20-0
E-Mail: info@buehnen.de
www.buehnen.de

Mitglied des IVK

Das Unternehmen

Gründungsjahr
1922

Größe der Belegschaft
120 Mitarbeiter

Gesellschafter
Jan- Hendrik Hunke, Bert Gausepohl

Besitzverhältnisse
Privatbesitz

Tochterfirmen
BÜHNEN Polska Sp.z.o.o.;
BÜHNEN B.V., NL;
VDL Distritech B.V.; NL;
BÜHNEN Klebesysteme GmbH, AT

Ansprechpartner
Geschäftsführung:
Jan-Hendrik Hunke, Bert Gausepohl

Anwendungstechnik und Vertrieb:
Marketing: Heike Lau
Klebstoffe &Technik: Christoph Zunder

Weitere Informationen
BÜHNEN liefert die Lösung für alle, die Schmelzklebstoff in ihrem Fertigungsprozess einsetzenund das völlig unabhängig von der Branche, In der die Lösung benötigt wird. Wir liefern Ihnen die passende Anlagentechnik und das passende Zubehör sowie den richtigen Schmelzklebstoff. Wir gehen kreativ an das Herausarbeiten der bestmöglichen Lösung für Ihre Anwendung ran und bieten zudem das breiteste Spektrum an Klebstoffen und Anlagentechnik.

Das Produktprogramm

Klebstofftypen
Schmelzklebstoffe
Reaktionsklebstoffe

Anlagen/Verfahren/Zubehör/ Dienstleistungen
Auftragssysteme (1-K-Systeme)
Komponenten für die Förder-, Misch- und Dosiertechnik
Dienstleistungen

Für Anwendungen im Bereich
Papier/Verpackung/Display
Buchbinderei/Graphisches Gewerbe
Holz-/Möbelindustrie
Baugewerbe, inkl. Fußboden, Wand und Decke
Elektronik
Maschinen- und Apparatebau
Fahrzeug, Luftfahrtindustrie
Textilindustrie
Haushalt, Hobby und Büro

BYK-Chemie GmbH
Abelstraße 45
D-46483 Wesel, Deutschland
Telefon +49 (0) 281-670-0
E-Mail: info@byk.com
www.byk.com

Mitglied des IVK

Das Unternehmen

Gründungsjahr
1962

Größe der Belegschaft
2.500 Mitarbeiter weltweit

Geschäftsführung
Dr. Jörg Hinnerwisch (Vorsitzender)
Alison Avery
Dr. Stefan Mößmer
Matthias Kramer

Besitzerverhältnisse
BYK ist ein Mitglied der ALTANA AG, Deutschland

Niederlassungen
Brasilien, China, Deutschland, Großbritannien, Indien, Japan, Korea, Mexiko, Niederlande, Singapur, Taiwan, Thailand, USA, V.A.E., Vietnam

- Warenlager und Vertretungen in über 100 Ländern
- Technische Service-Labors in Brasilien, China, in Deutschland, Dubai, Großbritannien, Indien, Japan, Korea, Niederlande, Singapur und USA
- Produktionsstätten in Deutschland, China, Großbritannien, Niederlande und USA

Vertriebswege
Weltweit - direkt (BYK) und indirekt (Vertretungen)

Nah am Kunden
BYK legt Wert auf die Nähe zum Kunden und den kontinuierlichen Dialog. Nicht zuletzt deswegen ist das Unternehmen in über 100 Ländern und Regionen der Erde vertreten. In mehr als 35 weltweiten Laborstandorten bietet BYK Kunden Unterstützung bei konkreten Fragen. Mehr Informationen unter: www.byk.com

Ansprechpartner
Herr Tobias Austermann
E-Mail: Tobias.Austermann@altana.com
Telefon: +49 281-670-2 81 28

Das Produktprogramm

Rohstoffe
Additive: Netz- und Dispergieradditive, Rheologieadditive (PU Verdicker, organophile Schichtsilikate, Schichtsilikate), Entschäumer und Entlüfter, Additive zur Verbesserung der Untergrundbenetzung und Verlauf, UV-Absorber, Wachsadditive, Anti-blocking-Additive, Antistatik-Additive, Wasserfänger, Haftvermittler

Für Anwendungen im Bereich
Papier- und Verpackungsbereich
Buchbinderei/Grafisches Gewerbe
Holz- und Möbelindustrie
Baugewerbe, inkl. Fußboden, Wand u. Decke
Elektronik
Dichtmassen
Fahrzeug-, Luftfahrtindustrie
Textilindustrie
Klebebänder, Etiketten
Hygienebereich
Haushalt, Hobby und Büro

Generelle Informationen über BYK
BYK ist ein weltweit führender Anbieter von Spezialchemie. Innovative Additive und differenzierte Lösungen optimieren Produkt- und Materialeigenschaften sowie Produktions- und Applikationsprozesse.

BYK Additive verbessern unter anderem die Qualität von Oberflächen, die mechanische Festigkeit, das Fließverhalten von Materialien und die Haftung auf verschiedenen Substraten.

Celanese Sales Germany GmbH

Am Unisys- Park 1
D-65843 Sulzbach
Telefon +49 (0) 69 -45009-2286
E-Mail: info.acetyls.emea@celanese.com
www.celanese.com

Mitglied des IVK

Das Unternehmen

Gründungsjahr
1918

Größe der Belegschaft
13.300 Mitarbeiter (Celanese weltweit)

Geschäftsführung
Andreas Oberkirch

Ansprechpartner
Anwendungstechnik und Vertrieb:
Dr. Bernhard Momper
Dorothee Harre

Das Produktprogramm

Klebstofftypen
Dispersionsklebstoffe

Rohstoffe
Polymere:
VAE, PVAC

Für Anwendungen im Bereich
Papier/Verpackung
Buchbinderei/Graphisches Gewerbe
Holz- und Möbelindustrie
Baugewerbe, inkl. Fußboden, Wand u. Decke

certoplast Technische Klebebänder GmbH

Müngstener Straße 10
D-42285 Wuppertal
Telefon +49 (0) 2 02-2 55 48-0
Telefax +49 (0) 2 02-2 55 48-48
E-Mail: info@certoplast.com

Mitglied des IVK

Das Unternehmen

Gründungsjahr
1991

Größe der Belegschaft
ca. 160 Mitarbeiter

Gesellschafter
Dipl.-Kfm. Peter Rambusch
Dr. René Rambusch

Geschäftsführung
Dr. René Rambusch
Dr. Andreas Hohmann

Ansprechpartner
Vertriebsleitung:
Dipl.-Chem. oec Frederik Fuchs

Leiter Forschung und Entwicklung:
Dr. Timo Leermann

Zertifiziert nach:
DIN EN ISO 9001
IATF 16949 2016
DIN EN ISO 14001 2015
DIN EN ISO 50001 2018

Das Produktprogramm

Klebebänder

Für Anwendungen im Bereich
Automobilindustrie
Papier/Verpackung
Baugewerbe inkl. Fußboden, Wand und Decke
Elektroindustrie
Maschinen- und Apparatebau
Haushalt, Hobby, Büro
Handwerk
Sonstige

SMART CHEMISTRY
WITH CHARACTER.

CHT Germany GmbH
Bismarckstraße 102
D-72072 Tübingen
Deutschland
Telefon +49 (0) 70 71-154-0
Telefax +49 (0) 70 71-154-290
E-Mail: info@cht.com
www.cht.com

Mitglied des IVK

Das Unternehmen

Gründungsjahr
1953

Größe der Belegschaft
2.400 Mitarbeiter weltweit

Vertriebswege
Mehr als 26 CHT
Gesellschaften und
Vertriebsvertretungen weltweit

Geschäftsführung
Eva Baumann (CEO)
Prof. Dr. Klaus R. Müller (CFO)

Ansprechpartner
www.cht.com / info@cht.com

Weitere Informationen
www.cht.com

Das Produktprogramm

Klebstofftypen
Reaktivklebstoffe
Lösemittelhaltige Klebstoffe
Dispersionsklebstoffe
High Solids Klebstoffe
Haftklebstoffe
Acrylatklebstoffe
PUR-Klebstoffe
Silikonklebstoffe

Dichtstoffe
Silikondichtstoffe

Rohstoffe
RTV-1/RTV-2 Silikone
LSR-Silikone
Acrylat-Dispersionen
PU-Dispersionen

Additive:
Haftvermittler und Primer
Rheologieadditive und Verdicker
Trennmittel
Vernetzer, Kettenverlängerer

Polymere:
Silanmodifizierte Polymere
Vinylmodifizierte Polydimethylsiloxane
Methoxymodifizierte Polydimethylsiloxane

Für Anwendungen im Bereich
Bauindustrie
Elektronik
Maschinen- und Apparatebau
Fahrzeug- und Luftfahrtindustrie
Textilindustrie/Technische Textilien
Papier und Verpackung
Klebebänder und Etiketten
Flock
Formenbau

CnP Polymer GmbH

Schultessdamm 58
D-22391 Hamburg
Telefon +49 (0) 40-53 69 55 01
Telefax +49 (0) 40-53 69 55 03
E-Mail: info@cnppolymer.de
www.cnppolymer.de

Mitglied des IVK

Das Unternehmen

Gründungsjahr
1999

Besitzverhältnisse
privat

Vertriebswege
Außendienst, europaweit

Ansprechpartner
Christoph Niemeyer

Das Produktprogramm

Rohstoffe
Harze
SIS, SBS, SEBS, SEPS
PiB
EVA
Wachse
SSBR

Für Anwendungen im Bereich
Papier/Verpackung
Buchbinderei/Graphisches Gewerbe
Holz- und Möbelindustrie
Baugewerbe, inkl. Fußboden, Wand u. Decke
Fahrzeug-, Luftfahrtindustrie
Textilindustrie
Klebebänder, Etiketten
Hygienebereich
Haushalt, Hobby und Büro

Coim Deutschland GmbH
Novacote Flexpack Division
Schnackenburgallee 62
D-22525 Hamburg
Telefon +49 (0) 40-85 31 03-0
Telefax +49 (0) 40-85 31 03 69
E-Mail: info@coimgroup.com
www.coimgroup.com

Mitglied des IVK

Das Unternehmen

Das Unternehmen
Coim Deutschland GmbH

Niederlassungen
Coim zeichnet sich durch ein globales Netzwerk von Produktionsstätten, Verkaufsbüros sowie Agenturen aus.

Vertriebswege
Die Novacote Flexpack Division gehört zur Coim Gruppe und beschäftigt sich mit der Entwicklung und dem Vertrieb von Kaschierklebstoffen, Beschichtungslacken, Folienglanzkaschierungen sowie Thermoplastischen Polyurethanen für die Druckfarben Industrie.

Ansprechpartner
Geschäftsführung:
Frank Rheinisch

Anwendungstechnik:
Oswald Watterott

Vertrieb:
Joerg Kiewitt

Weitere Informationen
Während der letzten Jahre zeichnete sich die Novacote Flexpack Division durch ein starkes Wachstum im Markt wie auch organisatorisch aus. Hinsichtlich der globalen Organisation ist das Novacote Technology Center für die Entwicklung und Anwendungstechnik der Kaschierklebstoffe für flexible Verpackungen zuständig. Das Novacote Technology Center hat seinen Sitz in Hamburg/Deutschland.

Das Produktprogramm

Klebstofftypen
Reaktionsklebstoffe
Lösemittelhaltige Klebstoffe
Lösemittelfreie Klebstoffe
Wasserbasierende Klebstoffe

Anwendungen im Bereich
Papier/Verpackung
Buchbinden/Graphic Design
Etiketten
Hygiene
Technische-/Industrielle Verbunde

Collall B. V.

Electronicaweg 6
NL-9503 EX Stadskanaal
Telefon +31 (0) 599-65 21 90
Telefax +31 (0) 599-65 21 91

Mitglied des VLK

Das Unternehmen

Gründungsjahr
1949

Größe der Belegschaft
25 Mitarbeiter

Besitzverhältnisse
Familienunternehmen

Ansprechpartner
Management:
Patrick van Rhijn

Das Produktprogramm

Klebstofftypen
Lösemittelhaltige Klebstoffe
Dispersionsklebstoffe
Pflanzliche Klebstoffe, Dextrin- und Stärkeklebstoffe
Klebstoffe auf Wasserbasis

Anwendungen im Bereich
Haushalt, Hobby und Büro
Buchbinderei/Graphisches Gewerbe

des Weiteren
Lieferant von verschiedenen kreativen Materialien für Schule, Hobby und Haushalt

Collano AG
Neulandstrasse 1
CH-6203 Sempach Station
Schweiz
Telefon +41 41 469 92 75
E-Mail: info@collano.com
www.collano.com

Mitglied des FKS

Das Unternehmen

Collano ist ein inhabergeführtes Klestoff-unternehmen in der Zentral schweiz, das seit 1947 Klebstoffe für Industrie und Gewerbe entwickelt, produziert und vertreibt. Die Klebstoffe von Collano basieren auf jahrzehntelanger Forschung und Erfahrung. Sie sind darauf ausgerichtet, das Leben der Kunden zu erleichtern, indem sie effizient, nachhaltig und einfach anwendbar sind. Als renommiertes Produktions unternehmen in der Klebstoffbranche bieten wir massgeschneiderte Lohnfertigung.

Ansprechpartner
Customer Service
Telefon: +41 41 469 92 75
customerservice@collano.com

Das Produktprogramm

Klebstofftypen
Reaktive Klebstoffe
- 1K und 2K Polyurethan
- 2K Epoxysilan
- 2K Polyurea

Wässrige Klebstoffe
- Polyurethan-, Polyolefin- und Acrylatdispersionen

Hybridklebstoffe
- Faserverstärkte und reaktive Klebefilme

Technologien Lohnfertigung
Emulsions- und Lösungspolymerisation
Mischtechnologien
1K und 2 Reaktivmischungen
Pilotierungen und Kleinmengen

Für Anwendungen im Bereich
Bau & Holz
Automotive
Sicherheit
Sport
Brandschutzvorhänge
Bänder & Riemen

Coroplast Fritz Müller GmbH & Co. KG
Wittener Straße 271
D-42279 Wuppertal
Telefon +49 (0) 2 02-26 81-0
Telefax +49 (0) 2 02-26 81-3 80
www.coroplast-tape.com

Mitglied des IVK

Das Unternehmen

Gründungsjahr
1928

Größe der Belegschaft
(Coroplast-Gruppe) 8.300 Mitarbeiter

Ansprechpartner
Marcus Söhngen

Vertriebswege
Großhandel und Industrie

Das Produktprogramm

Klebstofftypen
individuelle Klebelösungen

Für Anwendungen im Bereich
Papier/Verpackung
Holz- und Möbelindustrie
Baugewerbe, inkl. Fußboden
Trockenbau und Dachausbau
Elektronik
Maschinen- und Apparatebau
Fahrzeug-, Luftfahrt-, Solarindustrie
Haushalt, Hobby und Büro

CSC JÄKLECHEMIE GmbH & Co. KG

Matthiasstrasse 10-12
D-90431 Nürnberg
Telefon +49 (0) 911 32 646-0
E-Mail: info@csc-jaekle.de
www.csc-jaekle.de

Rubbertstraße 44
D-21109 Hamburg
Telefon +49 (0) 40 229 457-0

Das Unternehmen

Gründungsjahr
1886

Größe der Belegschaft
127 Mitarbeiter

Gesellschafter
Familie Späth

Stammkapital
7,5 Mio. Euro

Besitzverhältnisse
2/3 - 1/3

Tochterfirmen
CSC JÄKLECHEMIE Austria GmbH,
CSC JÄKLEKÉMIA Hungaria Kft.,
CSC JÄKLECHEMIE Czech s.r.o.

Vertriebswege
Direktvertrieb, Großhandel

Ansprechpartner
Geschäftsführung:
Robert Späth, Dr. Michael Spehr,
Dr. Heiko Warnecke

Anwendungstechnik und Vertrieb:
Uwe Goldmann, Harald Gebbeken,
Dr. Anett Mangold

Weitere Informationen
Anwendungsfelder: Kunststoffbeschichtungen, Industrielackierungen,Textilbeschichtungen, Bodenbeschichtungen, Automobillackierungen, Baubeschichtungen, Klebstoffe, Metallbeschichtungen, Dichtmassen, Korrosionsschutz, Möbellacke, Holzbeschichtungen

Das Produktprogramm

Klebstofftypen
Schmelzklebstoffe; Reaktionsklebstoffe; Lösemittelhaltige Klebstoffe; Dispersionsklebstoffe; Haftklebstoffe

Rohstoffe
Additive; Füllstoffe; Harze; Lösemittel; Polymere

Anlagen/Verfahren/Zubehör/ Dienstleistungen
Oberflächen reinigen und vorbehandeln
Dienstleistungen

Für Anwendungen im Bereich
Papier/Verpackung
Buchbinderei/Graphisches Gewerbe
Holz-/Möbelindustrie
Baugewerbe, inkl. Fußboden, Wand und Decke
Elektronik
Maschinen- und Apparatebau
Fahrzeug, Luftfahrtindustrie
Textilindustrie
Klebebänder, Etiketten
Hygienebereich

Hauptprodukte: Bindemittel/Polyole/ Polyamine/STP/Härter/Pigmente/Pasten/ Slurries/Feuchtigkeitsfänger/Weichmacher/ Additive/Modifizierer/Abtönpasten

Covestro Deutschland AG

D-51373 Leverkusen
Telefon+49 (0) 214 6009 3230
E-Mail: info@covestro.com
www.adhesives.covestro.com

Mitglied des IVK

Das Unternehmen

Gründungsjahr
2015

Größe der Belegschaft
17.520 (Stand: 31.12.2023)

Ansprechpartner
Covestro Deutschland AG
BE Coatings and Adhesives
Gebäude K12
D-51373 Leverkusen

Marketing Europa
Telefon: +49 (0) 214 6009 3230
E-Mail: info@covestro.com

Das Produktprogramm

Rohstoffe/Polymere
Acryl-Dispersionen (Bayhydrol® A, Decovery®, NeoCryl®)
Halogeniertes Polyisopren (Pergut®)
Hydroxyl-Polyurethane (Desmocoll®, Desmomelt®)
Polyaziridine (NeoADD™)
Polychloropren-Dispersionen (Dispercoll® C)
Polyester (Uralac®)
Polyesterpolyole (Baycoll®)
Polyetherpolyole (Acclaim®, Desmophen®)
Polyisocyanate (Bayhydur®, Desmodur®)
Polyurethan-Dispersionen (Baybond® PU, Bayhydrol®, Dispercoll® U, NeoRez®)
Polyurethan-Prepolymere (Desmodur®, Desmoseal®)
Silanterminierte Polyurethane (Desmoseal® S)
Siliziumdioxid-Dispersionen (Dispercoll® S)

cph Deutschland Chemie GmbH

Heinz-Bäcker-Straße 33
D-45356 Essen
E-Mail: service@cph-group.com

Mitglied des IVK

Das Unternehmen

Gründungsjahr
1975

Das Produktprogramm

Klebstofftypen
Dispersionsklebstoffe
Schmelzklebstoffe

Pflanzliche Klebstoffe, Stärkeklebstoffe

Für Anwendungen im Bereich
Etikettierung auf Glas, PET, Metall u.a.
Papier/Verpackung

Spezialität
Bio- based Produkte
Umweltfreundliche Etiketten- Klebstoffe

CHEMIE | TECHNIK | ABFÜLLUNG | SEIT 1899

CTA GmbH
Voithstraße 1
D-71640 Ludwigsburg
Telefon +49 71 41 - 29 99 16 - 0
E-Mail: info@cta-gmbh.de
www.cta-gmbh.de

Mitglied des IVK

Das Unternehmen

Gründungsjahr
1899

Größe der Belegschaft
200 Mitarbeiter

Besitzverhältnisse
Tochtergesellschaft der Tubex Holding GmbH

Vertriebswege
Direkt

Ansprechpartner
Geschäftsführung:
Hans-Dieter Worch

Vertrieb:
Franco Menchetti

Weitere Informationen
Unser Metier sind chemisch-technische Produkte in flüssiger bis hochpastöser Form. Wir beherrschen die gesamte Prozesskette von der Entwicklung über die Herstellung, Abfüllung, Verpackung und Konfektionierung bis hin zur Logistik.

Das Produktprogramm

Klebstofftypen
wasserbasierte Klebstoffe
lösemittelhaltige Klebstoffe
1K- und 2K-Klebstoffe
Anaerobe Klebstoffe
CA-Klebstoffe

DELO Industrie Klebstoffe

DELO-Allee 1
D-86949 Windach
Telefon +49 (0) 81 93-99 00-0
Telefax +49 (0) 81 93-99 00-144
E-Mail: info@delo.de
www.DELO.de

Mitglied des IVK

Das Unternehmen

Gründungsjahr
1961

Größe der Belegschaft
1.080 Mitarbeiter

Gesellschafter
Dr.-Ing. Wolf-Dietrich Herold
Dipl.-Ing. Sabine Herold

Geschäftsführung
Dr.-Ing. Wolf-Dietrich Herold
Dipl.-Ing. Sabine Herold
Dr. rer. nat. Karl Bitzer
Dipl.-Ing. Christian Walther

Vertriebswege
Über eigenen Außendienst in Deutschland und vielen europäischen Ländern, Tochtergesellschaften in den USA, China, Japan, Malaysia und Singapur

Repräsentanzen in Taiwan und Südkorea

Distributoren in In- und Ausland

Das Produktprogramm

Klebstofftypen
Licht-, dualhärtende und lichtaktivierbare Epoxide/Acrylatklebstoffe
1K- und 2K-Epoxidharze
Anaerobe Klebstoffe
Silikone
Elektrisch und thermisch leitfähige Klebstoffe
Optische Polymere

Für Anwendungen im Bereich
Halbleiter/Mikroelektronik
Optik/Optoelektronik
Unterhaltungselektronik
Automobilindustrie
Maschinenbau/Feinmechanik
Photovoltaik/flexible Elektronik

Weitere Produkte
Auf Klebstoffe abgestimmte LED-Aushärtungslampen und Dosierequipment
Beratung und Entwicklung von Systemlösungen gemeinsam mit den Kunden.

DREI BOND
ADHESIVES · DOSING SYSTEMS · SERVICES

Drei Bond GmbH
Carl-Zeiss-Ring 13
D-85737 Ismaning
Telefon +49 (0) 89-962427 0
E-Mail: info@dreibond.de
www.dreibond.de

Mitglied des IVK

Das Unternehmen

Gründungsjahr
1979

Größe der Belegschaft
62 Mitarbeiter

Gesellschafter
Drei Bond Holding GmbH

Stammkapital
50.618 €

Tochterfirmen
Drei Bond Polska sp.z o.o. in Krakau
Drei Bond Americas Corp.

Vertriebswege
Direkt in die Automobilindustrie (OEM + Tier 1/Tier 2), sowie in die Allgemeinindustrie, indirekt über Handelspartner, Private Label Geschäft

Ansprechpartner
Geschäftsführung: Thomas Brandl, Christian Eicke

Anwendungstechnik Kleb- u. Dichtstoffe:
Johanna Storm, Lukas Sandl, Dr. Florian Menk

Anwendungstechnik Dosiertechnik:
Jürgen Becher, Lukas Sandl

Vertrieb Kleb- u. Dichtstoffe:
Oliver Ehrengruber

Vertrieb Dosiertechnik:
Stephan Wiedholz, Marko Hein,
Franz Aschenbrenner

Weitere Informationen
Zertifizierung nach ISO 9001-2015 und ISO 14001-2015 sowie nach TISAX

Das Produktprogramm

Klebstoff-/Dichstofftypen
- Cyanacrylat Klebstoffe
- Anaerobe Kleb- u. Dichtstoffe
- UV Licht härtende Klebstoffe
- 1K/2K – Epoxidklebstoffe
- 2K – MMA Klebstoffe
- 1K/2K – MS Hybridkleb- u. Dichtstoffe
- 1K – lösungsmittelhaltige Dichtstoffe
- 1K – Silikondichtstoffe

Ergänzende Produkte:
- Aktivatoren, Primer, Cleaner

Geräte-, Anlagen und Komponenten
- Drei Bond 1K/2K Compact Dosieranlagen → halbautomatischer Auftrag von Klebe- u. Dichtstoffen, Fetten und Ölen Dosiertechnik: Druck/Zeit und Volumetrisch
- Drei Bond 1K/2K Inline Dosieranlagen → vollautomatischer Auftrag von Klebe- u. Dichtstoffen, Fetten und Ölen
  Dosiertechnik: Druck/Zeit und Volumetrisch
- Drei Bond Dosierkomponenten:
  Behältersysteme: Tanks, Kartuschen, Fasspumpen
  Dosierventile: Exzenterschneckenpumpen, Membranventile, Quetschventile, Sprühventile, Rotorspray

Für Anwendungen Im Bereich
- Automobil-/Automobilzulieferindustrie
- Elektronikindustrie
- Elastomer-/Kunststoff-/Metallverarbeitung
- Maschinen- u. Apparatebau
- Motoren- u. Getriebebau
- Gehäusebau (Metall- und Kunststoff)

DuPont Deutschland

Hugenottenallee 175
D-63263 Neu-Isenburg
Telefon +49 (0) 6102-18-0
Telefax +49 (0) 6102-18-12 24
E-Mail: ti.comms@dupont.com
www.DuPont.com/mobility

Mitglied des IVK

Das Unternehmen

Gründungsjahr
1802 (DuPont)

Größe der Belegschaft
23.000 Mitarbeiter

Besitzverhältnisse
Adhesives & Fluids ist ein Geschäftsbereich von DuPont de Nemours, Inc.

Ansprechpartner
Dr. Andreas Lutz, Global Technology Leader
Thorsten Schmidt,
EMEA Regional Commercial Leader

Weitere Informationen
DuPont Adhesives & Fluids bietet eine breite Palette technologiebasierter Produkte und Lösungen für die Automobilindustrie sowie maßgeschneiderte Materialien mit klaren Vorteilen für Hersteller von Hybrid-/Elektround autonomen Fahrzeugen. Bei der Entwicklung von E-Mobilitätslösungen legen wir Wert auf partnerschaftliche Zusammenarbeit. Gemeinsam mit unseren Kunden entwickeln wir Systemlösungen für anspruchsvolle Werkstoffanwendungen und einsatzbereiche über die gesamte Wertschöpfungskette hinweg

Weitere Informationen finden Sie unter www.dupont.com/mobility

Das Produktprogramm

Klebstofftypen
Epoxidklebstoffe - BETAMATE™
Polyurethanklebstoffe - BETAFORCE™
Polyurethanklebstoffe für Glas - BETASEAL™
Primersysteme-BETAPRIME™
Haftvermittler-MEGUM™, THIXON™

Für Anwendungen im Bereich
Das Angebot an 1K- und 2K-Klebstoffen der DuPont richtet sich an alle Fahrzeugtypen in der Erstausrüstung sowie den Werkstatt- und Reparaturbereich. Es lassen sich nahezu alle im Fahrzeugbau gängigen Materialien untereinander fügen, z. B. Stahl, Aluminium, Kunststoff, Verbundwerkstoffe, Gummi mit Metall, Glas oder Holz.
Zu den Einsatzbereichen zählen im Wesentlichen der Karosseriebau, die Montage inklusive Dächer, Verkleidungen und Glasverklebungen sowie die Ersatzverglasung und Karosserieinstandsetzung. Haftvermittler finden Anwendung beispielsweise im Antriebsstrang oder bei Fahrwerkskomponenten.

DYMAX®

Dymax Europe GmbH
Kasteler Straße 45
D-65203 Wiesbaden
Telefon +49 (0) 611-962 7900
Telefax +49 (0) 611-962 9440
E-Mail: info_DE@dymax.com
www.dymax.de

Mitglied des IVK

Das Unternehmen

Gründungsjahr
1995

Größe der Belegschaft
450 Mitarbeiter weltweit

Gesellschafter
Dymax Corporation, USA

Vertriebswege
Eigener Außendienst und weltweite Vertriebspartner

Geschäftsführung
Bernhard Suerth

Niederlassungen
Torrington, CT, USA (Hauptsitz)
Wiesbaden, Deutschland
Irland
Hong Kong
Singapur
Korea

Weitere Informationen
Dymax bietet effiziente Komplettlösungen bestehend aus lichthärtenden Materialien, Dosier- und Aushärtungssystemen, sowie umfassender technischer Beratung.

Das Produktprogramm

Klebstofftypen
UV- und lichthärtende Klebstoffe
Temporäre Abdeckmasken
Schutzbeschichtungen (Conformal Coating)
Vergussmassen
Verkapselungsmaterialien
Flüssigdichtungen (FIP/CIP)
Ergänzend: aktivator- und hitzehärtende, sowie feuchtigkeitsvernetzende Materialien

Für Anwendungen im Bereich
Medizintechnik
Orthopädische Implantate
Energiesysteme
Elektronik
Automobilindustrie
Luft- und Raumfahrt
Optik
Glasindustrie

Weitere Produkte
UV- Punkt- und Flächenstrahler (Quecksilberstrahler oder LED)
UV-Förderbandsysteme
Radiometer
Dosiersysteme
Technische Beratung
Systemintegration

Eluid Adhesive GmbH
Heinrich-Hertz-Straße 10
D-27283 Verden
Telefon +49 (0) 42 31-3 03 40-0
Telefax +49 (0) 42 31-3 03 40-17
E-Mail: info@eluid.de
www.eluid.de

Mitglied des IVK

Das Unternehmen

Gründungsjahr
1932

Größe der Belegschaft
7 Mitarbeiter

Gesellschafter
Andreas May

Geschäftsführung
Andreas May

Ansprechpartner
Andreas May
Karin Münker

Vertriebswege
Eigener Außendienst sowie Vertretungen und Händler im gesamten Bundesgebiet, Vertretungen und Händler in Europa und Übersee.

Das Produktprogramm

Klebstofftypen
Acrylat, Styrol-Acrylat, Polyurethan- und Vinylacetatdispersionen (A, RA, SA, PUD, PVAC, VAE,) für Klebstoffe und Lacke/Beschichtungen
Dispersionshaftklebstoffe
PVOH Klebstoffe
Dextrin-, Kasein- und Stärkeklebstoffe
APAO, EVA-, PSA, PO, PUR Schmelzstoffe

Für Anwendungen im Bereich Industrie
Beschichtungen für Folien (bedruckbar)
Beschichtungen für Folien (Soft Touch)
Buchbinderei/Grafisches Gewerbe Papier- und Verpackungsindustrie Briefumschlags-industrie Buchschutzfolien
Dämmtechnik
Etikettenindustrie
Flexible Verpackung
Glanzfolienkaschierung
Haftklebstoffe für Folien selbstklebend (wiederablösbar, permanent)
Heißsiegelprodukte
Holzklebstoffe D2 + D3
Klebebänder, einseitige/doppelseitige
Schaumstoffverarbeitende
Industrie Schutzfolien
Sicherheitsdokumente
Tapetenvliesindustrie
Tapetenindustrie
Textilindustrie
Transformerboards

EMS-GRILTECH

EMS-CHEMIE AG
Business Unit EMS-GRILTECH
Via Innovativa 1
CH-7013 Domat/Ems
Telefon +41 81 632 72 02
Telefax +41 81 632 74 02
E-Mail: info@emsgriltech.com
www.emsgriltech.com

Mitglied des FKS

Das Unternehmen

Gründungsjahr
1936 wurde das Unternehmen als Holzverzuckerungs AG (HOVAG) gegründet.
Nach der Umbenennung in EMSER WERKE AG 1960, wurde das Unternehmen im Jahre 1981 in EMS-CHEMIE AG umbenannt und trägt heute noch den Firmennamen.

Mitarbeiterkennzahlen
Per Dezember 2021 zählte die EMS-Gruppe 2.606 Mitarbeiter.

Verkaufswege
Direktverkauf, Distributoren, Agenten

Kontakt
Anwendungstechnik und Verkauf:
Telefon: +41 81 632 72 02, Telefax: +41 81 632 74 02
E-Mail: info@emsgriltech.com, www.emsgriltech.com

Kontakt Partner
EMS-GRILTECH ist ein Unternehmensbereich der EMS-CHEMIE AG, die zur EMS-CHEMIE HOLDING AG gehört.

Wir produzieren und verkaufen Grilon, Nexylon und Nexylene Fasern, Griltex Schmelzklebstoffe, Grilbond Haftvermittler, Primid Pulverlackhärter und Grilonit Reaktivverdünner. Diese Werkstoffe und Additive haben wir zu herausragenden Spezialitäten für technisch anspruchsvolle Anwendungen entwickelt. Damit schaffen wir Mehrwert für unsere Kunden, weil auch sie in ihren Märkten nur dann erfolgreich sind, wenn sie sich ständig verbessern.

Thermoplastische Schmelzklebstoffe für technische und textile Verklebungen werden unter dem Markennamen Griltex® vertrieben. EMS-GRILTECH besitzt jahrelanges Know-how in der Herstellung massgeschneiderter Copolyamide und Copolyester für verschiedene Anwendungsbereiche. Der Schmelzbereich und die Schmelzviskosität können auf die unterschiedlichen Anforderungen eingestellt werden. Die Kleber sind als Pulver in verschiedenen Korngrössen oder als Granulat erhältlich. Die Herstellung erfolgt auf eigenen Polymerisations- und Mahlanlagen.

Das Produktprogramm

Klebstofftypen
Thermoplastische Schmelzklebstoffe

Rohstoffe
Additive
Harze
Polymere

Anlagen / Ausstattung
Anwendungstechnikum, Produktionsanlagen, Labor, Analytik

Für Anwendungen im Bereich
Papier/Verpackungen
Holz/Möbelindustrie
Bauindustrie, inklusive Bodenbelag, Wände und Decken
Elektronik
Mechanische Bauteile
Automobilindustrie, Luft-und Raumfahrt
Textilindustrie
Hygieneindustrie
Haushaltsgeräte, Freizeit- und Büroanwendungen
Verbundwerkstoffe, Masterbatches

Griltex® für das Verkleben von glatten Oberflächen
Wir haben spezielle Schmelzklebstoffe für die Verklebung von Metall, Kunststoff, Glas und anderen glatten Oberflächen entwickelt.

Das Stammhaus von EMS-GRILTECH mit Forschung und Entwicklung befindet sich in Domat/Ems (Schweiz). In Sumter S.C. (USA) und Neumünster (Deutschland) haben wir weitere Produktionsstätten mit Anwendungstechnika. In Japan, China und Taiwan verfügen wir über Verkaufsbüros und ein Kundendienstlabor. EMS-GRILTECH ist weltweit mit eigenen Verkaufsgesellschaften oder durch Agenten vertreten.

EUKALIN SPEZIAL-KLEBSTOFFE

EUKALIN Spezial-Klebstoff Fabrik GmbH
Ernst-Abbe-Straße 10
D-52249 Eschweiler
Telefon +49 (0) 24 03-64 50 0
Telefax +49 (0) 24 03-64 50 26
E-Mail: eukalin@eukalin.de
www.eukalin.de

Mitglied des IVK

Das Unternehmen

Gründungsjahr
1904

Größe der Belegschaft
70 Mitarbeiter

Gesellschafter
100 % im Familienbesitz

Geschäftsführung
Jan Schulz-Wachler
Timm Koepchen

Vertriebswege
Direktvertrieb durch Außendienst und Agenten

Das Produktprogramm

Klebstofftypen
Schmelzklebstoffe
Dispersionsklebstoffe
Pflanzliche Klebstoffe
Haftklebstoffe
Polyurethanklebstoffe
Gallerte
Kaseinklebstoffe

Für Anwendungen im Bereich
Papier/Verpackung
Buchbinderei/Graphisches Gewerbe
Klebebänder, Etiketten
Flexible Verpackungen
Behälteretikettierungen

Evonik Industries AG

D-45764 Marl, www.evonik.com/crosslinkers,
www.evonik.com/adhesives-sealants,
www.evonik.com/designed-polymers

D-45764 Marl, www.vestamelt.de

D-64293 Darmstadt, www.visiomer.com

D-45127 Essen,
www.evonik.com/polymer-dispersions
www.evonik.com/hanse, www.evonik.com/tegopac

D-63457 Hanau, www.aerosil.com,
www.dynasylan.com, www.evonik.com/fp

Mitglied des IVK

Das Unternehmen

Gründungsjahr
2007

Ansprechpartner
Evonik Adhesives & Sealants Industry Team
Telefon +49 (0) 23 65-49-48 43

E-Mail adhesives@evonik.com
E-Mail aerosil@evonik.com
E-Mail fillers.pigments@evonik.com
E-Mail vestamelt@evonik.com
E-Mail visiomer@evonik.com
E-Mail: info@polymerdispersion.com,
E-Mail hanse@evonik.com
E-Mail TechService-Tegopac@evonik.com

Weitere Informationen
Evonik ist ein weltweit führendes Unternehmen der Spezialchemie. Der Konzern ist in über 100 Ländern aktiv und erwirtschaftete 2021 einen Umsatz von 15 Mrd. € und einen Gewinn (bereinigtes EBITDA) von 2,38 Mrd. €. Dabei geht Evonik weit über die Chemie hinaus, um den Kunden innovative, wertbringende und nachhaltige Lösungen zu schaffen. Rund 33.000 Mitarbeiter verbindet dabei ein gemeinsamer Antrieb: Wir wollen das Leben besser machen, Tag für Tag.

Das Produktprogramm

Klebstoffe
Schmelzklebstoffe (VESTAMELT®) (DYNACOLL®S) (VESTOPLAST®)

Dichtstoffe
Acryldichtstoffe (DEGACRYL®)

Rohstoffe
Additive: Siliziumdioxid- Nanopartikel (Nanopox®), Silikonkautschuk-Partikel (Albidur®), Methacrylat Monomere (VISIOMER®), Pyrogene Kieselsäuren und pyrogene Metalloxide (AEROSIL®, AEROXIDE®), Gefällte Kieselsäuren (SIPERNAT®), Funktionelle Silane (Dynasylan®), Entschäumer (TEGO® Antifoam), Netzmittel (TEGOPREN®), Verdicker (TEGO® Rheo)

Vernetzer: Spezialharze, aliphatische Diamine (VESTAMIN®), aliphatische Isocyanate (VESTANAT®) Amine (Ancamine®) Härter (Ancamide®) Dicyandiamine (Dicyanex®, Amicure®) Imidazole (Imicure®, Curezol®)

Polymere: amorphe Poly-alpha-Olefine (VESTOPLAST®), Polyester-Polyole (DYNACOLL®), Flüssige Polybutadiene (POLYVEST®) Polyacrylate (DEGACRYL®, DYNACOLL® AC), silanmodifizierte Polymere (Polymer ST, TEGOPAC®), durch Kondensation aushärtende Silikone (Polymer OH)

Für Anwendungen im Bereich
Papier/Verpackung
Buchbinderei/Graphisches Gewerbe
Holz-/Möbelindustrie
Baugewerbe, inkl. Fußboden, Wand und Decke
Elektronik
Fahrzeug, Luftfahrtindustrie
Textilindustrie
Klebbänder und Etiketten
Hygienebereich
Herstellung von Schmelzklebstoffen
Windenergie (Rotorblätter)

fischerwerke GmbH & Co. KG

Klaus-Fischer-Straße 1
D-72178 Waldachtal
Telefon +49 (0) 74 43 12-0
E-Mail: info@fischer.de
www.fischer.de

Mitglied des IVK

Das Unternehmen

Gründungsjahr
1948

Größe der Belegschaft
5.900 Mitarbeiter

Besitzverhältnisse
Familienunternehmen

50 Landesgesellschaften in 37 Ländern
(Argentinien, Belgien, Brasilien, Bulgarien, China, Dänemark, Deutschland, Finnland, Frankreich, Großbritannien, Griechenland, Indien, Italien, Japan, Katar Kroatien, Mexiko, Niederlande, Norwegen, Österreich, Philippenen, Polen, Portugal, Rumänien, Russland, Schweden, Serbien, Singapur, Slowakei, Spanien, Südkorea, Thailand, Tschechien, Türkei, Ungarn, USA, Vereinigte Arabische Emirate, Vietnam)

Vertriebswege
Fach- und Einzelhandel, Industrie und Handwerk, DIY

Ansprechpartner
Vertrieb:
Michael Geiszbühl
E-Mail: Michael.Geiszbuehl@fischer.de

Weitere Informationen
Weltmarktführer in chemischen Befestigungssystemen

Das Produktprogramm

Klebstofftypen
- Reaktionsklebstoffe
- lösemittelhaltige Klebstoffe
- Dispersionsklebstoffe
- MS/STP Klebstoffe
- UV-härtender Klebstoff

Dichtstofftypen
- Acryl Dichtstoffe
- Silicone
- MS/STP Dichtstoffe
- PU Dichtstoffe
- lösemittelhaltige Dichtstoffe
- bitumenhaltige Dichtstoffe

Für Anwendungen im Bereich
- Holz-/Möbelindustrie
- Baugewerbe, inkl. Fußboden, Wand, Decke und Dach
- Haushalt
- Fenster- und Türbau
- Treppenbau
- Metallbau
- Elektro- und Sanitärinstallationen
- Innenausbau/Trockenbau
- Sanitär, Heizung, Klima

Follmann GmbH & Co. KG

Heinrich-Follmann-Str. 1
D-32423 Minden
Telefon +49 (0) 5 71-93 39-0
Telefax +49 (0) 5 71-93 39-3 00
E-Mail: info@follmann.com
www.follmann.com

Mitglied des IVK

Das Unternehmen

Gründungsjahr
1977

Größe der Belegschaft
250 Mitarbeiter

Management
Dr. Henrik Follmann

Schwestergesellschaften
OOO Follmann
(Moskau/Russische Föderation)

Follmann (Shanghai) Trading Co., Ltd.
(Shanghai/China)

Follmann Chemia Polska sp.z.o.o.
(Poznań/Polen)

Sealock Ltd. (Andover/Großbritannien)

Ansprechpartner
info@follmann.de

Das Produktprogramm

Klebstofftypen
Dispersionsklebstoffe
Schmelzklebstoffe
Reaktive Schmelzklebstoffe
Haftklebstoffe / PSA
Stärke- und Kaseinklebstoffe
Plastisole
1K-Polyurethanklebstoffe
2K-Epoxidklebstoffe

Für Anwendungen im Bereich
Holz-/Möbelindustrie
Papier/Verpackung
Grafische Industrie / Buchbinderei
Polster-/Matratzenindustrie
Automobilindustrie
Montage
Textilindustrie
Klebebänder
Etikettierung
Filterindustrie
Schleifmittelindustrie
Caravan-/Wohnmobilindustrie
Paneel-/Sandwichindustrie
Flat Lamination

GLUDAN (Deutschland) GmbH

Am Hesterkamp 2
D-21514 Büchen
Telefon +49 (0) 41 55-49 75-0
Telefax +49 (0) 41 55-49 75-49
E-Mail: gludan@gludan.de
www.gludan.com

Mitglied des IVK

Das Unternehmen

Gründungsjahr
1989

Größe der Belegschaft
28 Mitarbeiter

Gesellschafter
Tochterfirma von GLUDAN GRUPPEN A/S

Anwendungstechnik
Kim Szöts,
Dr. Olga Dulachyk

Weitere Informationen
www.gludan.com

Das Produktprogramm

Klebstofftypen
Dispersionsklebstoffe
Haftklebstoffe
Schmelzklebstoffe (Hot Melt)
Gallerte

Rohstoffe
Additive
Füller
Polymere
Stärke

Für Anwendungen im Bereich Industrie
Papier- und Verpackungsindustrie
Buchbunderei/Graphisches Gewerbe
Holz-/Möbelindustrie
Baugewerbe, inkl. Fußboden, Wand u. Decke
Textilindustrie
Klebebänder, Etiketten
Hygienebereich
Haushalt, Hobby und Büro

Service
Leimkurse
Anlagenbau

GRÜNIG
PROFESSIONAL ADHESIVES

Grünig KG
Häuserschlag 8
D-97688 Bad Kissingen
Telefon +49 (0) 9736 75710
E-Mail: info@gruenig-net.de
www.gruenig-net.de

Mitglied des IVK

Das Unternehmen

Gründungsjahr
1963

Größe der Belegschaft
38 Mitarbeiter

Gesellschafter
Thomas und Sabine Ulsamer

Vertriebswege
Direktvertrieb mit technischer Beratung

Ansprechpartner
Geschäftsführung:
Thomas und Sabine Ulsamer

Anwendungstechnik und Vertrieb:
Andreas Schwab, Reinhold Teufel,
Michał Kozieł, Iwona Greczanik,
André Betz, Robert Ernst, Tomasz Kozieł

Das Produktprogramm

Klebstofftypen
Dispersionsklebstoffe
Dextrin- und Stärkeklebstoffe

Für Anwendungen im Bereich
Papier/Verpackung
Buchbinderei/Graphisches Gewerbe
Holz-/Möbelindustrie
Baugewerbe inkl. Fußboden, Wand und Decke
Hygienebereich
Haushalt, Hobby und Büro

Gustav Grolman GmbH & Co. KG

Fuggerstraße 1
D-41468 Neuss
Telefon +49 (0) 2131 9368-01
telefax +49 (0) 2131 9368-264
E-Mail: info@grolman-group.com
www.grolman-group.com

Mitglied des IVK

Das Unternehmen

Gründungsjahr
1855

Ansprechpartner
Dr. Mathias Dietz (Business Development)

Weitere Informationen
Die Grolman Gruppe steht für den internationalen Vertrieb von Produkten der Spezialchemie. Das Unternehmen unterhält einzelne Verkaufsbüros in allen europäischen Ländern, der Türkei, Maghreb, Ägypten, Indien und China die jeweils durch technischen Vertrieb, Kundenserviceteams und Lagerhaltung unterstützt werden.

Das in der fünften Generation geführte Familienunternehmen befindet sich seit seiner Gründung im Jahre 1855 in Privatbesitz. Der Schlüssel zum Unternehmenserfolg liegt in einer kundenorientierten und effizient organisierten Unternehmensstruktur, bei der die Bedürfnisse der Kunden die treibende Kraft sind.

Grolman. Qualität seit 1855.

Das Produktprogramm

Rohstoffe
Additive
Füllstoffe
Polymere
Härter/Beschleuniger

Für Anwendungen im Bereich
Papier/Verpackung
Buchbinderei/Graphisches Gewerbe
Holz-/Möbelindustrie
Baugewerbe, inkl. Fußboden, Wand und Decke
Elektronik
Maschinen- und Apparatebau
Fahrzeug, Luftfahrtindustrie
Textilindustrie
Klebebänder, Etiketten
Hygienebereich
Haushalt, Hobby und Büro

GYSO AG
Steinackerstrasse 34
CH-8302 Kloten
Telefon +41 (0) 43 255 55 55
E-Mail: info@gyso.ch
www.gyso.ch

Mitglied des FKS

Das Unternehmen

Gründungsjahr
1957

Größe der Belegschaft
130 Mitarbeiter

Besitzverhältnisse
inhabergeführtes Familienunternehmen

Vertriebswege
Direkt zum Endkunden sowie über Bauhandel

Ansprechpartner
Geschäftsführung:
Roland Gysel

Anwendungstechnik und Vertrieb:
Kandid Vögele, Thomas Emler

Weitere Informationen
Die Firma GYSO AG ist ein schweizerisches Familienunternehmen, das im Jahre 1957 gegründet wurde. Seit Anbeginn beschäftigte sich die Firma mit Kleb- und Dichtstoffen. Im Verlauf der Zeit sind Dichtbänder, Klebebänder, Folien und weitere Produktesparten dazugekommen.

Heute verfügt GYSO über eine breite und umfassende Produktepalette, ausgerichtet auf die Bereiche Kleben, Dichten, Schützen, Schleifen, Lackieren und Finish. Die Entwicklung ist immer von der Idee geleitet, hohe Qualität und praxisorientierte Lösungen anzubieten.

Unsere grosse und treue Kundschaft aus dem Baugewerbe und dem Automotive ist für uns Bestätigung und gleichzeitig Motivation für die Zukunft. Vom 1-Mann Betrieb hat sich die GYSO AG zu einem leistungsfähigen und modernen Unternehmen mit über 130 Mitarbeitern entwickelt.

Ein kompetenter Partner bei dem die Kundenzufriedenheit immer im Vordergrund steht.

Das Produktprogramm

Klebstofftypen
Ein- und zweikomponenten Klebstoffe auf Silikon-, Hybrid- und Polyurethan-Basis; Dispersionsklebstoffe; Schmelzklebstoffe; lösemittelhaltige Klebstoffe; Glutinleime

Für Anwendungen im Bereich
Papier/Verpackung; Holz-/Möbelindustrie; Baugewerbe, inkl. Fußboden, Wand und Decke; Klebebänder, Etiketten; Haushalt, Hobby und Büro

---

GYSO AG beschäftigt ca. 130 Mitarbeiter, wovon über 30 im Aussendienst unsere Kunden in allen Landesteilen und Sprachregionen betreuen. Seit der Firmengründung hat sich der Markt im Baugewerbe, im Automotive- und Industriebereich in ungeahnter Weise gewandelt. Die Firma GYSO AG ist stolz, dass sie in all den Jahren mit der Entwicklung Schritt halten und ihre Produkte immer wieder den neuen, teils sehr hohen Anforderungen anpassen konnte.

Unsere klar strukturierte Verkaufsorganisation mit dynamischen und innovativen Mitarbeitern gewährt eine rasche, kompetente und praxisnahe Beratung. Dank langjähriger Erfahrung, verbunden mit fundierten Fachkenntnissen bieten wir individuelle, den Kundenbedürfnissen angepasste Problemlösungen an. Unser Aussendienst-Team, vertreten in allen Regionen der Schweiz, ist in kurzer Zeit an jedem Ort verfügbar. Persönliche und fachliche Unterstützung bei der Planung und Ausführung auf dem Bau. Sachliche Informationen und Schulungen in Form von Fachtagungen bei Kunden und an Schulen sind unser Beitrag zu Gewinnung und Erhaltung optimaler Bauqualität.

HANSETACK GmbH

Saseler Strasse 182
D-22159 Hamburg
Telefon +49 40 237 242 67
E-Mail: info@hansetack.com
www.dercol.pt

Mitglied des IVK

Das Unternehmen

Gründungsjahr
2020

Größe der Belegschaft
4 Mitarbeiter

Stammkapital
350.000,- €

Ansprechpartner
Geschäftsführung:
Lars-Olaf Jessen

Anwendungstechnik und Vertrieb:
Lars-Olaf Jessen

Das Produktprogramm

Rohstoffe
Harze

Für Anwendungen im Bereich Industrie
Papier/Verpackung
Buchbinderei/Graphisches Gewerbe
Holz-/Möbelindustrie
Baugewerbe, inkl. Fußboden, Wand und Decke
Elektronik
Fahrzeug, Luftfahrtindustrie
Textilindustrie
Klebebänder, Etiketten
Hygienebereich
Haushalt, Hobby und Büro

H.B. Fuller

Connecting what matters.™

H.B. Fuller Europe GmbH
Steinenberg 23
CH-4051 Basel
www.hbfuller.com

Mitglied des IVK, FKS, VLK

Das Unternehmen

Globale Tätigkeit
H.B. Fuller verfügt über drei regionale Hauptquartiere:

- Americas: St. Paul, Minn., U.S.A.; Europa, Indien, Mittlerer Osten, Afrika (EIMEA): Basel, Schweiz; Asien-Pazifik-Raum: Shanghai, China

Das Unternehmen ist in 34 Ländern direkt vertreten und bedient Kunden in mehr als 140 Ländern.

Präsenz in Europa
H.B. Fuller verfügt über ein Netzwerk spezialisierter Produktionsstätten, das sich über ganz Europa erstreckt und Kunden der Bereiche Elektronik, Einweg-Hygiene/Vliesstoffe, Medizin, Transport, Luft- und Raumfahrtindustrie, erneuerbare Energien, Verpackungsindustrie, Bauindustrie, holzverarbeitende Industrie, sowie andere allgemeine Industrie und Konsumgüter bedient.

Weitere Informationen
Seit 1887 ist H.B. Fuller als weltweit führendes Unternehmen in der Klebstoffindustrie tätig. Dabei richtet das Unternehmen seinen Fokus auf die Perfektionierung von Klebstoffen, Dichtungsmitteln und anderen chemischen Spezialprodukten, um Produkte und das Leben der Menschen zu verbessern. H.B. Fuller erzielte im Geschäftsjahr 2022 einen Nettoumsatz von 3,75 Mrd. US-Dollar. Die Innovationen und Produkte von H.B. Fuller vereinen Menschen, Produkte und nachhaltige Prozesse, um einige der größten Herausforderungen unserer Kunden, zu lösen. Der zuverlässige, proaktive Service des Unternehmens schafft dauerhafte Beziehungen zu Kunden, um neue Lösungen nachhaltig und effektiv umzusetzen. Mit spezialisierten F&E Zentren bietet H.B. Fuller Kunden und Industriepartnern den Rahmen, gemeinsam an maßgeschneiderten Innovationen zu forschen.

Das Produktprogramm

Klebstofftypen

- Schmelzklebstoffe
- Polymer- und Spezialtechnologien
- Reaktive Klebstoffe, Polyurethan-Klebstoffe, Epoxid-Klebstoffe
- Wasserbasierte Klebstoffe
- Lösungsmittelbasierte und Lösungsmittelfreie Klebstoffe

Unsere Märkte

- Automobil und Transport
- Bauindustrie
- Elektro- und Montagematerialien
- Emulsionspolymere
- Gebrauchsgüter
- Holz-/Möbelindustrie
- Hygieneartikel/Vliesstoffe
- Luft- und Raumfahrtindustrie
- Medizinische Anwendungen
- Papierverarbeitung
- Erneuerbare Energie
- Technische Industrie
- Verpackungswesen

Weitere Informationen finden Sie unter www.hbfuller.com.

Nachhaltigkeit und gemeinnütziges Engagement

- Ambitionierte Nachhaltigkeitsziele und unternehmensübergreifende Programme, die mit den UN Zielen für nachhaltige Entwicklung einhergehen.
- Jährlich leisten unsere Mitarbeiter insgesamt mehr als 7.000 Stunden freiwillige, gemeinnützige Arbeit in über 20 Ländern.
- Firmen- und Mitarbeiterspenden übertreffen jedes Jahr weltweit 1,3 Mio. USD.

Henkel AG & Co. KGaA
Henkelstraße 67
D-40191 Düsseldorf
Telefon +49 (0) 2 11-7 97-0
www.henkel.com

Mitglied des IVK

Das Unternehmen

Eigentümerstruktur
Henkel AG & Co. KGaA

Ansprechpartner
Business Unit Adhesive Technologies
Tel.: +49 (0) 2 11-7 97-0
Fax +49 (0) 2 11-7 98-4008

Weitere Informationen
Henkel Adhesive Technologies ist der weltweit führende Anbieter von Klebstoffen, Dichtstoffen und funktionalen Beschichtungen – für Industriekunden ebenso wie für Verbraucher:innen und Handwerker:innen. Als weltweiter Branchen- und Anwendungsexperte für die verarbeitende Industrie arbeiten wir eng mit unseren Kunden und Partnern zusammen. Dadurch schaffen wir nachhaltige Werte – mit starken Marken und hochwirksamen Lösungen, basierend auf einem einzigartigen Technologieportfolio.

Unser Portfolio von Industrieprodukten ist in fünf Technology Cluster Brands unterteilt – Loctite, Technomelt, Bonderite, Teroson und Aquence. Bei den Produkten für Konsumenten und Handwerker fokussieren wir uns auf die vier globalen Markenplattformen Pritt, Loctite, Ceresit und Pattex.

Das Produktprogramm

Klebstoffportfolio
Strukturklebstoffe
Kaschierklebstoffe
Sekundenklebstoffe
Schmelzklebstoffe
Reaktionsklebstoffe
Lösemittelbasierte Klebstoffe
Dispersionsklebstoffe
Auf natürlichen Rohstoffen basierende Klebstoffe
Haftkleber
Anaerobe Klebstoffe

Dichtstoffportfolio
Acrylat
Butyl Dichtstoffe
Polyurethan Dichtstoffe
Silikon Dichtstoffe
MS Polymer
Weitere

NACHHALTIGKEIT.
WE MAKE
IT HAPPEN!
Auf Basis von Pioniergeist, Wissen und innovativen Technologien treibt Henkel Adhesive Technologies mit seinen Lösungen konsequent die Nachhaltigkeit vor allem in drei Kernbereichen voran:
Klima: Wir reduzieren den CO2-Ausstoß aus unserer Produktion und Rohstoffnutzung und ermöglichen Emissionseinsparungen bei unseren Kunden.
Kreislaufwirtschaft: Wir verankern Kreislaufverfahren in unseren Prozessen und ermöglichen Entkleben und Recycling entlang der Wertschöpfungskette.
Sicherheit: Wir optimieren die chemische Sicherheit unserer Produkte und erhöhen dadurch die Sicherheit der Produkte unserer Kunden.
HENKEL-ADHESIVES.COM
Henkel

HOBUM Oleochemicals GmbH

Konsul-Ritter-Straße 10
21079 Hamburg
Telefon +49 7662550
E-Mail info@hobum.de
www.hobum.de

Mitglied des IVK

Das Unternehmen

Gründungsjahr
1959

Größe der Belegschaft
über 50 Mitarbeiter

Geschäftsführung
Arnold G. Mergell, John-Philip Mergell, Dr. René Manski

Das Produktprogramm

Rohstoffe
Additive
Harze
Lösemittel
Polymere

Für Anwendungen im Bereich
Papier/Verpackung
Holz-/Möbelindustrie
Baugewerbe, inkl. Fußboden, Wand und Decke
Elektronik
Fahrzeug, Luftfahrtindustrie
Textilindustrie
Klebebänder, Etiketten

IMCD Deutschland GmbH
Konrad-Adenauer-Ufer 41 – 45
D-50668 Köln
Telefon +49 (0) 221-7765-0
Telefax +49 (0) 221-7765-200
E-Mail: info@imcd.de
www.imcd.de

Mitglied des IVK

Das Unternehmen

Größe der Belegschaft
270 Mitarbeiter

Ansprechpartner
Geschäftsführung:
Frank Schneider, Lars Wallstein

Anwendungstechnik und Vertrieb:
Dr. Heinz J. Küppers

Weitere Informationen

Die IMCD Gruppe mit Sitz in Rotterdam, Niederlande, ist ein weltweit führender Distributionspartner, Formulierer und Lösungsanbieter von Spezialchemikalien und Ingredienzien.

Unsere zielorientierten Fachkräfte bieten für Lieferanten und Kunden in den Regionen EMEA, Americas und Asia Pacific marktorientierte Lösungen sowie ein umfassendes Produktportfolio und innovative Formulierungen für die Bereiche Home Care and I&I, Beauty & Personal Care, Food & Nutrition und Pharmaceuticals bis hin zu Lubricants & Energy, Coatings & Construction, Advanced Materials und Industrial Solutions.

IMCD Deutschland ist eine Tochtergesellschaft der IMCD Gruppe mit 270 Mitarbeitern in der Zentrale in Köln und am Standort Hamburg.

Die Business Group IMCD Coatings & Construction bietet technisches Fachwissen und Spezialrohstoffe, um Innovation, Performance und Nachhaltigkeit von Farben, Lacken, Bau- und Klebstoffen, Druckfarben, Textil-, Leder- und Papierformulierungen zu steigern. Für den Klebstoffmarkt verfügen wir über ein hervorragendes Rohstoffportfolio, um das Beste aus Ihren Formulierungen herauszuholen – ganz gleich, ob es sich um lösungsmittelbasierte oder wasserbasierte Klebstoffe, Schmelz- oder klebstoffe handelt.

Erfahren Sie mehr über IMCD unter www.imcd.de

Das Produktprogramm

Klebstofftypen
Schmelzklebstoffe
Reaktionsklebstoffe
lösemittelhaltige Klebstoffe
Dispersionsklebstoffe
Haftklebstoffe

Rohstoffe
Additive
Funktionelle Füllstoffe
Pigmente
Harze
Bindemittel
Monomere

Für Anwendungen im Bereich
Papier/Verpackung
Buchbinderei/Graphisches Gewerbe
Holz-/Möbelindustrie
Baugewerbe, inkl. Fußboden, Wand und Decke
Elektronik
Maschinen- und Apparatebau
Fahrzeug, Luftfahrtindustrie
Textilindustrie
Klebebänder, Etiketten
Hygiene
Haushalt, Hobby und Büro

Jowat Klebstoffe

Jowat SE
Ernst-Hilker-Straße 10 - 14
D-32758 Detmold
Telefon + 49 (0) 52 31-749-0
E-Mail: info@jowat.de
www.jowat.com

Mitglied des IVK

Das Unternehmen

Gründungsjahr
1919

Größe der Belegschaft
über 1.300 Mitarbeiter weltweit

Jowat weltweit
Weltweite Vertriebsstruktur mit 23 Tochtergesellschaften sowie Partnerfirmen
6 Produktionsstandorte auf 3 Kontinenten

Tochterfirmen in folgenden Ländern
Australien, Brasilien, China (3), Chile, Frankreich, Deutschland (2), Italien, Kanada, Kolumbien, Malaysia, Mexiko, Niederlande, Polen, Russland, Schweden, Schweiz, Thailand, Türkei, UAE, UK, USA, Vietnam

Vorstand
Klaus Kullmann
Ralf Nitschke
Dr. Christian Terfloth

Vorsitzender des Aufsichtsrates
Prof. Dr. Andreas Wiedemann

Ansprechpartner
Kay-Henrik von der Heide
Vertriebsleitung

Ingo Horsthemke
Vice President Global Marketing

Ina Benz
Leitung Technischer Support & Service

Das Produktprogramm

Klebstofftypen
Schmelzklebstoffe: EVA-Hotmelt, PO-Hotmelt, CoPA-Hotmelt

Reaktive Schmelzklebstoffe: PUR-, POR-Hotmelt

Lösemittelklebstoffe: CR-Klebstoffe, SC-Klebstoffe, PU-Klebstoffe

Dispersionsklebstoffe: PVAc, EVA, PU

Haftklebstoffe: PSA-Hotmelt (Pressure Sensitive Adhesive)

Varianten: biobasierte Klebstoffe, kennzeichnungsfreie Klebstoffe

Haftvermittler: Primer (wässrig, lösemittelbasierend), Waschprimer

Spezial-Klebstoffe: Cyanacrylat-Klebstoff

Reiniger: Spülmittel, Reiniger & Trennmittel

Für Anwendungen im Bereich
Holz- und Möbelindustrie, Papier- und Verpackungsindustrie, Bauelemente, tragender Holzleimbau, Polstermöbel-, Matratzen- und Schaumstoffindustrie, Grafische Industrie, Automobil- und Automobilzulieferindustrie, technische Textilien und Textilindustrie, Filterindustrie, sonstige industrielle Anwendungen inkl. Montage

KANEKA BELGIUM NV

The Dreamology Company
—Make your dreams come true—

KANEKA Belgium N.V.
MS Polymer Division
Nijverheidsstraat 16
B-2260 Westerlo (Oevel)
Telefon (+32) 14-25 45 20
E-Mail: info.mspolymer@kaneka.be
www.kaneka.be

Mitglied des IVK

Das Unternehmen

Kaneka Belgium N.V. wurde 1970 als europäische Produktionsstätte der nunmehr weltweit tätigen Kaneka Corporation, Japan, gegründet.
Die MS Polymer Division stellt innovative Rohstoffe für die Kleb- und Dichtstoffindustrie her, die unter den Gruppennamen Kaneka SILYL, MS POLYMER und XMAP angeboten werden.
Als Hersteller der Rohstoffkomponenten bietet Kaneka seinen Kunden intensiven technischen Service bei der Endproduktentwicklung.

Ansprechpartner
Vertretung für D, CH, A, Osteuropa:
Werner Hollbeck GmbH
Karl-Legien-Straße 7
D-45356 Essen
Telefon (+49) 2 01/7 22 16 16
E-Mail: Info@Hollbeck.de

Zentrale in Belgien:
Kaneka Belgium N.V.
MS Polymer Division
Nijverheidsstraat 16
B-2260 Westerlo (Oevel)
Telefon (+32) 14/25 45 20
E-Mail: info.mspolymer@kaneka.be

Das Produktprogramm

Rohstoffe
MS POLYMER, SILYL und XMAP sind flüssigpolymere Rohstoffe auf Polyether- bzw. Polyacrylat-Basis für die Weiterverarbeitung zu elastischen Dicht- und Klebstoffen. Art und Geschwindigkeit der Aushärtung, Haftvermögen, Vernetzungsdichte, etc. sind durch unterschiedliche Funktionalisierungen steuerbar.

Darstellbare Endprodukte der Formulierer
Lösungsmittelfreie/isocyanatfreie 1K-/2K-Reaktionsklebstoffe und -dichtstoffe
Haftklebstoffe (PSA)
Ölbeständige Kleb-/Dichtstoffe
Dichtstoffe mit geringer Gaspermeabilität
Klebstoffblends mit Epoxidharzen

Für Anwendungen im Bereich
Maschinen- und Apparatebau
Klima-, Lüftungstechnik
Fahrzeug-, Luftfahrtindustrie
Schiffbau
Holz-, Möbelindustrie
Haushalt, Hobby und Büro
Klebebänder, Etiketten
Elektronik
Baugewerbe, inkl. Fußboden, Wand und Dach

KDT Klebetechnik

KDT AG
Lagerstrasse 8
CH-8953 Dietikon, Schweiz
Telefon +41 (0) 44 743 33 30
E-Mail: info@kdt-technik.ch
https://kdt-technik.ch

Mitglied des FKS

Das Unternehmen

Gründungsjahr
2021

Größe der Belegschaft
> 10 Mitarbeiter

Gesellschafter
Thomas Kraushaar, Inhaber

Stammkapital
CHF 100'000.00

Vertriebswege
Fachhandel, Direktvertrieb und Onlinehandel von Klebstoffen und Dosiertechnik

Ansprechpartner
Geschäftsführung:
Thomas Kraushaar, General Manager
E-Mail: t.kraushaar@kdt-technik.ch

Anwendungstechnik und Vertrieb:
Marc Rohner, Sales Manager
E-Mail: m.rohner@kdt-technik.ch

Weitere Informationen
Henkel Premiumpartner für Loctite®
in der Schweiz. Klebtechnisches Engineering, Zertifizierung und Weiterbildung. Klebstofffachhandel. Hersteller für Dosiergeräte KDG. Hersteller für UV-Aushärtegeräte KUV-230.

Das Produktprogramm

Klebstofftypen
- Reaktionsklebstoffe
- Dispersionsklebstoffe
- Haftklebstoffe

Anlagen/Verfahren/Zubehör/ Dienstleistungen
- Komponenten für die Förder-, Misch- und Dosiertechnik
- Oberflächen reinigen und vorbehandeln
- Klebstoffhärtung und -trocknung
- Dienstleistungen

Für Anwendungen im Bereich
- Elektronik
- Maschinen- und Apparatebau
- Fahrzeug, Luftfahrtindustrie
- Klebebänder, Etiketten
- Holz-/Möbelindustrie

KEYSER & MACKAY

Keyser & Mackay
Zweigniederlassung Deutschland
Ettore-Bugatti-Straße 6 - 14
D-51149 Köln
Telefon +49 (0) 2203 20301-0
E-Mail: info.de@keymac.com
www.keysermackay.com

Mitglied des IVK

Das Unternehmen

Gründungsjahr
1894

Größe der Belegschaft
120 Mitarbeiter

Niederlassungen
Zentrale in den Niederlanden
Zweigniederlassungen in Deutschland, Belgien, Frankreich, Schweiz, Polen, Spanien

Ansprechpartner
Verkaufsleitung:
Robert Woizenko
E-Mail: r.woizenko@keymac.com

Das Produktprogramm

Rohstoffe
Harze: hydrierte Kohlenwasserstoffharze, C5/C9 - Kohlenwasserstoffharze, Pure-Monomer-Harze, (hydrierte) Kolophoniumderivate, Harzdispersionen
Polymere: Amorphe Polyolefine (APO), EVA, SIS/ SBS/ SEBS, PE/ PP Wachse, STP, Acrylatcopolymere, Acrylatdispersionen

Füllstoffe: gefälltes Calciumcarbonat, Talkum, Wollastonite, pyrogene Kieselsäure, Glimmer, Graphit, Dolomit, Zeolithe, Leichtfüllstoffe

Sonstiges: Antioxidantien, UV Absorber, Silane, Oxazolidine, Haftvermittler, Flammschutzmittel, Polyole

Rohstoffe für
Haftklebstoffe (PSA), Schmelzklebstoffe, lösemittelhaltige Klebstoffe, wässrige Klebstoffe, Reaktionsklebstoffe, Dichtungsmassen, Beschichtungen,
chem. Verbundanker

Für Anwendungen im Bereich
Klebebänder, Etiketten, Hygiene, Holz-/ Möbelindustrie, Verpackungen, Automobil-/ Luftfahrtindustrie, Papier/ Graphik/ Buchbindung, Bauindustrie, Elektronik, Textil, DIY, Maschinenbau

Kiesel Bauchemie GmbH u. Co. KG

Wolf-Hirth-Straße 2
D-73730 Esslingen
Telefon +49 (0)7 11-9 31 34-0
Telefax +49 (0) 7 11-9 31 34-1 40
E-Mail: kiesel@kiesel.com
www.kiesel.com

Mitglied des IVK

Das Unternehmen

Gründungsjahr
1959

Größe der Belegschaft
ca. 150 Mitarbeiter

Geschäftsführung
Beatrice Kiesel-Luik, Dirk Schulze

Muttergesellschaft
CEMEX Deutschland AG, Kiesel Bauchemie ist Teil der global agierenden Unternehmensgruppe Cemex

Tochterfirmen
Kiesel S.A.R.L., Reichstett, Frankreich
Kiesel s.r.o., Praha, Tschechien
Kiesel Polska Sp. z.o.o., Wroclaw, Polen

Geschäftsleitung
Martin Weyers/Benjamin Wirtz, Fliesentechnik
Holger Klüter, Fußbodentechnik

Niederlassungsleitung Nord/Ost
Diana Stegemann

Leitung Anwendungstechnik und Technisches Marketing
Ulrich Lauser

Leitung Anwendungstechnik
Fußboden und Parkett: Manfred Dreher
Fliese: Roland Tschigg

Vertriebswege
Fußbodenbelagsgroßhandel
Großverlegebetriebe
Baustoff-Fachhandel
Holzgroßhandel
Fliesenfachhandel

Das Produktprogramm

Klebstofftypen
Dispersionsklebstoffe
Zementäre Fliesenklebstoffe
Lösemittelfreie Klebstoffe
Reaktionsklebstoffe

Für Anwendungen im Bereich
Baugewerbe, inkl. Fußboden und Wand
Für Bodenbeläge aller Art:
Fußbodenbeläge
Parkettbeläge
Fliesenbeläge
Naturwerksteinbeläge
Fugenmassen
Abdichtungssysteme
Untergrundvorbereitung

Wiederaufnahmesystem
Okalift SuperChange

Die Produkte werden ausschließlich in Deutschland gefertigt.

Kisling AG
Motorenstrasse 102
CH-8620 Wetzikon
Telefon +41 (0) 272 01 01
E-Mail: info@kisling.com

Mitglied des IVK, FKS

Das Unternehmen

Gründungsjahr
1862

Vertriebswege
Direktvertrieb und Handel

Ansprechpartner
Geschäftsführer: Dr. Dirk Clemens und Thomas Isleib

Das Produktprogramm

Produktportfolio
Kleb- und Dichtstoffe sowie Vergussmassen

Methacrylat Strukturklebstoffe
Epoxidharz Strukturklebstoffe
No-Mix Strukturklebstoffe
Anaerobe Klebstoffe
Cyanacrylat Sekundenklebstoffe
RTV Silikone
Hybrid Polymere
Epoxy Vergussmassen
Polyurethan Vergussmassen

Für Anwendungen im Bereich Industrie
Elektronik
Automotive
Wartung, Reparatur und Instandhaltung (MRO)
Leichtbau/Faserverbund
E-Mobilität & Elektromotoren
Fluidtechnologie
Transport & Beförderung
Lautsprecher

Kissel + Wolf GmbH
In den Ziegelwiesen 6
D-69168 Wiesloch
Telefon +49 (0) 62 22 578-0
E-Mail: info@kiwo.de
www.kissel-wolf.com

Mitglied des IVK

Das Unternehmen

Gründungsjahr
1893

Größe der Belegschaft
ca. 100 Mitarbeiter

Ansprechpartner
Geschäftsführung:
Tammo Hess

Anwendungstechnik und Vertrieb:
Thomas Starsetzki

Das Produktprogramm

Klebstofftypen
lösemittelhaltige Klebstoffe
Dispersionsklebstoffe
Haftklebstoffe

Anlagen/Verfahren/Zubehör/ Dienstleistungen
Auftragssysteme (1-K-Systeme, 2-K-Systeme, Roboter)
Dienstleistungen

Für Anwendungen im Bereich
Holz-/Möbelindustrie
Elektronik
Fahrzeug, Luftfahrtindustrie
Textilindustrie
Haushalt, Hobby und Büro

KLEIBERIT® ADHESIVES • COATINGS

KLEIBERIT SE & Co. KG
Max-Becker-Straße 4
D-76356 Weingarten
Telefon +49 7244 62-0
Telefax +49 7244 700-0
E-Mail: info@kleiberit.com
www.kleiberit.com

Mitglied des IVK

Das Unternehmen

Gründungsjahr
1948

Größe der Belegschaft
ca. 675 Mitarbeiter weltweit

Niederlassungen
Australien, Brasilien, China, Frankreich, Indien, Japan, Kanada, Mexiko, Russland, Singapur, Türkei, UK, Ukraine, USA, Belarus

Geschäftsführung
Dipl.-Phys. Klaus Becker-Weimann,
Dr. Helmut Meffert

Ansprechpartner
Vertrieb:
Lena Edinger

Vertriebswege
Industrie – Direktvertrieb
Handwerk – Fachhandel
Webshop

Weitere Informationen
Spezialist in der PUR Klebstoff-Technologie und Oberflächenveredelung
Competence PUR

Das Produktprogramm

Klebstofftypen
Reaktive Schmelzklebstoffe (PUR, POR)
Schmelzklebstoffe (EVA, PO, PA)
1K und 2K Reaktionsklebstoffe (PUR, STP, Epoxy)
PUR-Schaumsysteme
Dispersionsklebstoffe (Acrylat, EVA, PUR, PVAC)
Dicht- und Montageklebstoffe
Haftklebstoffe
EPI-Systeme
Lösungsmittelhaltige Klebstoffe

Lacksysteme
KLEIBERIT HotCoating® auf Basis PUR
TopCoating auf Basis UV-Lack

Für Anwendungen im Bereich
Holz- und Möbelindustrie
Türen, Fenster, Treppen, Fußböden
Profilummantelung
Bauindustrie inkl. Boden, Wand, Decke
Bau- und Fassadenelemente
Sandwichelemente
Textilindustrie
Automotive Industrie
Filterindustrie
Schiff- und Bootsbau
Papier- und Verpackungsindustrie
Buchbinde-Industrie
Oberflächenveredelung

Kömmerling Chemische Fabrik GmbH

Zweibrücker Straße 200
D-66954 Pirmasens
Telefon +49 (0) 63 31-56-20 00
Telefax +49 (0) 63 31-56-19 99
E-Mail: info.koe@hbfuller.com
www.koe-chemie.de

Mitglied des IVK

Das Unternehmen

Gründungsjahr
1897

Größe der Belegschaft
450 Mitarbeiter

Besitzverhältnisse
H.B. Fuller

Geschäftsführung
Dr. Norbert Schott
Jakob Schröder
Heidi Ann Weiler

Vertriebswege
B2B, Handel

Das Produktprogramm

Klebstofftypen
Acrylatbänder
Butyle/Butylbänder
Dispersionsklebstoffe
Haftklebstoffe
Hotmelts
lösemittelhaltige Klebstoffe
MS-Polymere
Polysulfide
Polyurethane
Silikone

Für Anwendungen im Bereich
Automobilindustrie
Bauindustrie
Coil Coating/Bandbeschichtung
Elektronikindustrie
Fassade
Fensterklebung
Isolierglas
Leichtbau
Marineanwendungen
Nutzfahrzeugbau
Photovoltaik
Schuhhandwerk
Schuhindustrie
Solarthermie
Structural Glazing
Windkraft

KRAHN Chemie Deutschland GmbH
Grimm 10
D-20457 Hamburg
Telefon +49 (0) 40-3 20 92-0
Telefax +49 (0) 40-3 20 92-3 22
www.krahn.eu

Mitglied des IVK

Das Unternehmen

Gründungsjahr
2018

Größe der Belegschaft
69 Mitarbeiter

Gesellschafter
Krahn Chemie GmbH
gegründet 1972

Geschäftsführung
Dr. Rolf Kuropka
Karlheinz Schuster

Ansprechpartner
Klemens Unteutsch
Telefon +49 (0) 40-3 20 92-220

Schwesterfirmen
Frankreich, Griechenland, Italien, Niederlande, Polen, Schweden, Spanien, UK

Lieferanten
Baerlocher, BASF, Bostik, Budenheim, Celanese, Chromaflo, Dixie Chemical, Dynaplak, Eastman, ExxonMobil Chemical, Gulf Chemical, Lanxess, OQ Chemicals, Parker Hannifin (ehem. Lord), Plastifay, The Chemical Company, Tosoh, Valtris, UPM, ATUL

Das Produktprogramm

Rohstoffe
Additive:
Biozide, Pigmente, Pigmentpasten, Metallseifen, Stabilisatoren, Flammschutzmittel, nachhaltige Füllstoffe

Dispersionen:
Acrylat-Dispersionen
PVAc-Dispersionen
VAE-Dispersionen
Polychloropren-Latex
PVB-Dispersionen
Stärkepolymerdispersionen

Harze:
gesättigte Polyesterharze
Epoxidharze
Cycloaliphatische Harze

Polymere:
Chloropren Kautschuk (CR)
Chlorosulfoniertes Polyethylen (CSM)
Ethylenvinylacetat (EVA)
PVB, PIB

Reaktivkomponenten:
Kettenverlängerer (EH-Diol)
Epoxidharzhärter

Weichmacher:
Adipate, Benzoate, Citrate, Hexanoate, Trimillitate, Phthalate, Poly Adipate, Mischungen, Phosphatester, Sebacate

Haftvermittler:
Gummi-Metall-Haftvermittler

Gleitlacke

Flockklebstoffe

Kraton Corporation

Transistorstraat 16
NL-1322CE Almere
Telefon +31 36 5462 800
E-Mail: info@kraton.com

Mitglied des IVK

Das Unternehmen

Kontakt
info@kraton.com

Nachhaltige Lösungen.

Endlose Innovation.
Kraton bietet seinen Kunden außergewöhnliche Werte durch überzeugende, innovative und nachhaltige Lösungen. Wir kreieren, entwickeln und produzieren erneuerbare Chemikalien und Spezialpolymere, um die Leistungs- und Marktanforderungen unserer Kunden zu erfüllen. Wir tragen zu einer nachhaltigen Zukunft bei, indem wir überlegene Produktleistung und -qualität mit globaler Lieferzuverlässigkeit kombinieren. Wir leben unsere Grundwerte jeden Tag, einschließlich der Übernahme von Verantwortung für sicheres, ehrliches und ethisches Handeln. Wir bei Kraton suchen nach Lösungen, die nachhaltig sind, und glauben, dass Innovation endlos ist.

Das Produktprogramm

Klebstofftypen
Schmelzklebstoffe
Lösungsmittelhaltige Klebstoffe
Haftklebstoffe

Rohstoffe
SBS
SIS
SIBS
SEBS
SEPS
Rosin Esters
Dispersions
Modified Rosin
AMS resins
AMS Phenolic resins
Styrenated Terpenes
Terpene phenolics
Polyterpenes
Hot-Melt Polyamides
ISCC PLUS certified renewable SBC

Für Anwendungen im Bereich
Verpackung
Klebebänder
Etiketten
Bau und Bodenbeläge
Hygiene
Buchbinderei
Holzverarbeitung
Automobilindustrie
Luft- und Raumfahrt

LANXESS Deutschland GmbH

Kennedyplatz 1
D-50569 Köln
Telefon +49 (0) 221-88 85-0
www.lanxess.com

Mitglied des IVK

Das Unternehmen

Der Spezialchemie Konzern LANXESS mit Sitz in Köln ist seit 2005 an der Börse notiert.

Das Unternehmen beschäftigt knapp 12.800 Mitarbeiter und ist weltweit präsent.

Das Geschäftsportfolio gliedert sich in die Segmente:

- Advanced Industrial Intermediates
- Specialty Additives
- Consumer Protection

Der Umsatz lag 2023 bei 6,7 Milliarden Euro.

Für Biozide:
Pietro Rosato
Technical Marketing – Industrial Preservation
Telefon: +49 (0) 221-8885-7251
E-Mail: pietro.rosato@lanxess.com

Das Produktprogramm

Biozide
Umfangreiches Sortiment von Bioziden unter den Markennamen Bioban®, Kathon®, Metasol®, Preventol® und Rocima®

- Topfkonservierungsmittel für alle wässerigen Klebstoffe
- Filmkonservierungsmittel für die fungizide Ausrüstung von Dichtmassen, Klebstoffen und Fugenmörteln
- Beratung zu mikrobiologischen Problemstellungen

L&L Products

L&L Products Europe
Hufelandstraße 7
D-80939 München
Telefon +49 (0) 89 4132 779 00
E-Mail: webmaster@llproducts.com
www.llproducts.com

Mitglied des IVK

Das Unternehmen

Gründungsjahr
1958 in Romeo USA –
2002 Gründung der GmbH

Größe der Belegschaft
Weltweit 1.200

Stammkapital
25.000 €

Besitzverhältnisse
Lane & Ligon, Familienbesitz

Vertriebswege
Direkt und Distribution

Ansprechpartner
Geschäftsführung:
Matthias Fuchs

Anwendungstechnik und Vertrieb:
Dagmar van Heur

Das Produktprogramm

Klebstofftypen
Schmelzklebstoffe
Reaktionsklebstoffe
Haftklebstoffe

Dichtstofftypen
Acrylatdichtstoffe
PUR-Dichtstoffe
MS/SMP-Dichtstoffe
Sonstige

Für Anwendungen im Bereich
Elektronik
Maschinen- und Apparatebau
Fahrzeug, Luftfahrtindustrie

Lohmann GmbH & Co. KG

Irlicher Straße 55
D-56567 Neuwied
Telefon +49 (0) 26 31-34-0
Telefax +49 (0) 26 31-34-66 61
E-Mail: info@lohmann-tapes.com
www.lohmann-tapes.com

Mitglied des IVK

Das Unternehmen

Gründungsjahr
1851

Größe der Belegschaft
ca. 1.800 Mitarbeitende weltweit

Ansprechpartner
Geschäftsführung:
Dr. Jörg Pohlman, Dr. Carsten Herzhoff
info@lohmann-tapes.com

Tochterfirmen
in Europa, USA, Mexiko, China, Korea, Indien, Thailand

Vertriebswege
B2B-Direktvertrieb und globales Distributorennetzwerk

Weitere Informationen
Als Anbieter von Hightech-Klebebandlösungen bietet Lohmann die gesamte Wertschöpfungskette von der Produktion des Klebebands bis hin zum individuellen Stanzteil aus einer Hand an. Lohmann ist auf kundenspezifische Lösungen spezialisiert und produziert u. a. multifunktionale Klebebänder, die elektrisch- oder thermisch leitfähig, vibrationsmindernd oder flammhemmend konstruiert sind

Das Produktprogramm

Klebstofftypen
Reaktive und nicht reaktive Systeme
Acrylat-, Epoxy- und Kautschuk-Systeme

Für Anwendungen im Bereich
Automotive
Elektronik
Medizintechnik
Grafikindustrie/Flexodruck
Haushaltsgeräte
Architektur & Baugewerbe
Holz-/Möbelindustrie
Textilindustrie
Erneuerbare Energien
Hygiene

LOOP

LOHNFERTIGUNG UND OPTIMIERUNG

LOOP GmbH
Lohnfertigung und Optimierung
Am Nordturm 5
D-46562 Voerde
Telefon +49 (0) 2 81-8 31 35
Telefax +49 (0) 2 81-8 31 37
E-Mail: mail@loop-gmbh.de

Mitglied des IVK

Das Unternehmen

Gründungsjahr
1993

Geschäftsführer
DI Marc Zick

Produktionsleitung
Jürgen Stockmann

Lohnfertigung folgender Produktgruppen

- Höchstgefüllte Pasten auf Basis unterschiedlichster Bindemittelsysteme
- Polymerformulierungen, 2K-Systeme, wässrig und lösemittelhaltig
- Additiv- und Wirkstoffkonzentrate (flüssig, pastös, pulverförmig)
- Imprägnier- und Formenbauharzsysteme
- Slurries
- Pulvermischungen
- Beladen von Trägermaterialien mit Wirkstoffen
- Effekt-Granulate herstellen + fraktionieren, für technische und optische Anwendungen, Markierungssysteme usw.
- Elektroverguss-, Kabelverguss- und Einzugsmassen usw.

Das Produktprogramm

LOOP arbeitet für Partner in den Sektoren

- Kleb- und Dichtstoffindustrie
- Polymer-, Bindemittel-Chemie
- Pigment + Füllstoffhersteller
- Additiv-Industrie
- Bauchemie/Bautenschutz
- Verbundwerkstoffe
- Gießereiindustrie
- Elektronik, Kabelhersteller, Windkraft
- Glasindustrie (funktionelle Produkte)
- Textil-, Papier-, Holzausrüster
- Entwicklungs-, Labor- und Beratungsunternehmen
- Große Distributeure usw.

LOOP baut sein KST (Kunden-Service-Technikum) personell und equipmentseitig konsequent weiter aus.

LOOP arbeitet mit Partnern aus dem inländischen, europäischen und außereuropäischen Markt zusammen.

Parker Hannifin Manufacturing Germany GmbH & Co. KG
Division APS / EPM
Itterpark 8, D-40724 Hilden
Telefon +49 (0) 21 03-25 23 10
Telefax +49 (0) 21 03-25 23 197
E-Mail: Liv.Kionka@parker.com
www.parker.com

Mitglied des IVK

Das Unternehmen

Gründungsjahr
1917 durch Arthur L. Parker

Größe der Belegschaft
62.000 in 2024 (Parker Hannifin weltweit)

Europäisches Zentrum der Anwendungstechnik Hilden

Ansprechpartner in der Anwendungstechnik
Parker LORD Gummi - Substrat Haftmittel:
Malte Reppenhagen
E-Mail: malte.reppenhagen@parker.com

Parker LORD Struktur- und Automotive OEM 2K Klebstoffe:
Christophe Dos Santos
E-Mail: Christophe.DosSantos@parker.com

Parker LORD Thermoset & Cooltherm:
Christophe Dos Santos
E-Mail: Christophe.DosSantos@parker.com

Parker LORD Gleitlacke für Elastomerartikel und Flockklebstoffe:
Barbara Marinos-Patzke
E-Mail: Barbara.MarinosPatzke@parker.com

Weitere Informationen
Parker LORD ist der weltweit führende Hersteller von Gummi Metallhaftmitteln und Elastomerbeschichtungen für den Automobil-, Industrie- und Luftfahrtbereich. Hier kommen sowohl lösungsmittelhaltige- als auch wässrige Systeme zum Einsatz. Weitere Schwerpunkte liegen im Bereich kaltaushärtender 2K Metall- und Kompositklebstoffe welche z.B. im Bereich der Automobil-Bördelfalzklebung zum Einsatz kommen. Die Produktpalette wird durch spezielle Elektronikklebstoffe zum Beschichten, Vergießen oder leitfähigen Kleben elektronischer Komponenten abgerundet.

Das Produktprogramm

Klebstofftypen
2K Reaktionsklebstoffe und wärmeleitfähige Materialien
(LORD®, FUSOR®, VERSILOK®, CoolTherm®)

Lösemittelhaltige Haftmittel
(CHEMLOK®, CHEMOSIL®)

Lösemittelhaltige 1K Reaktionsklebstoffe
(LORD®, CHEMLOK®, FLOCKSIL®)

Primer
(CUVERTIN®, SIPIOL®)

Für Anwendungen im Bereich
Thermoset & Elektronik:
Thermisch-leitfähige, aber elektrisch isolierende Vergussmassen
Beschichtungen, Halbleiterklebstoffe

Industrie:
Metallklebstoffe, Kompositklebstoffe, Kunststoffklebstoffe für den Fahrzeugbau, die Luftfahrtindustrie und Marine

Elastomere: Gummi-Metallhaftmittel, Flockklebstoffe, Elastomergleitlacke

Automobil (OEM): Bördelfalzklebstoffe, Dämpfungselemente, Magnetorheologische Flüssigkeiten (MR Fluids)

Luft- und Raumfahrt: 2K (OEM) Strukturklebstoffe, 2K Reparaturklebstoffe, Beschichtungen, Dämpfungselemente, Aktive Schwingungsdämpfer

---

Das europäische Forschungs- und Entwicklungszentrum in Hilden erarbeitet hierbei kundenspezifische Lösungen in vielen Bereichen der Klebtechnik und führt Schulungen zu den verwendeten Klebstoffen durch.

LUGATO GmbH & Co. KG

Großer Kamp 1
D-22885 Barsbüttel
Telefon +49 (0) 40-6 94 07-0
Telefax + 49 (0) 40-6 94 07-1 09+110
E-Mail: info@lugato.de
www.lugato.de

Mitglied des IVK

Das Unternehmen

Gründungsjahr
1919

Größe der Belegschaft
ca. 140 Mitarbeiter

Geschäftsführung
Stephan Bülle und Oliver Heuwold

Vertriebswege
Baumärkte
Baustoffhandel

Das Produktprogramm

Klebstofftypen
Dispersionsklebstoffe
hydraulisch erhärtende Klebstoffe
Reaktionsklebstoffe

Für Anwendungen im Bereich
Do it Yourself
Baugewerbe, inkl. Fußboden, Wand u. Decke

Weitere Produkte
Fliesenklebstoffe
bauchemische Markenartikel, z. B.
Fugenmörtel
Dichtstoffe
Spachtel- und Ausgleichmassen
Reparatur- und Montagemörtel
Polyurethan-Schäume
Dispersionsputze
Spezialanstriche
Grundierungen
Bauwerksabdichtungen
Verlegesystem Marmor + Granit
Bodenbelagsklebstoffe

Mapei GmbH

IHP Nord – Bürogebäude 1, Babenhäuser Straße 50
63762 Großostheim (Germany)
Telefon +49 (0) 6026-5 01 97-0
info@mapei.de
www.mapei.de

Mitglied des IVK

Das Unternehmen

Gründungsjahr
1991

Größe der Belegschaft
rund 250 Mitarbeiter

Gesellschafter
Mapei SpA, Milano, Italien

Ansprechpartner
Geschäftsführung:
Dr. Uwe Gruber

Das Produktprogramm

Klebstofftypen
Reaktionsklebstoffe
lösemittelfreie Klebstoffe
lösemittelhaltige Klebstoffe
Dispersionsklebstoffe

Dichtstofftypen
Acrylatdichtstoffe
Silicondichtstoffe
Reaktions-Dichtstoffe

Für Anwendungen im Bereich
Baugewerbe, inkl. Fußboden,
Wand u. Decke

merz+benteli ag
more than bonding

Merbenit Gomastit Merbenature

merz+benteli ag
Freiburgstrasse 616
CH-3172 Niederwangen
Telefon +41 (0) 31 980 48 48
Telefax +41 (0) 31 980 48 49
E-Mail: info@merz-benteli.ch
www.merz-benteli.ch

Mitglied des FKS

Das Unternehmen

Gründungsjahr
1918 in Bern als Zulieferer der Uhrenindustrie

Mitarbeiter
100 Mitarbeiter

Firmenstruktur
Aktiengesellschaft im Familienbesitz

Verkaufskanäle
Direkt und an Verteiler, bzw. Händler

Kontaktpartner
Management:
Simon Bienz, Leiter Marketing & Verkauf

Anwendungstechnik und Verkauf:
Simon Bienz, Leiter Marketing & Verkauf

Weitere Informationen
Wir bauen auf 100 Jahre Erfahrung im Kleben und Dichten
Seit der Firmengründung im Jahre 1918 entwickelt und vermarktet merz+benteli ag als unabhängiges Unternehmen technologisch führende elastische Dicht- und Klebstoffe.

Innovative und leistungsfähige SMP Dicht- und Klebstoffe (silan-modifizierte Polymere)
Mit den Marken Gomastit für Bauanwendungen, Merbenit für Industrieapplikationen sowie Merbenature aus über 50 % nachwachsenden Rohmaterialien positioniert sich merz+benteli ag als eigenständiger und unabhängiger Spezialist für innovative Marktleistungen rund ums Dichten, Kleben und Schützen.

Das Produktprogramm

Klebstoffarten
Reaktive Klebstoffe

Dichtstoffarten
MS/SMP Dichtstoffe

Für Anwendung im Bereich
Holz-/Möbelindustrie
Bauindustrie; Böden, Decken und Wände
Elektroindustrie
Maschinen- und Anlagenbau
Fahr- und Flugzeugindustrie
Marineindustrie

MINOVA

Minova CarboTech GmbH
Bamlerstraße 5a
D-45141 Essen
Telefon: +49 (0) 201 80983 500
E-Mail: info.de@minovaglobal.com
www.minovaglobal.com/emea/cis

Mitglied des IVK

Das Unternehmen

Minova International Ltd.
400 Dashwood Lang Road
Addlestone - Vereinigtes Königreich

Mutter-Gesellschaft
Aurelius Gruppe, München - Deutschland

Gründungsjahr
1882 in Dortmund

Mitarbeiter
1.200

Ansprechpartner
Geschäftsführung:
Patrick Langan,
Frank Unterschemmann

Anwendungstechnik und Vertrieb:
Herbert Holzer
Telefon +49 (0) 201 80983 500
E-Mail: herbert.holzer@minovaglobal.com

Weitere Informationen
Minova kann auf eine 140-jährige Erfolgsgeschichte bei der Entwicklung und Lieferung innovativer Produkte für die Bergbau-, Bau- und Energieindustrie zurückblicken. Wir sind bekannt für unsere hochwertigen Produkte, unser technisches Know-how und unsere Problemlösungen. Unsere innovatives, flexibles Produktportfolio umfasst ein breites Spektrum von Lösungsmöglichkeiten, das Ihnen jederzeit Flexibilität in Ihren Anwendungsbereichen bietet.

Das Produktprogramm

Klebstofftypen
Reaktionsklebstoffe

Für Anwendungen im Bereich
Holz-/Möbelindustrie,
Baugewerbe, inkl. Fußboden,
Wand und Decke

Wir bieten eine umfangreiche Produktpalette:

- Gebirgsanker aus Stahl und Fiberglas einschließlich Zubehör für den Berg- und Tunnelbau,
- Injektionsharze zur Abdichtung gegen Gas- und Wasserzutritt, Gebirgs- und Bodenverfestigung und Hohlraumverfüllung,
- Zemente und Harze zur Bauwerks- und Kanalsanierung,
- Klebstoffe für unterschiedliche Böden und Belege.

MÖLLER CHEMIE
CHEMICAL PARTNERSHIP SINCE 1920

Möller Chemie GmbH & Co.KG
Bürgerkamp 1
D-48565 Steinfurt
Telefon +49 (0) 2551 9340-0
Telefax +49 (0) 2551 9340-60
E-Mail: info@moellerchemie.com
www.moellerchemie.com

Mitglied des IVK

Das Unternehmen

Gründungsjahr
gegründet 1920

Größe der Belegschaft
125 Mitarbeiter

Stammkapital
100 Mill. €

Gesellschaftsstruktur
Familienunternehmen

Verkaufsgebiete
EU direkt, Balkan via Vertretung

Kontaktpartner
Management:
R. Berghaus, Pia Berghaus

Anwendungstechnik:
U. Banseberg

Verkauf:
F. Dembski

Weiter Informationen
Spezialisiert auf Additive - Entschäumer, Benetzung- und Dispergiermittel, Antioxidantien, Katalysatoren für PUR
Epoxidharze und Härter,
Polycarbonate-Polyole,
Silane, Silikone,
pyrogene Kieselsäure-Orisil
Alpha Olefine
Prozessadditive
Tailor made Produkte

Das Produktprogramm

Rohstoffe
über 800 chemische Rohstoffe, wie Lösemittel, Feststoffe, Chemische Grundstoffe

Ausrüstung, Anlagen und Komponenten
zum Fördern, Mischen, Dosieren und für die Herstellung in Reaktoren bis 25t

Für Anwendungen in den Bereichen
Papier/Verpackungen
Holz-/Möbelindustrie,
Kunststoff und Lackindustrie
Bauindustrie, Konstruktion
Elektronik
Maschinenbau und Ausrüstung
Automobilindustrie, Luftfahrtindustrie
Textilindustrie
Schaumstoffe
Beschichtungen, Klebstoffe, Dichtungen
Giesharze

MORCHEM
Your Innovation Partner

MORCHEM, S. A.
Alemania, 18-22
Pol. Ind Pla de Llerona
E-08520 Les Franqueses del Vallés (Barcelona)
Telefon +34 93 840 57 00
Telefax +34 93 840 57 11
E-Mail: info@morchem.com
www.morchem.com

Mitglied des IVK

Das Unternehmen

Gründungsjahr
1985

Größe der Belegschaft
175 Mitarbeiter

Geschäftsführer
Helmut Schaeidt Murga

Besitzverhältnisse
Familienunternehmen

Tochterfirmen
MORCHEM GmbH (Deutschland)
MORCHEM INC. (USA)
MORCHEM FZE
(Vereinigte Arabische Emirate)
MORCHEM SHANGHAI TRADING Co., Ltd.
(China)
MORCHEM PRIVATE LIMITED (Indien)

Vertriebswege
Eigener Kundendienst und Tochtergesellschaften/Exklusivhändler, Vertreter + Lagerhäuser weltweit

Ansprechpartner
Helmut Schaeidt Murga: CEO
Cristina Ventayol: Globaler CCO

Weitere Informationen
"PU-basierte Kaschierklebstoffe und Beschichtungen für die Flex-Pack-Veredler, Textilkaschierung, TPUs für Druckfarben, Pu-Dispersionen, sowie weitere technische Anwendungen."

Das Produktprogramm

Klebstofftypen
Schmelzklebstoffe
Reaktionsklebstoffe
lösemittelhaltige Klebstoffe
Dispersionsklebstoffe

Rohstoffe
Polymere

Für Anwendung im Bereich
Papier/Verpackung
Holz-/Möbelindustrie
Elektronik
Textilindustrie

MÜNZING
CREATING ADDITIVE VALUE

MÜNZING CHEMIE GmbH
Münzingstraße 2
D-74232 Abstatt
Telefon +49 (0) 71 31-9 87-0
E-Mail: cs.europe@munzing.com
www.munzing.com

Das Unternehmen

Gründungsjahr
1830

Größe der Belegschaft
600 Mitarbeiter

Gesellschafter
Familie Münzing

Besitzverhältnisse
Familienbesitz

Tochterfirmen
MÜNZING Mirco Technologies GmbH, Elsteraue, Germany
MÜNZING Emulsions-Chemie GmbH, Elsteraue, Germany
MÜNZING CHEMIE Iberia S.A., Barcelona, Spain
MUNZING Poland Sp. z o.o., Katowice, Poland
MÜNZING International S.a.r.L, Luxembourg
MÜNZING North America, Bloomfield, NJ, USA
MAGRABAR LLC, Morton Grove, IL, USA
MUNZING DO BRASIL, Curitiba, PR, Brazil
MÜNZING Mumbai Pvt. Ltd., Mumbai, India
MÜNZING Shanghai Co. Ltd., Shanghai, P.R. China
MÜNZING Australia Pty. Ltd., Somersby, NSW, Australia
MÜNZING Malaysia SDN BHD, Lot 12 & 13, Lebuh Perkasa, Kawasan Perindustrian Bukit Selambau, 08010 Bukit Selambau, Kedah Malaysia
MÜNZING ITALIA SRL, Via Giuseppe Mazzini 3/C, 20063 Cernusco sul Naviglio, Milano Italy
MUNZING Korea Ltd., #308, U-Space 1, 660 Daewangpangyo-ro, Bundang-gu, Seongnam-si, Gyeonggi-do, 13494, Korea

Vertriebswege
Direkt und über Vertragshändler

Das Produktprogramm

Rohstoffe
Additive

Für Anwendung im Bereich
Papier/Verpackung, inkl. Lebensmittel
Holz-/Möbelindustrie
Baugewerbe, inkl. Fußboden, Wand und Decke
Elektronik
Maschinen- und Apparatebau
Fahrzeug, Luftfahrtindustrie
Textilindustrie
Klebebänder, Etiketten
Haushalt, Hobby und Büro

Ansprechpartner
Customer Service
Telefon: +49 (0) 7131 - 987 100
E-Mail: cs.europe@munzing.com

MUREXIN GmbH
Industriestraße 25 - 27
D-63165 Mühlheim
Telefon +49 (0) 6108 7099-2000
Email: info@murexin.de
www.murexin.com

Mitglied des IVK

Das Unternehmen

Gründungsjahr
1931

Größe der Belegschaft
442 Mitarbeiter

Besitzverhältnisse
Unternehmen der
Schmid Industrie Holding

Zentrale
MUREXIN GmbH
Franz von Furtenbach Straße 1
A-2700 Wiener Neustadt
Tel.: +43 (0) 2622 27401
E-Mail: info@murexin.com
www.murexin.com

Tochterfirmen
Ungarn, Slowakei, Tschechien, Polen, Slowenien, Rumänien, Frankreich, Kroatien

Vertriebspartner
Italien, Bulgarien, Belgien, Island, Israel, Italien, Schweden, Schweiz, Serbien, Türkei, Ukraine, Großbritannien

Geschäftsführung
Wolfgang Hormuth

Das Produktprogramm

Grundierungen, Haftbrücken
Nivellier-, Füll- und Spachtelmassen
Klebstoffe für PVC, Textil, Linoleum, Kork und Gummi
Klebstoffe für elektrisch leitfähige Systeme
Klebstoffe für Parkett und Holz
Klebstoffe für Wand und Decke
Parkettlacke, Pflegemittel
Fliesenklebstoffe
Fugenmörtel
Dichtstoffe

Für Anwendungen im Bereich
Bodenlegergewerbe
Tischler- und Zimmereigewerbe
Holz-/Möbelindustrie
Fliesenlegergewerbe
Raumausstatter

NORDMANN

Nordmann, Rassmann GmbH
Kajen 2
D-20459 Hamburg
Telefon +49 (0) 40 36 87-0
E-Mail: info@nordmann.global
www.nordmann.global

Mitglied des IVK

Das Unternehmen

Gründungsjahr
1912

Größe der Belegschaft
550 Mitarbeiter

Geschäftsleitung
Dr. Gerd Bergmann und Ulrich Cramer

Tochterunternehmen
Deutschland, Bulgarien, Frankreich, Großbritannien, Indien, Italien, Japan, Niederlande, Österreich, Polen, Portugal, Rumänien, Schweden, Schweiz, Serbien, Singapur, Slowakei, Slowenien, Spanien, Südkorea,Tschechien, Türkei, Ungarn, USA

Ansprechpartner
Technik und Vertrieb:
Henning Schild
Telefon: +49 (0) 40-36 87-248
Telefax: +49 (0) 40-36 87-72 48
E-Mail: henning.schild@nordmann.global

Tanja Loitz
Telefon: +49 (0) 40-36 87-313
Telefax: +49 (0) 40-36 87-73 13
E-Mail: tanja.loitz@nordmann.global

Weitere Informationen
Nordmann gehört zu den führenden internationalen Unternehmen in der Chemiedistribution. Mit Tochterunternehmen in Europa, Asien und Nordamerika vertreibt Nordmann weltweit natürliche und chemische Rohstoffe, Zusatzstoffe und Spezialchemikalien. Als Vertriebs- und Marketingorganisation ist Nordmann dabei das Bindeglied zwischen Lieferanten aus aller Welt und Kunden in der verarbeitenden Industrie.

Das Produktprogramm

Rohstoffe
Additive: Antioxidantien/Stabilisatoren, Celluloseether, Dispersionspulver, Entschäumer, Flammschutzmittel und Synergisten, funktionelle Füllstoffe, PVA, Verdicker, Polyethylenoxide, Polyolefinwachse (PE/PP/FT) und Copolymere, Stärkeether, Tenside, Pigmente, Rheologieadditive, Kohlefasern, PE-Emulsionen

Polymere: Chloroprenkautschuk (CR), Hotmelt - Polyamid, PVDC, Styrolblockcopolymere (SBS, SEBS, SEP, SIS, SIBS), thermoplastische Polyurethane (TPU) , thermoplastische Co-Polyester-elastomere (TPC)

Harze: Alkydharze, Alpha-Methyl-Styrol-Harze (auch phenolisch modifiziert), Epoxidharze und -härter, hydrierte Kohlenwasserstoffharze, Polyterpenharze (auch phenolisch oder Styrol-modifiziert) Phenolharze, Tall-Öl-Harzester

Reaktivkomponenten: 1,4 Butandiol, Isocyanate (MDI, TDI), Katalysatoren, Kettenverlängerer, Monomere (Methacrylate, Hydroxymethacrylate, Ethermethacrylate, Aminomethacrylate), Präpolymere (inkl. „low-free“), Polyetherpolyole, 1,3 Propandiol (biobasiert), Polycarbonatdiole, Polypropylencabonate (CO2 basiert) PTMEG, Polycaprolactone, Reaktivverdünner

Weichmacher: Dibenzoate, DOTP, DPHP, Milchsäurepolyester, Polyadipate, Prozessöle - paraffinische, naphthenische und „gas-to-liquid“

Dispersionen: Chloroprene, Harzester, Polyurethan, Styrolbutadien, Styrolacrylat

Für Anwendungen im Bereich
Baugewerbe, inkl. Fußboden, Wand u. Decke
Buchbinderei/Graphisches Gewerbe
Elektronik
Fahrzeug-, Luftfahrtindustrie
Haushalt, Hobby und Büro
Holz-/Möbelindustrie
Hygienebereich
Klebebänder, Etiketten
Papier/Verpackung
Textilindustrie

Organik Kimya Netherlands B.V.

Chemieweg 7
NL-3197KC Rotterdam-Botlek
Telefon +31 10 295 48 20
Telefax +31 10 295 48 29
E-Mail: organik@organikkimya.com
www.organikkimya.com

Mitglied des IVK

Das Unternehmen

Gründungsjahr
1924

Größe der Belegschaft
600 Mitarbeiter

Gesellschafter
100 % im Familienbesitz

Besitzverhältnisse
100 %

Tochterfirmen
Vertretungen weltweit, Produktionsstandorte in den Niederlanden und Türkei

Vertriebswege
Direktvertrieb
Vertretungen weltweit

Geschäftsführung
Stefano Kaslowski
Simone Kaslowski

Anwendungstechnik und Vertrieb
Oguz Kocak
Telefon +49 173 652 22 59
E-Mail: o_kocak@organikkimya.com

Das Produktprogramm

Klebstofftypen
Dispersionsklebstoffe
Haftklebstoffe

Dichtstofftypen
Acrylatdichtstoffe

Rohstoffe
Polymere
wässrige Dispersionen:
Acrylat-Dispersionen
Styrolacrylat-Dispersionen
Vinylacetat-Polymere

Für Anwendungen im Bereich
Papier/Verpackung
Buchbinderei/Graphisches Gewerbe
Holz-/Möbelindustrie
Baugewerbe, inkl. Fußboden, Wand u. Decke
Textilindustrie
Klebebänder, Etiketten

DICHTEN & KLEBEN

OTTO-CHEMIE
Hermann Otto GmbH
Krankenhausstraße 14
D-83413 Fridolfing
Telefon +49 (0) 86 84 - 908 - 0
E-Mail: info@otto-chemie.de
www.otto-chemie.de

Mitglied des IVK

Das Unternehmen

Geschäftsführung
Johann Hafner
Diethard Bruhn
Matthias Nath
Claudia Heinemann-Nath

Größe der Belegschaft
490 Mitarbeiter

Ansprechpartner
Anwendungstechnik:
Nikolaus Auer
Telefon +49 (0) 86 84-908 - 4010
E-Mail: Nikolaus.Auer@otto-chemie.de

Vertrieb
Vertriebsleiter Industrie:
Marc Wüst
Telefon +49 (0) 86 84-908 - 5410
E-Mail: Marc.Wuest@otto-chemie.de

Das Produktprogramm

Dicht- und Klebstoff-Typen
1K- und 2K-Silikone
1K- und 2K-Polyurethane
MS-Hybrid-Polymere
silanterminierte Polymere
Acrylate

Anwendungen im Bereich
Fahrzeugbau, Schiene, Schiffsbau, Caravan, Aufbauten
Luft- und Raumfahrt
Elektrotechnik, Hausgeräte, Kochmulden, Backöfen
Elektronik- und Kabel-Industrie
Klima-, Heizungs-, Lüftungstechnik
Holz, Möbel, Sandwich-Elemente
Fußbodenbeläge
Kunststoffbau
Reinräume
Photovoltaik-Module
Warmwasser-Module
Trennwände
Beschichtungen auf Textilien
Leuchtensysteme

Panacol-Elosol GmbH
a Hönle Group Company
Business Unit Adhesive Systems
Stierstädter Straße 4
D-61449 Steinbach/Taunus
Telefon +49 (0) 61 71-62 02-0
Telefax +49 (0) 61 71-62 02-5 90
E-Mail: info@panacol.de
www.panacol.de

Mitglied des IVK

Das Unternehmen

Gründungsjahr
1978

Größe der Belegschaft
mehr als 75 Mitarbeiter

Gesellschafter
Panacol AG, Zürich

Stammkapital
250.000 €

Geschäftsführung
Florian Eulenhöfer

Vertriebswege
Direkt über eigenen Außendienst in Deutschland, Italien und den Niederlanden
Vertriebspartner weltweit

Zertifiziert nach DIN ISO 9001:2015

UV Equipment
Als Mitglied der Hönle-Gruppe und durch die Partnerschaft mit UV-Gerätehersteller Hönle sind zudem innovative UV- und UV-LED-Aushärtesysteme erhältlich.

Das Produktprogramm

Klebstofftypen
Cyanacrylate
Wärmeleitende Klebstoffe
isotrope und anisotrope elektrisch leitfähige Klebstoffe
UV- und lichthärtende Epoxid- und Acrylatklebstoffe
Strukturklebstoffe
1K- u. 2K-Epoxidharze

Für Anwendungen im Bereich
Elektronik/Elektrotechnik
Chip-Verguss
Maschinen- und Apparatebau
Fahrzeug-, Luftfahrtindustrie
Optik
Medizintechnik

Paramelt B.V.
Costerstraat 18
NL-1704 RJ Heerhugowaard Niederlande
Telefon +31 (0)72 5750600
E-Mail: info@paramelt.com
www.paramelt.com

Mitglied des VLK

Das Unternehmen

Gründungsjahr
1898

Größe der Belegschaft
522

Gesellschafter
in Privatbesitz

Tochterfirmen
Paramelt Veendam B.V.; Paramelt USA Inc.; Paramelt Specialty Materials (Suzhou) Co., Ltd

Vertriebswege
Europäische Verkaufsbüros in Deutschland, Slowakei, Schweden, Niederlande, VK, Frankreich und Portugal und ein Netzwerk von spezialisierten Distributoren.

Ansprechpartner
Gesprechspartner:
Flexible Verpackung: Leon Krings
Verpackung & Etikettierung: Kristof Andrzejewski
Konstruktion & Montage: Wim van Praag

Über Paramelt
Paramelt wurde 1898 gegründet und hat sich im Laufe der Jahre zu einem weltweit führenden Spezialisten für wachsbasierte Materialien und Klebstoffe entwickelt.
Paramelt agiert global inzwischen mit 7 Produktionsstandorten in den Niederlanden, USA und in China. Das Unternehmen verfolgt durch eine Reihe globaler Geschäftseinheiten einen strukturierten Ansatz um seine Schlüsselmärkte, wie Verpackung sowie Bau & Montage, zu bearbeiten. Für diese Märkte bieten wir eine umfassende Auswahl an Wachsen, wasserbasierten Klebstoffen, Hotmelts, PSA-Klebstoffen, wasserbasierten funktionellen Beschichtungen und lösemittelbasierten PU-Klebstoffen, an.
Betreut von sowohl regionalen Verkaufsbüros als auch einem umfassenden Netzwerk von Vertriebspartnern, können sich unsere Kunden sicher sein, den bestmöglichen lokalen Service und eine umfassende Unterstützung zu erhalten.
Wir verfügen über ein umfangreiches Know-how im Bereich der Formulierung und Entwicklung von Klebstoffen und funktionellen Beschichtungen was uns ermöglicht, auch kritische Maschinen- und Anwendungsanforderungen erfolgreich zu meistern. Das Unternehmen hat ein umfangreiches Wissen von Leistungsaspekten aufgebaut, das genutzt wird um unsere Produkte so effektiv wie möglich auf allen Stufen der Wertschöpfungskette zu gestalten. Unsere Produkte werden in unseren lokalen Laboratorien durch umfangreiche anwendungstechnische Verfahren und analytischen Testmethoden abgesichert und unterstützen uns dabei, beste Produktlösungen für Ihre Anwendung zu finden. Aufbauend auf einer Tradition der Partnerschaft und des Vertrauens, können wir Ihnen durch ein detailliertes Wissen, das wir uns über 100 Jahre erarbeitet haben, echte Vorteile für Ihren Betrieb bieten.

Das Produktprogramm

Klebstofftypen
Schmelzklebstoffe
Reaktionsklebstoffe
lösemittelhaltige Klebstoffe
Dispersionsklebstoffe
pflanzliche Klebstoffe, Kasein-, Dextrin- und Stärkeklebstoffe
Haftklebstoffe
Heißsiegelbeschichtungen

Dichtstofftypen
Sonstige

Für Anwendungen im Bereich
Papierverarbeitung/(Flexible) Verpackung/ Etikettierung usw.
Bau: Sandwichelemente, Dach und Fassade
Industriemontage

PLANATOL®

smart gluing

Planatol GmbH
Fabrikstraße 30 – 32
D-83101 Rohrdorf
Telefon +49 (0) 80 31-7 20-0
Telefax +49 (0) 80 31-7 20-1 80
E-Mail: info@planatol.de
www.planatol.de

Niederlassung Herford:
Hohe Warth 15 – 21
D-32052 Herford
Telefon +49 (0) 52 21-77 01-0
Telefax +49 (0) 52 21-715 46

Mitglied des IVK

Das Unternehmen

Gründungsjahr
1932

Größe der Belegschaft
120 Mitarbeiter

Gesellschafter
Blue Cap AG

Geschäftsführung
Peter Prinz

Vertriebswege
Eigener Außendienst
Grafischer Fachhandel
Auslandsvertretungen weltweit
Niederlassungen im Ausland

Das Produktprogramm

Klebstofftypen
Dispersionen
Hotmelts
PUR-Klebstoffe
Harnstoffharze & Härter
Spezialklebstoffe

Für Anwendungen im Bereich
Grafische Industrie
Buchbinderei
Print Finishing
Verpackungsindustrie
Holz- & Möbelindustrie
Baubranche

Weitere Produkte der Firmengruppe
Klebstoffauftragssysteme für den Akzidenz-, Tief-, Zeitungs- und Digitaldruck
Klebstoffauftragssysteme für Heißleim- und Kaltleimanwendungen

POLY CHEM

POLYMERISATION · SPECIALITY CHEMICALS · SERVICES

POLY-CHEM GmbH
Hauptstraße 9
D-06803 Bitterfeld-Wolfen
Telefon +49 (0) 34 94 - 66 95 30
Telefax +49 (0) 3494 - 66 95 299
E-Mail: contact@polychem.de
www.poly-chem.de

Mitglied des IVK

Das Unternehmen

Gründungsjahr
2000

Größe der Belegschaft
50 Mitarbeiter

Vertriebswege
Direktvertrieb zu Industriekunden

Geschäftsführer
Dr. Jörg Dietrich

Ansprechpartner
Forschung & Entwicklung:
Dr. Andreas Berndt

Weitere Informationen
Siehe Webseite
www.poly-chem.de

Das Produktprogramm

Die POLY-CHEM liefert unter anderem in die Beschichtungsindustrie, die chemische Industrie sowie in Bereiche der Farb- und Lackindustrie

Die aktuellen Hauptgeschäftsfelder der POLY-CHEM GmbH sind:

- Lösemittelbasierte Polyacrylatheftklebstoffe
- Lösemittelfreie Schmelzklebstoffe (UV-Hotmelts)
- Acrylatbasierte Polymere im Allgemeinen
- Herstellung von Spezialchemikalien
- Lohnfertigung/Lohnformulierung
- Kundenservice

Rohstoffe

- Acrylate
- Harze
- Weichmacher
- Vernetzer
- Lösemittel

Anwendungsgebiete

- Technische sowie Spezialklebebänder
- Papier- und Verpackungsindustrie
- Baugewerbe
- Automobilsektor
- Textilindustrie
- Medizinsektor
- Etiketten verschiedenster Art (u. a. mit Lebensmittelkontakt)
- Grafische/optische Anwendung
- Kundenspezifische Spezialanwendungen

Polytec PT GmbH
Polymere Technologien
Ettlinger Straße 30
D-76307 Karlsbad
Telefon +49 (0) 7202-706-3500
E-Mail: info-pt@bostik.com
www.polytec-pt.de

Mitglied des IVK

Das Unternehmen

Geschäftsführung
Achim Wießler

Weitere Informationen
Die Polytec PT GmbH entwickelt, fertigt und vertreibt Spezialklebstoffe und Thermische Interfacematerialien für Anwendungen in der Elektronik, Elektrotechnik und im Automobilsektor.

Das Produktportfolio umfasst elektrisch und/oder thermisch leitfähige Klebstoffe und Vergussmassen, UV-härtende Klebstoffe, Produkte für Hochtemperaturanwendungen sowie wiederlösbare, thermisch leitfähige Gapfiller.

Die Produkte finden unter anderem Anwendung für die elektrische Kontaktierung von elektronischen Bauelementen (v. a. in der Herstellung von Smart Cards), dem Verguss von Temperatursensoren oder der Entwärmung von Batteriezellen in EV und PHV Fahrzeugen. Neben einer umfangreichen Palette an Standardprodukten entwickelt und fertigt Polytec PT kundenspezifische Klebstoffe, die für spezielle Anforderungen maßgeschneidert werden.

Durch umfangreiches Anwendungs-know-how, erworben in langjährigen Kooperationen mit Anlagenherstellern, Forschungsinstituten und Kunden, bietet Polytec PT Unterstützung bei der Klebstoffauswahl, sowie bei Fragen der Prozesstechnik. Dies gilt in gleichem Maße für die Mitarbeiter unserer Niederlassungen und Vertriebspartner in Europa und Übersee, die unsere internationalen Kunden ebenso kompetent betreuen.

Polytec PT, zertifiziert nach ISO 9001:2015 und IATF 16949:2016, ist Teil von Bostik, dem Geschäftsbereich Klebstoff Speziallösungen der Arkema-Gruppe.

Das Produktprogramm

Klebstofftypen
Epoxidklebstoffe
UV-härtende Klebstoffe
Keramische Hochtemperaturklebstoffe
Thermische Interfacematerialien

Für Anwendungen im Bereich
Elektronik
Fahrzeug-, Luftfahrtindustrie
Medizintechnik
Telekommunikation
Bootsbau
Flugzeugbau
Maschinenbau

PolyU GmbH
Otto-Roelen-Straße 3
D-46147 Oberhausen
Telefon +49 (0) 208 387 64 90
E-Mail: info@polyu.eu
www.polyu.eu

Mitglied des IVK

Das Unternehmen

Gründungsjahr
2017

Größe der Belegschaft
13 Mitarbeiter

Stammkapital
500.000 EUR

Besitzverhältnisse
100 %ige Tochtergesellschaft der PCC SE, Duisburg

Vertriebswege
direkt über die PolyU GmbH

Ansprechpartner
Geschäftsführung:
Rüdiger Schmitz, Dr. Judith Radebner
info@polyu.eu

Weitere Informationen
Die PolyU GmbH ist eingebettet in die PCC SE, eine international tätige Konzernholding (www.pcc.eu). PolyU konzentriert sich stark auf die Entwicklung innovativer SMP-Systeme für die CASE-Industrie.

In sehr enger Zusammenarbeit mit Kunden entwickelt und produziert PolyU maßgeschneiderte Produkte.

Da PolyU vollständig in die PCC SE integriert ist, bündeln und nutzt die PolyU das Potential der Schwesterunternehmen in Bezug auf Produktionsanlagen, Mitarbeiter und Know-how.

Das Produktprogramm

Klebstofftypen
Reaktionsklebstoffe

Dichtstofftypen
MS/SMP Dichtstoffe

Rohstoffe
Additive:
Silane, Flammschutzmittel

Polymere:
Si-PolyU®: Silan-modifizierte Polymere für Formulierungen von lösungsmittel- und isocyanatfreien Dichtungsmassen und elastischen Klebstoffen.

Für Anwendungen im Bereich
Holz-/Möbelindustrie
Baugewerbe, inkl. Fußboden, Wand und Decke
Elektronik
Haushalt, Hobby und Büro

Um die Produktanforderungen der Kunden zu erfüllen und neuartige Produkte von Grund auf neu zu entwickeln, verfügt PolyU am Standort Oberhausen über ein hochqualifiziertes und motiviertes F&E-Team mit eigenen Laborkapazitäten.

RAIN CARBON INC.

Rain Carbon Germany GmbH
Varziner Straße 49
D-47138 Duisburg
Telefon +49 (0) 2 03-42 96-02
Telefax +49 (0) 2 03-42 25 51
E-Mail: resins@raincarbon.com
www.novares.de

Mitglied des IVK

Das Unternehmen

Gründungsjahr
1849 – Rütgerswerke AG
durch Julius Rütgers

Größe der Belegschaft
183 Mitarbeiter

Ansprechpartner
Bereichsleitung:
Stefan Knau

Leitung Anwendungstechnik:
Dr. Jun Liu

Vertriebswege
Internationaler Direktvertrieb von Klebrohstoffen, sowie über ausgewählte langjährige Partnerunternehmen (Adressen auf Anfrage)

Das Produktprogramm

Rohstoffe
Harze:
Hydrierte Kohlenwasserstoffharze
Reinmonomer-Harze
Aromatische Kohlenwasserstoff-Harze
Inden-Coumaron-Harze
Funktionalisierte und modifizierte Harze
Spezialflüssigharze

Für Anwendungen im Bereich
Schmelzklebstoffe
Dispersionsklebstoffe
Lösemittelklebstoffe
Reaktionsklebstoffe
Dicht-, Dämm- und Dämpfstoffe

Weitere Informationen
Fertigung (Batch oder kontinuierlich) für „maßgeschneiderte“ Harze zur Herstellung individueller Klebstoffe
Vielfältige Liefermöglichkeiten in unterschiedlichen Gebindeformen:
Festharze
Flüssigharze
Heißflüssig-Schmelze
als Stückgut, im TKW oder Container

RAMPF Advanced Polymers

Robert-Bosch-Straße 8-10
D-72661 Grafenberg
Telefon +49 (0) 7123 9342-0
E-Mail: advanced.polymers@rampf-group.com
www.rampf-group.com

Mitglied des IVK

Das Unternehmen

Gründungsjahr
1980

Gesellschafter
RAMPF Holding, Grafenberg

Besitzverhältnisse
Privatbesitz

Schwesterfirmen
RAMPF Machine Systems,
RAMPF Production Systems,
RAMPF Composite Solutions

Ansprechpartner
Geschäftsführung:
Dr. Christian Weber, Peter Barwitzki

Weitere Informationen
Als Technologietreiber und Qualitätsführer entwickelt und produziert RAMPF Advanced Polymers seit über 40 Jahren zukunftsweisende reaktive Kunststoffsysteme auf Basis von Polyurethan, Epoxid, Silikon und silanmodifizierten Polymeren.

Das Unternehmen bietet ein umfassendes Kleb- und Dichtstoffportfolio mit einem breiten Leistungsspektrum und höchsten Qualitätsstandards. Dafür stehen Klebstoffsysteme der Marken RAKU® PUR (Polyurethan), RAKU® POX (Epoxid) und RAKU® SIL (Silikon) sowie Dichtstoffe der Marke RAKU® SEAL. Mit unserer langjährigen Erfahrung in der Produktentwicklung und Verarbeitungstechnologie beraten wir Sie ganzheitlich sowohl zu material- als auch prozesstechnischen Aufgabenstellungen.

Das Produktprogramm

Klebstofftypen
Reaktionsklebstoffe (PUR, Epoxid, Silikon)
Thermoplastische und
reaktive Schmelzklebstoffe
Hybridklebstoffe

Für Anwendungen im Bereich
Automotive
Hausgeräte
Bauzuliefererindustrie
Unterhaltungselektronik
Sandwichverklebungen
Holz/Möbel
Filter

Ramsauer GmbH & Co KG

Alte Bundesstraße 147
A-5350 Strobl
Telefon +43 (0) 6135 - 8205
E-Mail: office@ramsauer.eu
www.ramsauer.eu

Mitglied des IVK

Das Unternehmen

Gründungsjahr
1875

Gesellschafter
Privatbesitz

Weitere Informationen
Firmengeschichte:
Als er 1875 einen kleinen Kreidebruch in der Nähe von Bad Goisern kaufte, besaß Ferdinand Ramsauer bereits all jene Fähigkeiten, die für erfolgreiche Menschen charakteristisch sind: Er war innovativ, durchsetzungsstark und zielorientiert. Knapp 20 Jahre später hatte er den Abbau bereits um das Hundertfache gesteigert und die »Ischler Bergkreide« zu einem Markenprodukt gemacht. Ferdinand und sein Sohn Josef Ramsauer – der eigentliche Namensgeber des Unternehmens – dürfen aus heutiger Sicht wohl zu Recht als Marketingpioniere bezeichnet werden. Von Beginn an diente die Bergkreide – neben vielem anderen – hauptsächlich zur Erzeugung von Glaserkitt. Wurde ursprünglich noch an die Hersteller dieses wichtigen Dichtstoffes geliefert, so begann die Firma Ramsauer 1950 Glaserkitt selbst zu erzeugen. Die Entwicklung vom reinen Bergbaubetrieb zum Produzenten von Dichtstoffen war vollzogen. Mit der Entwicklung der Thermofenster wurden neue, plastische und elastische Dichtstoffe benötigt. Diese ersten modifizierten Kitte entwickelte die Firma Ramsauer bereits in den Fünfzigerjahren. Später wurden die ersten wasserlöslichen Produkte, die sogenannten Acrylate, entwickelt. Das Unternehmen startete 1972 mit der Produktion von Dichtstoffen auf Silikonbasis, 1976 mit der Herstellung von PU Schaum. Ein eigenes Patent für 2-Komponenten-Systeme wurde 1998 registriert. Heute stellt die Firma eine Vielzahl an qualitativ hochwertigen Dichtstoffen, Industrieklebern, PU-Schäumen und Spezialprodukten her und vertreibt diese in vielen Ländern dieser Erde. Vieles hat sich in den 150 Jahren verändert, doch das Grundlegende ist geblieben: der Weitblick und die Innovationsfreude der Marke Ramsauer.

Das Produktprogramm

Klebstofftypen
Reaktive Klebstoffe
(1 und 2 Komponententypen) als lösemittelbasierte Klebstoffe und Dispersionsklebstoffe, sowie silanterminierte Klebstoffe

Dichtstofftypen
Acrylbasierte Dichtstoffe, Butyldichtstoffe, Silikondichtstoffe, Polyurethanbasierte Dichtstoffe, silanterminierte Dichtstoffe

Für Anwendungen im Bereich
Holz/Möbelindustrie
Baubranche inklusive Boden
Wand- und Deckenbeschichtungen
Maschinen- und Anlagenbau
Kraftfahrzeug- und Luftfahrtindustrie
Reinraum und Medizinanwendungen
Haushalt, Freizeit und Büro

Renia-Gesellschaft mbH
Ostmerheimer Straße 516
D-51109 Köln
Telefon +49 (0) 2 21-63 07 99-0
Telefax +49 (0) 2 21-63 07 99-50
E-Mail: info@Renia.com
www.Renia.com

Mitglied des IVK

Das Unternehmen

Gründungsjahr
1930

Gesellschafter
Familie Buchholz

Geschäftsführung
Dr. Rainer Buchholz

Ansprechpartner
Anwendungstechnik:
Dr. Julian Grimme

Vertrieb:
Dr. Rainer Buchholz

Export:
Dr. Rainer Buchholz

F&E:
Dr. Julian Grimme
Niederlassung:
Renia-USA Inc. Norcross (Atlanta) GA

Vertriebswege
Eigener Außendienst in Deutschland
Agenturen und Importeure weltweit

Das Produktprogramm

Klebstofftypen
lösemittelhaltige Klebstoffe
Dispersionsklebstoffe
Cyanacrylat-Klebstoffe

Für Anwendungen im Bereich
Maschinen- und Apparatebau
Haushalt, Hobby und Büro
Schuhindustrie
Schuhreparatur
Orthopädietechnik
Kunststoffverarbeitung
Anlagenbau

RILIT COATINGS GmbH

RILIT Coatings GmbH
Ersteiner Straße 11
D-79346 Endingen am Kaiserstuhl
Telefon +49 (0) 7642-9260-0
E-Mail: info@rilit.de
www.rilit.de

Mitglied des IVK

Das Unternehmen

Gründungsjahr
1959

Größe der Belegschaft
60 Mitarbeiter

Gesellschafter
Stefan Ermisch, Georg König

Stammkapital
96.000,- €

Besitzverhältnisse
50/50

Vertriebswege
direkt

Ansprechpartner
Geschäftsführung:
Stefan Ermisch, Georg König

Anwendungstechnik und Vertrieb:
Thomas Urbanczyk, Darja Rebernik

Weitere Informationen
Die RILIT Coatings GmbH ist ein Zusammenschluss der RILIT Lackfabrik GmbH und der ekp Coatings GmbH und hat sich auf die Herstellung, Entwicklung und den Vertrieb von Verpackungslacken spezialisiert. Als Experte für Heißsiegellacke, Primer und Coatings vor allem im Bereich Food und Pharma ist das Unternehmen seit über 50 Jahren weltweit tätig.

Das Produktprogramm

Klebstofftypen
lösemittelhaltige Klebstoffe
Dispersionsklebstoffe

Für Anwendungen im Bereich
Papier/Verpackung

Röhm GmbH

Deutsche-Telekom-Allee 9
D-64295 Darmstadt
Telefon +49 (0) 6151 863 7000
+49 6151 863 7000
E-Mail: info@roehm.com
www.roehm.com

Mitglied des IVK

Das Unternehmen

Gründungsjahr
2019

Größe der Belegschaft
2.900 Mitarbeiter

Stammkapital
52.300.000,00 €

Besitzverhältnisse
Advent International

Tochterfirmen
Polyvantis GmbH

Vertriebswege
Direkt und indirekt über Handelspartner

Ansprechpartner
Geschäftsführung:
Dr. Hans Bohnen, Dr. Hans-Peter Hauck, Martin Krämer

Anwendungstechnik und Vertrieb:
Dr. Sven Balk

Weitere Informationen
Röhm zählt zu den weltweit führenden Herstellern in der Methacrylat-Chemie. Unter der Marke DEGALAN® vertreibt die Röhm Bindenmittel, die u. a. in Reaktiven Schmelzklebstoffen (Reactive Hotmelts) und Sekundenkleber (Superglue) eingesetzt werden.

Das Produktprogramm

Klebstofftypen
Schmelzklebstoffe
Reaktionsklebstoffe

Rohstoffe
Additive
Harze

Für Anwendungen im Bereich
Buchbinderei/Grafisches Gewerbe
Papier- und Verpackungsindustrie
Etiketten/Klebebänder
Glanzfolienkaschierung
Holzklebstoffe
Getränkeindustrie
Tapetenindustrie

Für Anwendungen im Bereich Haushalt, Hobby und Handwerk
Holz-/Möbelindustrie
Baugewerbe, inkl. Fußboden, Wand und Decke
Elektronik
Fahrzeug, Luftfahrtindustrie
Textilindustrie
Haushalt, Hobby und Büro

ruderer®

RUDERER KLEBETECHNIK GMBH
Harthauser Str. 2
D-85604 Zorneding (München)
Telefon +49 (0) 81 06-24 21-0
Telefax +49 (0) 81 06-24 21-19
E-Mail: info@ruderer.de
www.ruderer.de + www.technicoll.de

Mitglied des IVK

Das Unternehmen

Gründungsjahr
1987

Größe der Belegschaft
> 30 Mitarbeiter

Gesellschafter
100 % im Familienbesitz

Marke
technicoll

Vertriebswege
Direktvertrieb und Außendienstmitarbeiter für Industrie und Handwerk
Vertrieb über den Technischen Handel
Vertriebspartner in Österreich, Schweiz, Italien, Spanien, Niederlande, Polen und Griechenland

Ansprechpartner
Geschäftsführung:
Petra Ruderer und Jens Ruderer

Klebtechnische Beratung:
beratung@ruderer.de

Weitere Informationen
RUDERER KLEBETECHNIK GMBH bietet ein umfangreiches und technisch äußerst anspruchsvolles Klebstoff-Sortiment verschiedenster Marken für Industrie und Technischen Handel an.

Zusätzlicher Service: Lohnklebung

Das Produktprogramm

Klebstofftypen
Reaktionsklebstoffe, Lösemittelhaltige Klebstoffe, Dispersionsklebstoffe, Schmelzklebstoffe, Haftklebstoffe, Cyanacrylate, Klebebänder

Dichtstofftypen
Acrylatdichtstoffe, PUR-Dichtstoffe, Silikondichtstoffe, MS/SMP-Dichtstoffe, Sonstige

Für Anwendungen im Bereich
Kernkompetenzen:
Kunststoffklebung, Flächenklebung, Metallklebung

weitere Kompetenzen:
Automotive/Transportation, Elektro und Elektronik, Sonderfahrzeugbau, Caravan/Wohnmobile, Polster-/Weichschaumklebung, Formenbau, Hartschaumplatten, Laden-/Möbelbau, Holzverarbeitung, Schiff-/Bootsbau, Lüftungs-/Klimatechnik, Verpackungen, Schuh-/Lederverarbeitung, Maschinenbau, Geräte und Zubehör

Schill+Seilacher "Struktol" GmbH
Moorfleeter Straße 28
D-22113 Hamburg
Telefon +49 (0) 40-733-62-0
Telefax +49 (0) 40-733-62-297
E-Mail: polydis@struktol.de
www.struktol.de

Mitglied des IVK

Das Unternehmen

Gründungsjahr
1877

Größe der Belegschaft
ca. 250 Mitarbeiter

Besitzverhältnisse
Ingeborg Gross Stiftung

Tochterfirmen:
Schill + Seilacher GmbH, Böblingen (D)
Schill + Seilacher Saxol GmbH, Pirna (D)
Struktol Company of America, Ohio (USA)

Vertriebswege
Deutschland: Direkt
International: Distributeure und Agenturen

Kontakt – Reactive Polymers & Flame Retardants
Dr.-Ing. Hauke Lengsfeld
(General Manager)
E-Mail: hlengsfeld@struktol.de

Sven Wiemer
(Senior Manager)
E-Mail: swiemer@struktol.de

Kristin Kamphuis (Sales Manager)
E-Mail: kkamphuis@struktol.de

Christopher Gardel (Technical Sales)
E-Mail: cgardel@struktol.de

Weitere Informationen
Fertigung und Entwicklung von maßgeschneiderten, exklusiven Epoxid- und Polyurethanprepolymeren sowie 2K-Epoxidsysteme sowie biobasierte ungesättigte Polyesterharze in Zusammenarbeit mit unseren Kunden.

Das Produktprogramm

Produkte
Prepolymere (Epoxidharze und Polyurethane)
Epoxidharzsysteme
Struktol® Polydis®
Struktol® Polycavit®
Struktol® Polyvertec®
Struktol® Polyphlox®

Die Produktreihen Struktol® Polydis® und Struktol® Polycavit® sind Kautschuk- bzw. Elastomermodifizierte Epoxidharze und (blockierte) Polyurethane, die die mechanischen Eigenschaften, wie Schlagzähigkeit, Zugscher- und Schälfestigkeit sowie die Haftung von Epoxidharzsystemen verbessern.

Die Struktol® Polyvertec® Reihe besteht aus angepaßten Harz/Härter Systemen, primär geeignet für Faserverbund Anwendungen und deren Verarbeitungsprozessen sowie 100 % biobasierten UPE Typen.

Die Struktol® Polyphlox® Reihe besteht aus Organophosphor modifizierten Epoxidharzen zur flammenhemmenden Ausrüstung von Epoxidharzsystemen.

Für Anwendungen im Bereich
Epoxidharz basierte
(Struktur-) Klebstoffe
Vergußmassen
Prepregs
Composites (Hand lay-up, RIM/RTM, SMC/BMC, Pultrusion)
Faserverbundwerkstoffe
Flammschutz

BUILDING TRUST

Sika Automotive
Flinschstraße 10 – 16
D-60388 Frankfurt am Main
E-Mail: info.automotive@de.sika.com
www.SikaAutomotive.com

Mitglied des IVK

Das Unternehmen

Gründungsjahr
1928

Größe der Belegschaft
250 Mitarbeiter

Tochtergesellschaften
Schwesterfirmen in 101 Ländern

Kontaktpartner
Geschäftsführer:
Heinz Gisel

Export:
Kai Paschkowski

Das Produktprogramm

Klebstoffarten
Schmelzklebstoffe
Reaktivklebstoffe
Klebstoffe auf Lösemittelbasis
Dispersionsklebstoffe
Haftklebstoffe

Dichtstoffarten
PUR-Dichtstoffe
Andere

Für Anwendungen in folgenden Bereichen
Elektronik
Automobilindustrie
Textilindustrie
Klebebänder, Etiketten
Hygiene

Lösungen zur Produktivitätssteigerung
Sika ist Zulieferer und Entwicklungspartner der Automobilindustrie. Unsere hochmodernen Technologien bieten Lösungen für gesteigerte Strukturfestigkeit, erhöhten akustischen Komfort und verbesserte Produktionsprozesse. Als Spezialunternehmen für chemische Produkte konzentrieren wir unsere Kernkompetenzen auf:
Kleben – Dichten – Dämpfen – Verstärken
Als ein global tätiger Konzern sind wir Partner für unsere Kunden weltweit. Sika wird mit seinen eigenen Tochtergesellschaften in allen Ländern mit eigener Automobilproduktion vertreten, wodurch ein professioneller und schneller Service vor Ort garantiert ist.

BUILDING TRUST

Sika Deutschland GmbH
Kleb- und Dichtstoffe Industry
Stuttgarter Straße 139
D-72574 Bad Urach
Telefon +49 (0) 71 25-9 40-76 92
E-Mail: verkauf.industry@de.sika.com
www.sika.de

Mitglied des IVK

Das Unternehmen

Gründungsjahr
1910 von Kaspar Winkler

Größe der Belegschaft
über 33.000 weltweit

Tochtergesellschaften
in über 100 Ländern

Geschäftsführung
Sika Deutschland GmbH
Daniela Schmiedle

Marketing und Vertrieb
Bad Urach
Telefon: +49 (0) 7125 940 7692
E-Mail: verkauf.industry@de.sika.com

Weitere Informationen
Spezialist für strukturelle sowie elastische Kleb- und Dichtstoffsysteme

Das Produktprogramm

Klebstofftypen
Im Industriebereich:
1K/2K PUR Kleb- und Dichtstoffe
STP-Kleb- und Dichtstoffe
EP-Klebstoffe
Acrylat-Reaktionsklebstoffe
Epoxid-Hybrid-Technologie
Kaschierklebstoffe
Schmelzklebstoffe
Butylkautschuk-Technologie
Silikone

Im Baubereich:
PUR-, Silikon-, Polysulfid- und Acryl-Dichtstoffe
Bandabdichtungssysteme
Butyl-Dichtstoffe
Elastische Klebverbindungen auf PU-, Silikon- und EP-Basis

Für Anwendungen im Bereich
Holz- und Möbelindustrie
Baugewerbe, inkl. Fußboden, Wand u. Decke
Elektronik
Maschinen- und Apparatebau
Automobilindustrie
Sonder- und Nutzfahrzeugbau
Yacht- und Bootsbau
Hochbau im Außen- und Innenbereich
Glasversiegelungen
Fassadenplattenbau
Modulares Bauen
Gebäudeelemente
Gleisbau
Solarmodulfertigung und -montage
Erneuerbare Energien
E-Mobilität
Energiespeicherung
Batterielösungen

Sopro Bauchemie GmbH
Postfach 42 01 52
D-65102 Wiesbaden
Fon +49 6 11-17 07-0
Fax +49 6 11-17 07-2 50
Mail info@sopro.com
www.sopro.com

Mitglied des VLK

Das Unternehmen

Gründungsjahr
1985 als Dyckerhoff Sopro GmbH
2002 umfirmiert in Sopro Bauchemie GmbH

Sitz der Gesellschaft
Wiesbaden

Tochterunternehmen in
Polen, Österreich, Schweiz, Ungarn, Niederlande

Größe der Belegschaft
370 Mitarbeiter

Geschäftsführung
Michael Hecker
Andreas Wilbrand

Ansprechpartner
Anwendungstechnik / Objektberatung:
Mario Sommer

Zielgruppe
Baustoff-Fachhandel
Fliesen-Fachhandel
Sanitär-Fachhandel
Fliesenleger
Estrichleger
Garten- und Landschaftsbauer
Maler
Maurer
Installateure

Vertriebswege
Fliesen- und Baustoff-Fachhandel

Das Produktprogramm

Klebstofftypen
Hydraulisch erhärtende Fliesenklebstoffe
Dispersionsklebstoffe für Fliesen
Reaktionsklebstoffe für Fliesen
Natursteinkleber

Weitere bauchemische Produkte bzw. Systeme
Grundierungen und Haftbrücken
Spachtelmassen und Putze
Fugenmassen und Silicone
Abdichtungen
Renovierungs- und Sanierungssysteme
Schnellbauprodukte
Estriche, Bindemittel und Bauharze
Verlege- und Vielzweckmörtel
Bitumen, Dichtungsschlämmen und Verkieselung
Mörtel- und Estrichzusätze
Reinigungs- und Pflegemittel, Imprägnierungen
Tiefbau und Schachtsanierung
Vergussmörtel
Blitzzemente
Montagekleber
Betoninstandsetzung
Drainagemörtel
Pflasterfugenmörtel

SOUDAL

Soudal N.V.
Olof-Palme-Straße 13
D-51371 Leverkusen
Telefon +49 214 690 4-0
Mail: verkauf@soudal.com
www.soudal.com

Mitglied des VLK

Das Unternehmen

Gründungsjahr
1966

Größe der Belegschaft
4.115 Mitarbeiter

Gesellschafter
Dirk Coorevits, CEO Soudal Group/
Harald Lüdtke, Regional Director DACH

Besitzverhältnisse
Unternehmen in Familienbesitz

Vertriebswege
Direktvertrieb Industrie & Handel

Ansprechpartner
Geschäftsführung:
Michael Baer, Sales Director Industry,
E-Mail: Michael.Baer@soudal.com

Weitere Informationen
Die Soudal-Gruppe ist der größte unabhängige europäische Hersteller von Dichtstoffen, Klebstoffen und PU-Schäume für professionelle und private Anwender. Das belgische Familienunternehmen mit Sitz in Turnhout, das 1966 von Vic Swerts gegründet wurde, hat sich zu einem internationalen Akteur und Experten für bauchemische Spezialitäten entwickelt. Die Gruppe ist in 140 Ländern mit 29 Produktionsstätten und 79 Vertriebsbüros vertreten und beschäftigt weltweit mehr als 4.115 Mitarbeiter. Eine langfristige Vision für Innovation - mit beträchtlichen Investitionen in Forschung und Entwicklung - und Anpassungen an lokale Marktanforderungen haben zum Erfolg der Soudal-Gruppe geführt.

Das Produktprogramm

Klebstofftypen
Schmelzklebstoffe
Reaktionsklebstoffe
Dispersionsklebstoffe

Für Anwendungen im Bereich Industrie
Papier/Verpackung
Buchbinderei/Graphisches Gewerbe
Holz-/Möbelindustrie
Baugewerbe, inkl. Fußboden, Wand und Decke
Maschinen- und Apparatebau
Fahrzeug, Luftfahrtindustrie
Textilindustrie
Hygienebereich
Haushalt, Hobby und Büro

STAUF Klebstoffwerk GmbH

Oberhausener Straße 1
D-57234 Wilnsdorf
Telefon +49 (0) 27 39-3 01-0
E-Mail: info@stauf.de
www.stauf.de

Mitglied des IVK

Das Unternehmen

Gründungsjahr
1828

Größe der Belegschaft
ca. 80 Mitarbeiter

Besitzverhältnisse
100 % Familie Stauf

Geschäftsführung
Wolfgang Stauf
Dr. Frank Gahlmann
Andreas Zinkhan

Produkttechnik
Dr. Frank Gahlmann

Verkaufsleitung
Tom Schlag
Uwe Becker

Vertriebswege
weltweit
eigener Außendienst
eigene Auslieferungslager
Händlernetzwerk

Das Produktprogramm

Produkttypen
Dispersionsklebstoffe
Lösemittelklebstoffe
Polyurethanklebstoffe
Epoxidharzklebstoffe
SMP-Klebstoffe
SPUR-Klebstoffe
Montageklebstoffe
PVAc-Leime
Grundierungen
Spachtelmassen
Zubehörartikel

Für Anwendungen im Bereich
Parkett
Holzpflaster
Kunstrasen
Sportböden
elastische und textile Bodenbeläge
Wandbeläge
Decken
Industrielle Anwendungen
Untergrundvorbereitung

STOCKMEIER Urethanes GmbH & Co. KG
Im Hengstfeld 15
32657 Lemgo
Telefon +49 (0) 52 61-66 0 68 -0
Telefax +49 (0) 52 61-66 0 68 -29
E-Mail: urethanes.ger@stockmeier.com
www.stockmeier-urethanes.com

Mitglied des IVK

Das Unternehmen

Gründungsjahr
1991

Größe der Belegschaft
190 Mitarbeiter

Besitzverhältnisse
Mitglied der Stockmeier Gruppe

Tochterfirmen
STOCKMEIER Urethanes USA Inc, Clarksburg/USA, STOCKMEIER Urethanes France S.A.S.,Cernay/Frankreich, STOCKMEIER Urethanes Ltd., Sowerby Bridge/UK

Vertriebswege
BtoB, Handel

Ansprechpartner
Geschäftsführung:
Christian Martinkat
Peter Stockmeier
Markus Lamb

Anwendungstechnik und Vertrieb:
Frank Steegmanns

Weitere Informationen
Stockmeier Urethanes ist ein führender internationaler Hersteller von Polyurethan-Systemen und verfügt über vier Produktionsstätten in Europa und den USA. Dort entwickeln und produzieren wir bereits seit 1991 als Spezialist innerhalb der traditionsreichen Stockmeier Gruppe Polyurethan-Systeme als Kleb- und Dichtstoffe für industrielle Anwendungen, Elastische Böden für Sport und Freizeit, sowie Vergussmassen für Elektrotechnik und Elektronik. Außerdem produzieren wir widerstandfähige Beschichtungen für Innen- und Außenanwendungen. Unser Geschäftsbereich Klebstoffe umfasst ein umfangreiches Produktportfolio für verschiedenste Anwendungen in den Märkten Industriebatterien, Automobil- und -Industriefiltration, Sandwichpanel, Fahrzeugbau, Caravan, Möbelindustrie, sowie kundenspezifische Produkte für andere industrielle Anwendungen. Unsere bekannten Markennamen sind: Stobielast, Stobicoll, Stobicast und Stobicoat.

Mehr Informationen unter:
www.stockmeier-urethanes.com

Das Produktprogramm

Klebstofftypen
Reaktionsklebstoffe

Dichtstofftypen
PUR-Dichtstoffe

Für Anwendungen im Bereich
Holz-/Möbelindustrie
Baugewerbe, inkl. Fußboden, Wand und Decke
Elektronik
Maschinen- und Apparatebau
Fahrzeug, Luftfahrtindustrie

SYNTHOPOL
THE RESIN COMPANY

Synthopol Chemie
Alter Postweg 35
D-21614 Buxtehude
Telefon +49 (0) 41 61-7 07 10
Telefax +49 (0) 41 61-8 01 30
E-Mail: info@synthopol.com
www.synthopol.com

Mitglied des IVK

Das Unternehmen

Gründungsjahr
1957

Größe der Belegschaft
190 Mitarbeiter

Gesellschafter
Dr. G. Koch
L.-M. Koch

Besitzverhältnisse
Familienunternehmen

Vertriebswege
Weltweit durch Außendienstmitarbeiter

Ansprechpartner
Leiter F&E
Herr Dr. Schwöppe
E-Mail: dschwoeppe@synthopol.com

Anwendungstechnik:
Herr Jack
Tel.: 0 41 61-70 71 - 1 71
E-Mail: rjack@synthopol.com

Das Produktprogramm

Rohstoffe
für die Herstellung von Dispersions-, Lösemittel-, reaktive Reaktionsklebstoffe und Klebebänder

Für Anwendungen im Bereich
Papier/Verpackung
Holz-/Möbelindustrie
Baugewerbe, inkl. Fußboden, Wand u. Decke
Fahrzeug
Textilindustrie
Klebebänder, Etiketten
Haushalt, Hobby und Büro

TER GROUP TER Chemicals DISTRIBUTION GROUP

TER Chemicals Distribution Group
Börsenbrücke 2
D-20457 Hamburg
Telefon +49 (0) 40-30 05 01-0
E-Mail: info@terchemicals.com
www.terchemicals.com

Mitglied des IVK

Das Unternehmen

Gründungsjahr
1908

Größe der Belegschaft
372 Mitarbeiter

Geschäftsführung
Christian A. Westphal
Ute Seiler
Andreas Früh

Anwendungstechnik und Vertrieb
Jens Vinke
Telefon +49 (0) 40-30 05 01-80 13
E-Mail: j.vinke@terchemicals.com

Lieferanten
Exxon Mobil, Royal Adhesives, Sumitomo Bakelite, Evonik, Clariant, Kuraray, TSRC und Vestolit

Das Produktprogramm

Rohstoffe für
Schmelzklebstoffe
Reaktionsklebstoffe
lösemittelhaltige Klebstoffe
Dispersionsklebstoffe
Haftklebstoffe
Butyldichtstoffe
Sonstige

Rohstoffe
Wachse (FT und PE)
Kaoline
Kohlenwasserstoffharze, Phenolharze, Balsamharze, Harzester
Alkydharze, Acrylatharze, Polyesterharze, Epoxidharze
APAO, Butylkautschuk, EVA, SIS & SBS, SEBS
Polyesterpolypole
Kasein, technisch
Polyvinylalkohol
Dispersionen (Wax, Acrylat)
PIB (Polyisobutylene versch. Mw)
Polyalphaolefine (flüssig)
Ethylen-Propylen-Dien-Kautschuk (EPDM)
Nitrilkautschuk (NBR)
Styrol-Butadien-Rubber (SBR)
Butadien Rubber (BR)

Für Anwendungen im Bereich
Papier/Verpackung
Buchbinderei (Graphisches Gewerbe)
Holz-/Möbelindustrie
Baugewerbe inkl. Fußboden, Wand u. Decke
Elektronik
Maschinen- und Apparatebau
Fahrzeug-, Luftfahrtindustrie, Textilindustrie
Klima- und Lüftungstechnik
Klebebänder, Etiketten
Hygienebereich
Haushalt, Hobby und Büro

TSRC (Lux.) Corporation S.a.r.l.

39 – 43 Avenue De la Liberté
L-1931 Luxembourg
Telefon +352-26 29 72-1
Telefax +352-26 29 72-39
E-Mail: info.europe@tsrc-global.com
www.tsrc.com.tw

Mitglied des IVK

Das Unternehmen

Gründungsjahr
2011
(für die europäische Niederlassung in Luxembourg)

Größe der Belegschaft
15

Ansprechpartner
Management:
Christian Kafka

Marketing:
Dr. Olaf Breuer
Dr. Geert Vermunicht

Anwendungstechnik und Vertrieb:
Christine Richter
Beverley Weaver

Das Produktprogramm

Klebstofftypen
Schmelzklebstoffe
Haftklebstoffe
Lösemittelhaltige Klebstoffe

Dichtstofftypen
Sonstige
(Styrol Blockcopolymere)

Rohstoffe
Polymere:
Styrol Blockcopolymere
(für Anwendung unter 1. & 2.)

Für Anwendungen im Bereich
Papier/Verpackung
Buchbinderei/Graphisches Gewerbe
Holz-/Möbelindustrie
Baugewerbe, inkl. Fußboden, Wand und Decke
Fahrzeug, Luftfahrtindustrie
Klebebänder, Etiketten
Hygienebereich
Haushalt, Hobby und Büro

Türmerleim GmbH

Arnulfstraße 43
D-67061 Ludwigshafen/Rhein
Telefon +49 (0) 6 21-56 10 70
Telefax +49 (0) 6 21-5 61 07 122
E-Mail: info@tuermerleim.de

Mitglied des IVK

Das Unternehmen

Gründungsjahr
1889

Größe der Belegschaft
120 Beschäftigte

Stammkapital
3.1 Mio. €

Tochterfirmen
Türmerleim AG
Hauptstrasse 15, CH-4102 Binningen

Geschäftsführung
Matthias Pfeiffer
Dr. Thomas Pfeiffer
Martin Weiland

Ansprechpartner
Technik:
Matthias Pfeiffer

Vertrieb:
Dr. Thomas Pfeiffer

Zertifiziert nach DIN EN ISO 9001 und 14001

Das Produktprogramm

Klebstofftypen
Schmelzklebstoffe
Dispersionsklebstoffe
Dextrin- und Stärkeklebstoffe
Caseinklebstoffe
Haftklebstoffe
UF- und MUF-Harze
1-K-PUR

Für Anwendungen im Bereich
Papier/Verpackung
Holz-/Möbelindustrie
Konstruktive Holzverleimung
Hygienetücher
Etikettierung
Zigarettenherstellung

BOLTON Adhesives

UHU GmbH & Co. KG
Herrmannstraße 7, D-77815 Bühl
Telefon +49 (0) 72 23-2 84-0
Telefax +49 (0) 72 23-2 84-2 88
E-Mail: info@uhu.de

www.UHU.de
www.UHU-profi.de
www.boltonadhesives.com
www.griffon-profi.de

Hauptsitz: Bolton Adhesives
Adriaan Volker Huis – 14th floor
Oostmaaslaan 67, NL-3063 AN Rotterdam

Mitglied des IVK

Das Unternehmen

Gründungsjahr
1905

Größe der Belegschaft
Bolton Adhesives > 700 Mitarbeiter

Gesellschafter
Bolton Adhesives B.V. / Bolton Group

Tochterfirmen
UHU Austria Ges.m.b.H., Wien (A)
UHU France S.A.R.L., Courbevoie (F)
UHU-BISON Hellas LTD, Athens (GR)
UHU Ibérica Adesivos, Lda., Lisboa (P)

Geschäftsführung
Remko Tetenburg, Danny Witjes,
Ralf Schniedenharn,
Hubert Lincklaen Arriens

Ansprechpartner
Anwendungstechnik:
Domenico Verrina
Vertrieb: Stefan Hilbrath, Stephan Pfisterer

Vertriebswege
Technischer Handel
Eisenwarenhandel
Baumärkte
Modellbaugeschäfte
Lebensmittelhandel
Papier-, Büro-, Schreibwarenhandel
Kauf- und Warenhäuser
Drogeriemärkte

Das Produktprogramm

Klebstofftypen
2K-Epoxidharzklebstoffe
Cyanacrylatklebstoffe
Lösungsmittelhaltige Klebstoffe
Dispersionsklebstoffe
Konstruktions-/Montageklebstoffe
Dichtstoffe
MS Polymere

Für Anwendungen in Handwerk und Industrie
Metallverarbeitung
Holzverarbeitung
Elektrotechnik
Automobil
Papier/Verpackung
u. v. a.

YOUR FLOOR. OUR PASSION.

Uzin Utz SE
Dieselstraße 3, D-89079 Ulm
Telefon +49 731 40 97-0
Telefax +49 731 40 97-1 10
E-Mail: de@uzin-utz.com
www.uzin-utz.com

Mitgliedschaften in der DACH-Region:
IVK, FCIÖ, VÖEH und FKS
Deutsche Bauchemie

Das Unternehmen

Gründungsjahr
1911

Größe der Belegschaft
1.524 weltweit (2023)

Gesellschaftsform
Aktiengesellschaft

Mitglied des Vorstands
Christian Richter, Julian Utz, Philipp Utz

Grundkapital
15.133 TEUR (zum 31.12.2021)

Produktions- und Vertriebsgesellschaften
Deutschland, Frankreich, Niederlande, Schweiz, USA, Vereinigtes Königreich, Australien, Belgien, China, Dänemark, Indonesien, Italien, Kroatien, Neuseeland, Österreich, Polen, Serbien, Singapur, Slowenien, Tschechien, Ungarn

Vertriebswege
Großhandel für Baustoffe, Bodenbelag, Fliesen, Parkett und Maler
Direktvertrieb

Ansprechpartner
Vorstandsressort Vertrieb:
Philipp Utz

Leitung Forschung & Entwicklung:
Dr. Johannis Tsalos

Das Produktprogramm

Anwendungsbereich
Bauindustrie: Verlegung, Renovierung und Werterhaltung von Bodenbelägen aller Art
An Wänden im Bereich Fliesen und Naturstein

Produkte
Klebstoffe
Spachtelmassen
Trockenklebstoff-Technologie
Grundierungen
Estriche
Renovierungssysteme
Abdichtungssysteme
Dämmunterlagen
Oberflächenschutz für gewerbliche und industrielle Böden
Bodenbeschichtungen – vielfältig in Funktionalität und Optik
Reinigungs- und Pflegesysteme
Maschinen und Spezialwerkzeuge
für die Bodenverlegung und den Malerbedarf

Weitere Informationen
Seit 1911 macht das Familienunternehmen UZIN UTZ die Welt der Böden zu seiner Berufung und unterstützt Handwerk, Planer, Architekten und Bauherren. Der Komplettanbieter für Bodensysteme UZIN UTZ aus Ulm ist mit über 1.500 Mitarbeitern führend in der Entwicklung und Herstellung von Produkten und Maschinen rund um Estrich, Boden, Fliesen und Parkett. Die bauchemischen Produktsysteme zur Untergrundvorbereitung, Verlegung von Bodenbelägen und Oberflächenveredelung sowie Maschinen und Werkzeuge für die Boden- und Wandbearbeitung werden von den Konzernunternehmen nahezu alle selbst entwickelt und hergestellt und unter den international erfolgreichen Marken UZIN, WOLFF, PALLMANN, Arturo, codex und Pajarito weltweit vertrieben.

Vinavil S.p.A.

Via Valtellina, 63
I-20159 Milano, Italy
Telefon + 39-02-69 55 41
Telefax + 39-02-69 55 48 90
E-Mail: vinavil@vinavil.it
www.vinavil.com

Mitglied des IVK

Das Unternehmen

Gründungsjahr
1994

Größe der Belegschaft
300 Mitarbeiter

Gesellschafter
Mapei S.p.A.

Produktionsstandorte
Villadossola und Ravenna in Italien, Suez in Ägypten, Chicago in USA und Laval in Kanada

Geschäftsführung
Taako Brouwer

Vertriebsleitung
Silvio Pellerani
Hauptverwaltung Mailand
E-Mail: s.pellerani@vinavil.it

Beratung und Verkauf
Manfred Halbach
Vinavil Vertretung Deutschland
Tel.: +49 160 969 485
E-Mail: m.halbach@vinavil.it

Dr. Mario De Filippis
E-Mail: m.defilippis@vinavil.it

Dr. Fabio Chiozza
E-Mail: f.chiozza@vinavil.it

zertifiziert nach OHSAS 18001, DIN EN ISO 9001 und 14001

Das Produktprogramm

Rohstoffe
Redispergierbare Pulver, Festharze und Polymerdispersionen
Ravemul®, Vinavil®, Crilat®, Raviflex® and Vinaflex® auf Basis:
Vinylacetat
Vinylacetat-Copolymere
Vinylacetate/Ethylen
Reinacrylat
Styrol/Acrylat

Für Anwendungen im Bereich
Klebstoff:
Holz-/Möbelindustrie, Papier/Verpackung, Baugewerbe einschl. Boden/Wand/Decke, Buchbinderei/Graphisches Gewerbe, Haftklebstoffe, Automobil, Leder/Textil

Beschichtung/Bau:
Innen- und Fassadenfarben, Dispersionslacke, Holzlasuren, Grundierungen, Putze, WDVS, Fliesenklebstoffe

visions in tapes

VITO Irmen GmbH & Co. KG
Mittelstraße 74 - 80
D-53424 Remagen
Telefon +49 (0) 26 42 40 07-0
E-Mail: info@vito-irmen.de
www.vito-irmen.de

Mitglied des IVK

Das Unternehmen

Gründungsjahr
1907

Größe der Belegschaft
95 Mitarbeiter

Gesellschafter
Irmen-Verwaltungs GmbH, Remagen

Vertriebswege
Fachhandel, Direktbelieferung
Eigene Außendienstmitarbeiter
Vertriebspartner weltweit

Ansprechpartner
Geschäftsführung:
Dr. Michael Büchner

Unsere Entwicklung
Dr. Marcus Weber

Das Produktprogramm

Klebstofftypen
Schmelzklebstoffe
Lösemittelhaltige Klebstoffe
Dispersionsklebstoffe
Haftklebstoffe

Für Anwendungen im Bereich
Klebebänder
Isolierglasherstellung und -verarbeitung
Fassadengestaltung (Structural Glazing)
Medizintechnik
Baugewerbe inkl. Fußboden
Wand und Decke
Maschinen- und Apparatebau
Fahrzeug-/Luftfahrtindustrie
Elektronik
Holz-/Möbelindustrie
Solarindustrie

wakol®
Anspruch verbindet

Wakol GmbH
Bottenbacher Straße 30
D-66954 Pirmasens
Telefon +49 63 31-80 01-0
Telefax +49 63 31-80 01-8 90
www.wakol.com

Mitglied des IVK

Das Unternehmen

Gründungsjahr
1934

Größe der Belegschaft
443 Mitarbeiter (Gruppe)

Umsatz
170,4 Mio. €

Tochterfirmen
Wakol GmbH, A-6841 Mäder

Wakol Adhesa AG/SA, CH-9015 St. Gallen

Wakol Foreco srl,
I-20010 Marcallo con Casone

Loba-Wakol Polska Sp. z o.o.,
PL-05-850 Ożarów Mazowiecki

Loba-Wakol LLC,
USA-28170 Wadesboro N.C.

Loba GmbH & Co.KG, Ditzingen

LOBA Trading Co.Ltd, Shanghai,

Loba Wakol do Brasil, Brasilien

Geschäftsführung
Steffen Acker
Martin Eichel
Dr. Martin Schäfer (CEO)

Vertriebswege
Direktvertrieb
Fachhandel

Das Produktprogramm

Klebstofftypen
Dispersionsklebstoffe
Haftklebstoffe
Lösemittelhaltige Klebstoffe
Reaktionsklebstoffe

Für Anwendungen im Bereich
Baugewerbe (Fußboden, Wand)
Automobilzulieferindustrie
(Fahrgastsitzherstellung)
Bauzulieferindustrie
Schaumstoffverarbeitende Industrie

Weitere Produkte
Sealing Compounds für die Emballagen-industrie

WEBER & SCHAER
since 1844

WEBER & SCHAER GmbH & Co. KG
Ferdinandstraße29
D-20095 Hamburg
Telefon: +49 (0) 40-30902-0
E-Mail: info@weber-schaer.com
www.weber-schaer.com

Mitglied des IVK

Das Unternehmen

Gründungsjahr
1844

Größe der Belegschaft
120 Mitarbeiter

Geschäftsführung
René Marc Weber,
Christian Reuscher-Weber

Sales Manager
Sven Thomas
Telefon: +49 (0) 40 30 902-217
Mobile: +49 (0) 174 739 89 53
E-Mail: s.thomas@weber-schaer.com

Weitere Informationen
Weber & Schaer Group
WEBER & SCHAER ist Ihr Spezialist für Rohstoffe, die in der Kautschuk-Compoundierung oder in der Herstellung von Klebstoffen benötigt werden. Wir stehen für passgenaue Produkteigenschaften und Beratungsqualität, für hohe Verfügbarkeit und umfangreiche Lagerkapazitäten. Ob Polymer oder Chemikalien, ob Füllstoff oder „Klebrigmacher“: Über unseren Unternehmensverbund finden Sie ein breit gefächertes Angebot und genießen immer und überall eine erstklassige kaufmännische und technische Beratung. Durch eigene Laborkapazitäten ist WEBER & SCHAER auch Entwicklungs- und Produktionspartner für die Klebstoffindustrie.

Das Produktprogramm

Rohstoffe
Naturharze (Festharze und Dispersionen)
Naturkautschuk & Naturlatex
C5/C9 Kohlenwasserstoffharze
Synthesekautschuk
IR Latex
Wässrige Alterungsschutzmittel
Antioxidantien
Füllstoffe

Für Anwendungen im Bereich Industrie
Klebebänder & Etiketten
Papier & Verpackung
Holz-/ Möbelindustrie
Bodenbeläge
Pflanzliche & nachhaltige Klebstoffsysteme
Biologisch abbaubare Klebstoffsysteme
Textil

Die Polymer-Service PSG GmbH ist DER Kunststoff-Profi – mit einem breit aufgestellten Sortiment an Konstruktionswerkstoffen, elastischen Thermoplasten und Hochleistungspolymeren.

Die Braun Battenberg Mahlwerke sind spezialisiert auf die fachgerechte Vermahlung unterschiedlicher Materialien und hat in den letzten Jahren ein umfassendes Know-how im Reprocessing von Hochleistungskunststoffen aufgebaut.

WEICON GmbH & Co. KG
Königsberger Straße 255
D-48157 Münster
Telefon +49 (0) 2 51-93 22-0
E-Mail: info@weicon.de
www.weicon.de

Mitglied des IVK

Das Unternehmen

Gründungsjahr
1947

Größe der Belegschaft
350 Mitarbeiter

Tochterfirmen
WEICON Production, Schwalmtal, Deutschland
WEICON Middle East LLC, Dubai, V.A.E.
WEICON Inc., Kitchener, Kanada
WEICON Kimya Sanayi Tic. Ltd. Sti., Istanbul, Türkei
WEICON Romania SRL, Targu Mures, Rumänien
WEICON SA Pty Ltd., Kapstadt, Südafrika
WEICON South East Asia Pte Ltd., Singapur
WEICON Czech Republic s.r.o., Teplice, Tschechische Republik
WEICON Ibérica Soluciones Industriales S.L., Madrid, Spanien
WEICON Italia S.r.l., Genua, Italien
WEICON Colombia S.A.S, Medellin, Kolumbien

Vertriebswege
Technischer Handel, Großindustrie

Ansprechpartner
Geschäftsführung:
Ralph Weidling und Ann-Katrin Weidling

Anwendungstechnik und Vertrieb:
Holger Lütfring
Technisches Projektmanagement

Patrick Neuhaus
Vertriebsleiter D-A-CH

Vitali Walter
Vertriebsleiter International

Das Produktprogramm

Klebstofftypen
2-Komponenten Klebstoffe
Basis: Epoxidharz, PUR, MMA
1-Komponenten Klebstoffe
Basis: Cyanacrylat, PUR, MMA, POP
Reaktionsklebstoffe
lösemittelhaltige Klebstoffe

Dichtstofftypen
PUR-Dichtstoffe
Silikondichtstoffe
MS/SMP-Dichtstoffe

Für Anwendungen im Bereich
Papier/Verpackung
Holz- und Möbelindustrie
Baugewerbe, inkl. Fußboden, Wand u. Decke
Elektro, Elektronik
Maschinen- und Apparatebau
Fahrzeug-, Luftfahrtindustrie
Haushalt, Hobby und Büro
Metall- und Kunststoffindustrie
Automobilindustrie
Maritime Industrie

weiss

Weiss Chemie + Technik GmbH & Co. KG
Hansastraße 2
D-35708 Haiger
Telefon +49 (0) 27 73-8 15-0
Telefax +49 (0) 27 73-8 15-2 00
E-Mail: ks@weiss-chemie.de
www.weiss-chemie.de

Mitglied des IVK

Das Unternehmen

Gründungsjahr
1815

Größe der Belegschaft
325 Mitarbeiter in der Firmengruppe

Gesellschafter
WBV – Weiss Beteiligungs- und Verwaltungsgesellschaft mbH

Standorte
Haiger
Herzebrock
Niederdreisbach
Monroe, NC (USA)

Stammkapital
2 Mio. €

Besitzverhältnisse
Familiengesellschafter

Geschäftsführung
Christian Dölle

Ansprechpartner
Zentrale:
+49 (0) 27 73-815-0
Vertrieb:
+49 (0) 27 73-815-219
Anwendungstechnik:
+49 (0) 27 73-815-255
Einkauf:
+49 (0) 27 73-815-241

Vertriebswege weltweit
Eigener Außendienst, Handel, Industrie und Handwerk

Das Produktprogramm

Geschäftsbereich Kleben & Dichten

Klebstofftypen
Lösemittelhaltige Klebstoffe
Reaktionsklebstoffe (PUR, Epoxi)
Cyanacrylatklebstoffe
Hybridklebstoffe
Dispersionsklebstoffe
Schmelzklebstoffe
Haftklebstoffe

Für Anwendungen u. a. in den Bereichen
Fenster- und Türenindustrie (Kunststoff, Metall, Holz)
Holz-/Möbelindustrie
Brandschutz
Luftdichte Gebäudehülle gem. EnEV
Trockenbau
Transportation/Nutzfahrzeuge, Schiffsbau, Schienenfahrzeuge, Caravanindustrie, Containerbau
Klima- und Lüftungstechnik
Sandwichelemente
Baugewerbe
Elektronik

Geschäftsbereich Sandwichelemente
Leichte Sandwich-Konstruktionen als wärme- und schalldämmende Elemente in Einsatzbereichen wie Türen, Fenster, Tore, Messebau, Fahrzeugaufbauten etc.

Wöllner GmbH

Wöllnerstraße 26
D-67065 Ludwigshafen
Telefon +49 (0) 621 5402-0
Telefax +49 (0) 621 5402-411
E-Mail: info@woellner.de
Internet: www.woellner.de

Mitglied des IVK

Das Unternehmen

Gründungsjahr
1896

Größe der Belegschaft
ca. 150 Mitarbeiter

Tochterfirmen
Wöllner Austria GmbH
Fabriksstraße 4-6
A-8111 Gratwein-Straßengel

Vertriebswege
Direktvertrieb

Geschäftsführung
Dr. Barbara März

Anwendungstechnik und Vertrieb
Jörg Batz
Verkaufsleitung Geschäftsbereich CCC

Dr. Joachim Krakehl
Bereichsleitung Technisches Marketing & Verkaufsleitung Geschäftsbereich ISD

Weitere Informationen
Die Wöllner GmbH ist europaweit einer der führenden Anbieter von löslichen Silikaten, Prozesschemikalien und Spezialadditiven für industrielle Anwendungen. Als Familienunternehmen mit über 125-Jahren-Erfahrung verfügen wir über ein tiefgehendes Fachwissen bei Forschung, Entwicklung und Produktion im Bereich der angewandten Chemie. Wir entwickeln innovative Lösungen insbesondere für die chemische Industrie, die Bau-, Farben- und Papierindustrie sowie für viele andere Industriezweige.

Das Produktprogramm

Klebstofftypen
Sonstige

Rohstoffe
Additive

Für Anwendungen im Bereich
Papier/Verpackung
Holz-/Möbelindustrie
Baugewerbe, inkl. Fußboden, Wand und Decke

Worlée-Chemie GmbH

Grusonstraße 26
D-22113 Hamburg
Telefon +49 (0) 40-733 33-0
Telefax +49 (0) 40-733 33-11 70
E-Mail: service@worlee.de
www.worlee.de

Mitglied des IVK

Das Unternehmen

Gründungsjahr
1962
(Gründung als Tochtergesellschaft der E. H. Worlée & Co., eines im Jahre 1851 gegründeten Handelshauses)

Größe der Belegschaft
Insgesamt ca. 300 Mitarbeiter
(Produktionsstätten in Hamburg, Lauenburg und Lübeck sowie deutscher Außendienst und Niederlassungen im Ausland)

Gesellschafter
Reinhold von Eben-Worlée

Besitzverhältnisse
im Familienbesitz derer von Eben-Worlée
Tochterfirmen:
E. H. Worlée & Co. B. V., Kortenhoef (NL)
Newcastle-under-Lyme (GB)
Worlée-Chemie (India) Private Limited, Mumbai (IND)
Worlée Italia S.R.L, Mailand (I)
Varistor AG, Lengnau (CH)
Worlée (Shanghai) Trading Co., Ltd., Shanghai (CN)

Vertriebswege
Deutscher Außendienst, Tochterfirmen im Ausland, Niederlassungen, Vertretungen

Geschäftsführung
Reinhold von Eben-Worlée
Joachim Freude

Vertrieb
Andreas Jaschinski (Verkaufsleitung DACH)
Dr. Stefan Mansel (Leitung Export)
Frank Pinkernell (Leitung Handelsprodukte)

Das Produktprogramm

Rohstoffe
Additive
Acrylatharze
Acrylatdispersionen
Alkydharze
Alkydemulsionen
Polyester
Polyesterpolyole
Maleinatharze
Hartharze phenolmodifiziert
Haftvermittler/Special Primer
Pigmente
Farbruße
Leitfähige Ruße

Handelsprodukte
XSBR – wässrige Dispersion eines carboxylgruppenhaltiges Styrol-Butadien-Copolymerisates
HS-SBR – wässrige Dispersion eines Styrol-Butadien-Copolymerisat (High-Solid)
NBR – wässrige Dispersion eines Acrylnitril-Butadien-Copolymerisates
PSBR – wässrige Copolymerdispersion bestehend aus Butadien-Styrol und 2-Vinylpyridin
CR – wässrige Polymerdispersion aus Basis von 2-Chlorbutadien
ABS – wässrige Dispersion eines Copolymers aus Styrol, Butadien und Acrylnitril
VA – Vinylacetat Copolymer Dispersion
Alipatische Polyisocyanate
Polythiole

WS INSEBO GmbH

Industriestraße 24
A-2325 Himberg
Telefon +43 2235 86227-0
E-Mail: office@insebo.com
www.insebo.com

Mitglied des FCIO

Das Unternehmen

Gründungsjahr
1973

Größe der Belegschaft
60 Mitarbeiter:innen

Besitzverhältnisse
Eigentümer Alexander Auerbach-Spielberger

Ansprechpartner
Geschäftsführung:
Dipl.-Wirt.-Ing. Wolfgang Blumschein

Vertriebsleitung:
Vesna Rumpold-Bostele, MA

Produktmanagement:
Raoul Planinger

Das Produktprogramm

Klebstofftypen
Reaktionsklebstoffe
lösemittelhaltige Klebstoffe
Dispersionsklebstoffe

Für Anwendungen im Bereich
Holz-/Möbelindustrie
Baugewerbe, inkl. Fußboden, Wand und Decke
Maschinen- und Apparatebau
Fahrzeug, Luftfahrtindustrie
Haushalt, Hobby und Büro

WULFF GmbH u. Co. KG

Wersener Straße 3
D-49504 Lotte
Telefon +49 (0) 5404-881-0
Telefax +49 (0) 5404-881-849
E-Mail: industrie@wulff-gmbh.de

Mitglied des IVK

Das Unternehmen

Gründungsjahr
1890

Größe der Belegschaft
220 Mitarbeiter

Gesellschafter
Familie Israel, Ernst Dieckmann

Vertriebswege
Direktvertrieb, Großhandel

Ansprechpartner
Geschäftsführung:
Alexander Israel
Jan-Steffen Entrup

Weitere Informationen
Großhandel für das Lackierhandwerk, Malerhandwerk, Tischlerhandwerk

Produktion am Hauptstandort Lotte

Das Produktprogramm

Grundierungen
Dispersions-, Pulver- und 2K Grundierungen

Spachtelmassen
Zement- und Calciumsulfat-Spachtelmassen, selbstverlaufende, standfeste und Spezial-Spachtelmassen, Hybrid-Spachtelmassen

Klebstoffe
Dispersions- und SMP-Klebstoffe

Dichtstoffe
Acryl- und SMP-Dichtstoffe

Für Anwendungen im Bereich
Baugewerbe: Verlegewerkstoffe für Bodenbeläge und Parkett
Zulieferer für die Belagsindustrie

ZELU CHEMIE GmbH
Robert-Bosch-Straße 8
D-71711 Murr
Telefon +49 (0) 7144 82 57-0
Fax +49 (0) 7144 82 57-30
E-Mail: info@zelu.de
www.zelu.de

Mitglied des IVK

Das Unternehmen

Ansprechpartner für Entwicklung/ Anwendungstechnik
Dr. Hans Ander
Steffen Elstner

Ansprechpartner techn. Vertrieb
Christoph Moseler

Über Zelu
Zelu ist ein international tätiges, mittelständiges Chemie-Unternehmen, das maßgeschneiderte Polyurethan-Schaumsysteme und Klebstoffe von kompromissloser Qualität entwickelt und fertigt. Das Know-how basiert auf 130 Jahren Erfahrung in Materialkunde und Entwicklung. So wird für jede Anwendung die optimale Lösung gefunden - heute und morgen.

Das Produktprogramm

Klebstofftypen
Reaktive Klebstoffe, Polyurethan-Klebstoffe
Wasserbasierte Klebstoffe
Schmelzklebstoffe
Haftklebstoffe
Lösemittelhaltige Klebstoffe (SBS, CR, TPU)

Für Anwendungen im Bereich
Interior/Automotive Kaschierungen bitte ersetzen durch:
Automotive Filtration
Allgemeine Filtration (HVAC, HEPA)
Automotive Interior (z. B. Lenkrad und Dachhimmel)
(z. B. Lenkräder, Dachhimmel)
Bus- und Bahnsitze
Polstermöbel
Schaumstoffindustrie
Matratzenfertigung
Bauindustrie

Weitere Produkte
Systemformulierungen auf Basis PUR-Weichschaum, Integralschaum, Hartschaum, Halbhartschaum, Gießsysteme, Vergussmassen, Elastomere, Dichtungsschäume

FIRMENPROFILE

Geräte- und Anlagenhersteller

Adchem GmbH
Johann-Höllfritsch-Straße 8
D-90530 Wendelstein
Telefon +49 (0) 9129-90 70 60
E-Mail: vertrieb@adchem.de
www.adchem.de

Mitglied des IVK

Das Unternehmen

Gründungsjahr
2003

Größe der Belegschaft
18 – 20 Mitarbeiter

Gesellschafter
Jürgen Hülz, Pia Ziegler

Stammkapital
25.000 €

Besitzverhältnisse
75 / 25

Vertriebswege
alle

Ansprechpartner
Geschäftsführung:
Jürgen Hülz

Anwendungstechnik und Vertrieb:
Jürgen Hülz

Das Produktprogramm

Klebstofftypen
Reaktionsklebstoffe

Anlagen/Verfahren/Zubehör/ Dienstleistungen
Komponenten für die Förder-, Misch- und Dosiertechnik
Oberflächen reinigen und vorbehandeln
Dienstleistungen

Für Anwendungen im Bereich
Maschinen- und Apparatebau
Fahrzeug, Luftfahrtindustrie
Textilindustrie

hhs
Baumer Group

Baumer hhs GmbH
Adolf-Dembach-Straße 19
D-47829 Krefeld
Telefon +49 2151 4402-0
Telefax +49 2151 4402-111
E-Mail: info.de@baumerhhs.com
www.baumerhhs.com

Das Unternehmen

Gründungsjahr
1986

Größe der Belegschaft
350 Mitarbeiter weltweit

Gesellschafter
Baumer Holding AG, Frauenfeld, Schweiz

Besitzverhältnisse
Baumer Holding AG, Frauenfeld, Schweiz

Tochterfirmen
China, Indien, USA, UK, Frankreich, Spanien, Italien

Vertriebswege
Firmenzentrale in Deutschland, Baumer hhs Tochtergesellschaften und weltweites Händlernetz

Ansprechpartner
Geschäftsführung:
Percy Dengler, Dr. Oliver Vietze

Entwicklungsleitung: Marco Ahler

Weitere Informationen
Baumer hhs mit Sitz in Krefeld ist Ihr weltweiter Partner für zuverlässige und innovative Systeme für Klebstoffauftrag und Qualitätskontrolle. Wir verstehen Qualität und Präzision als Entwicklungs- und Fertigungsprinzip und souveräne Dienstleistung als Bestandteil unserer Produkte.

Die Lösungen von Baumer hhs werden unter anderem in der Herstellung von Faltschachteln und von Verpackungen aus Wellpappe, in End-of-Line-Prozessen, in der Tabakindustrie, in der Druckweiterverarbeitung sowie in Sondermaschinen eingesetzt.

Das Produktprogramm

Klebstofftypen
- Schmelzklebstoffe
- Dispersionsklebstoffe
- Haftklebstoffe

Produktions- und Vertriebsprogramm
- Kaltleim Auftragsventile, Kaltleim Fördereinheiten und Druckbehälter
- Heißleim Auftragsventile - elektromagnetisch und -pneumatisch, Schmelzgeräte für Heißleime von 4 kg bis 100 kg PUR Schmelzgeräte, beheizbare Schläuche
- Zentrale Klebstoffversorgung für große Produktionsanlagen
- Steuergeräte für alle Anforderungen
- Qualitätsüberwachung, Sensor- und Kameraüberwachung zur Sicherstellung Ihrer Produktqualität und Produktionsüberwachung
- Service - Installation, Training Ihrer Mitarbeiter vor Ort und in unserem Headquarter, telefonischer Support

Für Anwendungen Im Bereich
- Faltschachtel
- Wellpappe
- Druckweiterverarbeitung
- Pharma
- Endverpackung
- Tabak

bdtronic

bdtronic GmbH
Ahornweg 4
D-97990 Weikersheim
Telefon +49 (0) 7934 104 0
E-Mail: sales@bdtronic.de
www.bdtronic.com

Das Unternehmen

Gründungsjahr
2002

Größe der Belegschaft
~ 580 Mitarbeiter weltweit

Gesellschafter
MAX Automation SE

Tochterfirmen
bdtronic bvba; bdtronic S.r.l.; bdtronic Italy S.r.L.; bdtronic Ltd.; bdtronic Suzhou Co., Ltd.

Ansprechpartner
Geschäftsführung:
Ömer Öztürk, Andreas Olkus

Anwendungstechnik und Vertrieb:
Andy Jorissen

Weitere Informationen
Mit mehr als 5.500 installierten Maschinen ist bdtronic einer der weltweit führenden Maschinenhersteller für Dosieren, Imprägnieren, Heissnieten und Plasmatechnik. bdtronic liefert komplette Prozesslösungen für die Montage- und Produktionsautomatisierung an alle namhaften Hersteller in der Automobil-, Elektro- und Elektronikindustrie, Medizintechnik und erneuerbare Energien.

Das Produktprogramm

Anlagen/Verfahren/Zubehör/Dienstleistungen
Auftragssysteme (1-K-Systeme, 2-K-Systeme, Roboter)
Komponenten für die Förder-, Misch- und Dosiertechnik
Oberflächen reinigen und vorbehandeln
Klebstoffhärtung und -trocknung
Mess- und Prüftechnik

Für Anwendungen im Bereich
Elektronik
Maschinen- und Apparatebau
Fahrzeug, Luftfahrtindustrie
Automobil/Elektromobiltät

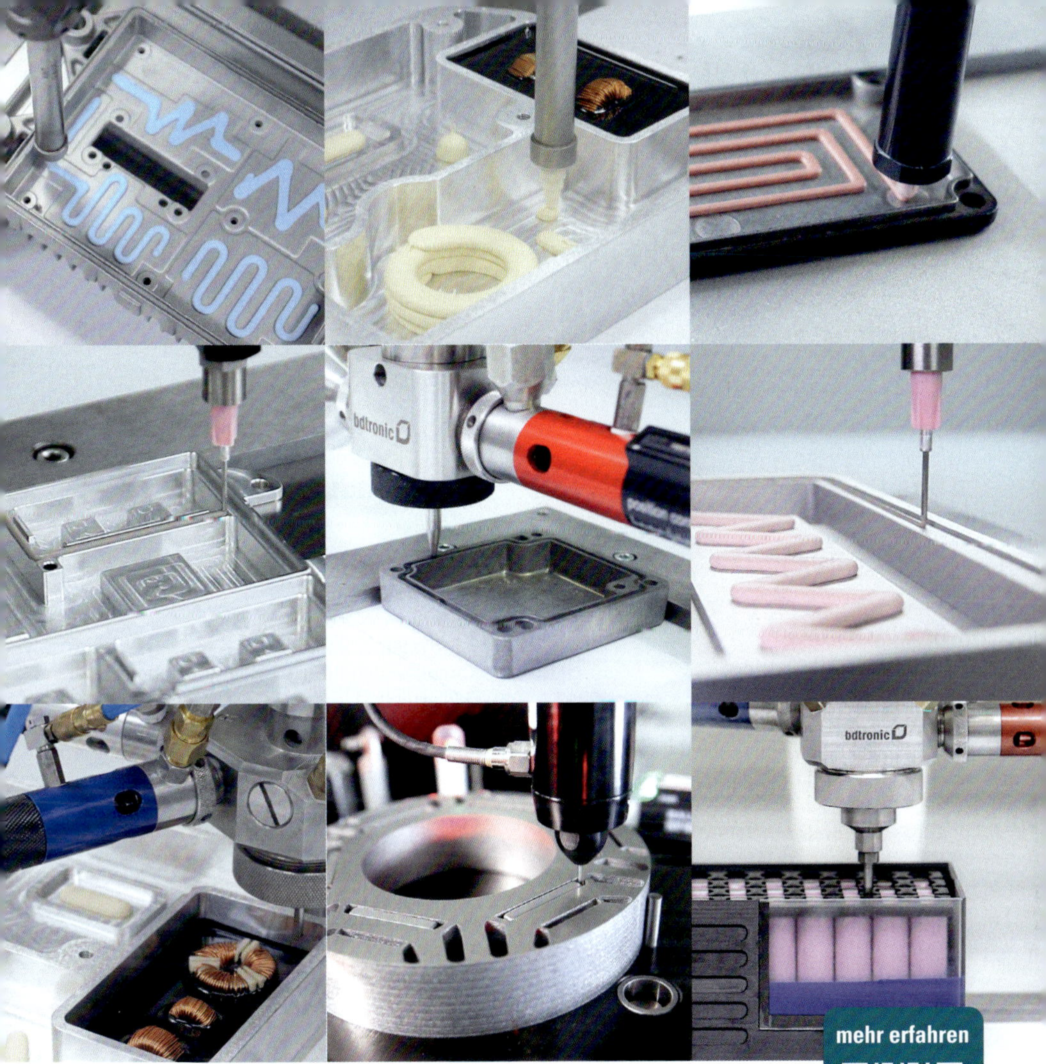
bdtronic
bdtronic
mehr erfahren

Beinlich Pumpen GmbH
Gewerbestraße 29
D-58285 Gevelsberg
Telefon +49 (0) 2332 55 86-0
E-Mail: info@beinlich-pumps.com
www.beinlich-pumps.com

Das Unternehmen

Gründungsjahr
1951

Gesellschafter
Jürgen Echterhage

Tochterfirmen
SucoVSE France S.A.R.L.
UK Flowtechnik Ltd.
e.fluid Italy S.r.l (Italien)
BEDA Flow Systems Pvt. Ltd. (Indien)
IC Flow Controls Inc. (USA)
E Fluid Technology (Shanghai) Co. Ltd. (China)

Vertriebswege
weltweit

Ansprechpartner
Luigi de Luca, Geschäftsleiter

Weitere Informationen
Beinlich Pumpen GmbH ist ein internationaler Anbieter von Dosier- und Förderpumpen für industrielle Anwendungen in verfahrenstechnischen und hydraulischen Anlagen. Beinlich bietet eine große Auswahl an Hochleistungsaußen- und Innenzahnradpumpen, Hochdruck-Radialkolbenpumpen und Exzenterschneckenpumpen. Mehr als 70 Jahre Erfahrung zeigen das umfangreiche technische Wissen in der Pumpentechnik. Sowohl die optimale Auswertung der individuellen Kundenanforderungen als auch die genaue Beobachtung der Märkte führen zu einer kontinuierlichen Weiterentwicklung der Produkte. Auf unseren präzisen Prüfständen werden alle Pumpen intensiv auf ihre jeweiligen Anforderungen getestet. Auf diese Weise können wir unseren Kunden ein Höchstmaß an Qualität und Funktionalität bieten.

Das Produktprogramm

Anlagen/Verfahren/Zubehör/ Dienstleistungen
Auftragssysteme (1-K-Systeme, 2-K-Systeme, Roboter)
Komponenten für die Förder-, Misch- und Dosiertechnik
Oberflächen reinigen und vorbehandeln
Klebstoffhärtung und -trocknung
Mess- und Prüftechnik

Für Anwendungen im Bereich Industrie
Papier/Verpackung
Holz-/Möbelindustrie
Baugewerbe, inkl. Fußboden, Wand und Decke
Elektronik
Maschinen- und Apparatebau
Fahrzeug, Luftfahrtindustrie
Textilindustrie
Klebebänder, Etiketten
Hygienebereich

BÜHNEN GmbH & Co. KG
Hinterm Sielhof 25
D-28277 Bremen
Telefon +49 (0)4 21-51 20-0
E-Mail: info@buehnen.de
www.buehnen.de

Mitglied des IVK

Das Unternehmen

Gründungsjahr
1922

Größe der Belegschaft
120 Mitarbeiter

Gesellschafter
Jan- Hendrik Hunke, Bert Gausepohl

Besitzverhältnisse
Privatbesitz

Tochterfirmen
BÜHNEN Polska Sp.z.o.o.;
BÜHNEN B.V., NL;
VDL Distritech B.V.; NL;
BÜHNEN Klebesysteme GmbH, AT

Ansprechpartner
Geschäftsführung:
Jan-Hendrik Hunke, Bert Gausepohl

Anwendungstechnik und Vertrieb:
Marketing: Heike Lau
Klebstoffe &Technik: Christoph Zunder

Weitere Informationen
BÜHNEN liefert die Lösung für alle, die Schmelzklebstoff in ihrem Fertigungsprozess einsetzenund das völlig unabhängig von der Branche, in der die Lösung benötigt wird. Wir liefern Ihnen die passende Anlagentechnik und das passende Zubehör sowie den richtigen Schmelzklebstoff. Wir gehen kreativ an das Herausarbeiten der bestmöglichen Lösung für Ihre Anwendung ran und bieten zudem das breiteste Spektrum an Klebstoffen und Anlagentechnik.

Das Produktprogramm

Klebstofftypen
Schmelzklebstoffe
Reaktionsklebstoffe

Anlagen/Verfahren/Zubehör/ Dienstleistungen
Auftragssysteme (1-K-Systeme)
Komponenten für die Förder-, Misch- und Dosiertechnik
Dienstleistungen

Für Anwendungen im Bereich
Papier/Verpackung/Display
Buchbinderei/Graphisches Gewerbe
Holz-/Möbelindustrie
Baugewerbe, inkl. Fußboden, Wand und Decke
Elektronik
Maschinen- und Apparatebau
Fahrzeug, Luftfahrtindustrie
Textilindustrie
Haushalt, Hobby und Büro

Drei Bond GmbH
Carl-Zeiss-Ring 13
D-85737 Ismaning
Telefon +49 (0) 89-962427 0
E-Mail: info@dreibond.de
www.dreibond.de

Mitglied des IVK

Das Unternehmen

Gründungsjahr
1979

Größe der Belegschaft
62 Mitarbeiter

Gesellschafter
Drei Bond Holding GmbH

Stammkapital
50.618 €

Tochterfirmen
Drei Bond Polska sp.z o.o. in Krakau
Drei Bond Americas Corp.

Vertriebswege
Direkt in die Automobilindustrie (OEM + Tier 1/Tier 2), sowie in die Allgemeinindustrie, indirekt über Handelspartner, Private Label Geschäft

Ansprechpartner
Geschäftsführung: Thomas Brandl, Christian Eicke

Anwendungstechnik Kleb- u. Dichtstoffe:
Johanna Storm, Lukas Sandl, Dr. Florian Menk

Anwendungstechnik Dosiertechnik:
Jürgen Becher, Lukas Sandl

Vertrieb Kleb- u. Dichtstoffe:
Oliver Ehrengruber

Vertrieb Dosiertechnik:
Stephan Wiedholz, Marko Hein,
Franz Aschenbrenner

Weitere Informationen
Zertifizierung nach ISO 9001-2015 und ISO 14001-2015 sowie nach TISAX

Das Produktprogramm

Klebstoff-/Dichstofftypen
- Cyanacrylat Klebstoffe
- Anaerobe Kleb- u. Dichtstoffe
- UV Licht härtende Klebstoffe
- 1K/2K – Epoxidklebstoffe
- 2K – MMA Klebstoffe
- 1K/2K – MS Hybridkleb- u. Dichtstoffe
- 1K – lösungsmittelhaltige Dichtstoffe
- 1K – Silikondichtstoffe

Ergänzende Produkte:
- Aktivatoren, Primer, Cleaner

Geräte-, Anlagen und Komponenten
- Drei Bond 1K/2K Compact Dosieranlagen → halbautomatischer Auftrag von Klebe- u. Dichtstoffen, Fetten und Ölen Dosiertechnik: Druck/Zeit und Volumetrisch
- Drei Bond 1K/2K Inline Dosieranlagen → vollautomatischer Auftrag von Klebe- u. Dichtstoffen, Fetten und Ölen
  Dosiertechnik: Druck/Zeit und Volumetrisch
- Drei Bond Dosierkomponenten:
  Behältersysteme: Tanks, Kartuschen, Fasspumpen
  Dosierventile: Exzenterschneckenpumpen, Membranventile, Quetschventile, Sprühventile, Rotorspray

Für Anwendungen Im Bereich
- Automobil-/Automobilzulieferindustrie
- Elektronikindustrie
- Elastomer-/Kunststoff-/Metallverarbeitung
- Maschinen- u. Apparatebau
- Motoren- u. Getriebebau
- Gehäusebau (Metall- und Kunststoff)

KLEBETECHNOLOGIE
So vielfältig wie Ihre Anwendungen. Seit 1965.

H&H Klebetechnologie
Eine Marke der
H&H Maschinenbau GmbH
Industrieweg 6
D-32457 Porta Westfalica
Telefon +49 (0) 571-798 770
E-Mail: info@hh-klebetechnologie.de
www.hh-klebetechnologie.de

Mitglied des IVK

Das Unternehmen

Gründungsjahr
1965

Größe der Belegschaft
ca. 60 Team-Mitglieder

Besitzverhältnisse
Familiengeführte GmbH

Geschäftsführer
Michael Hausdorf, Nina Hausdorf,
Clas-Ole Widderich

Vertriebswege
Direktvertrieb, eigener Kundendienst und Vertriebspartner weltweit

Ansprechpartner
Vertrieb:
Clas-Ole Widderich, Henning Gresmeier,
Soeren Müller

Technikum und Anwendungstechnik:
Toni Hausdorf, Philipp Schaper

Firmenprofil
Als renommiertes, international tätiges Familienunternehmen entwickelt, produziert und vertreibt H&H Klebetechnologie am Standort Porta Westfalica in Ostwestfalen hochwertige Klebstoffauftragsmaschinen und -systeme. Wir verfügen über mehr als 50 Jahre Erfahrung im Klebstoffauftrag und verstehen uns als Ihr zuverlässiger Partner für anspruchsvolle Aufgaben. Entwicklung, Produktion, Montage, Service - alles aus einer Hand. Als Konstrukteur, Entwickler und Hersteller der HARDO Klebstoffauftragsmaschinen sind wir die Experten, wenn es um HARDO Maschinenersatzteile, Wartung und Reparatur geht.

Das Produktprogramm

Auftragssysteme für
Reaktive und nicht reaktive Schmelzklebstoffe
Hafter und Semi-Hafter
Dispersion, Pasten und Harze
Leim - Kalt und Heiß
Bitumen und Butyl
Kunststoffe (PA)
Fette, Wachse und Honig

Vorschmelz-Systeme für
Granulierte Schmelzklebstoffe
Reaktive Schmelzklebstoffe im geschlossenen System

Komponenten der Vor- und Nachbehandlung
Kaschierung und Pressen
Oberflächenbehandlungen
Schneiden und Trennen
Materialtransport und Handling
Scannen, Steuern und vieles mehr

Lösungen für unterschiedlichste Branchen
Automotive und Glas-Industrie
Verpackungs-Industrie
Medizintechnik
Lebensmittel-Industrie
Elektro- und Schleifmittel-Industrie
Holz- und Möbel-Industrie
Sportartikelhersteller
Baustoff-Industrie
Textil-Industrie und viele weitere Branchen

Maßgeschneiderte Systeme und Lösungen
In unserem leistungsstarken, hauseigenen Technikum entwickeln wir gemeinsam mit unseren Kunden individuelle Systemlösungen für den Klebstoffauftrag. Von der Projektidee über die Konstruktion und Realisation bis zur Inbetriebnahme.

Wir von H&H stellen unser Know-how zur Verfügung, um Projekte zum Erfolg zu führen, indem wir Lösungen für unsere Kunden an die Anforderungen des Marktes anpassen. Wirtschaftlich effizient und ökologisch nachhaltig zu sein, während wir eine hohe Qualität liefern und damit zum Erfolg unserer Kunden beitragen, ist für uns mehr als wichtig.

Original HARDO-Ersatzteile und Service für HARDO-Klebstoffauftragsmaschinen
Die unbestrittene Qualität und technologische Ausgereiftheit unserer Lösungen für Ihren Klebstoffauftrag kennen Sie schon seit mehr als 50 Jahren. Denn die H&H Maschinenbau GmbH ist der Konstrukteur, Entwickler und Erbauer Ihrer HARDO Klebstoffauftragsmaschinen und Vorschmelzanlagen. Seit 1965. Sprechen Sie uns an. Wir bringen auch Ihre HARDO THERMO wieder zum Laufen.

Dr. Hönle AG – UV-Technologie
Business Unit Adhesive Systems
Lochhamer Schlag 1
D-82166 Gräfelfing/München
Telefon +49 (0) 89-85 60 80
Telefax +49 (0) 89-85 60 81 48
E-Mail: uv@hoenle.de
www.hoenle.de

Das Unternehmen

Gründungsjahr
1976

Jahresumsatz
106,3 Mio. Euro

Vorstand
Dr. Markus Arendt

Tochterfirmen im Klebstoffbereich
D: Panacol-Elosol GmbH (Klebstoffe), Steinbach/Taunus
UV-Technik Speziallampen GmbH (Strahlerproduktion), Ilmenau/Thüringen
F: Honle UV France S.a.r.l., F-Lyon
Eleco Panacol-EFD, F-Gennevillers Cedex
USA: Panacol-USA, Inc., US-Torrington CT
KOR: Panacol-Korea, KR-Gyeonggi-do
I: Hönle Italy, Sales Office
CHN: Hoenle UV Technology (Shanghai) Trading Ltd., CHN-Shanghai

Vertrieb
Florian Diermeier

Vertriebswege
Eigener Außendienst und Vertriebspartner weltweit

Das Produktprogramm

LED-UV-/UV-Strahlungstechnologie
zur Härtung UV-reaktiver und lichthärtender Kleb- und Kunststoffe sowie Vergussmassen
zur Trocknung und Härtung UV-reaktiver Farben und Lacke
zur Entkeimung mit UVC-Strahlung
zur Fluoreszenzanregung
zur Sonnensimulation

Klebstoffe
Entwicklung und Produktion von Klebstoffen über Panacol:
UV- und lichthärtende Epoxid- und Acrylatklebstoffe,
elektrisch und thermisch leitende Klebstoffe,
Strukturklebstoffe und Vergussmassen,
1K- und 2K-Epoxidharze,
Spezialklebstoffe für Medizintechnik und Elektronik,
Cyanacrylate

Für Anwendungen im Bereich
Elektonikfertigung
Conformal Coating / Chip-Verguss
3D-Druck
Feinmechanik
Maschinen- und Apparatebau
Automotive Industry und E-Mobility
Luftfahrtindustrie
Glasindustrie
Optik
Medizintechnik
Photovoltaik

Druck- und Beschichtungstechnik
Entkeimung von Oberflächen, Luft und Wasser
Qualitätskontrolle
Beschleunigte Materialalterung
Prüfung von Photovoltaik-Modulen

A MEMBER OF THE HILGER&KERNGROUP

Hilger u. Kern GmbH
Dosiertechnik
Käfertaler Straße 253
D-68167 Mannheim
Telefon +49 (0) 6 21-3705-500
Telefax +49 (0) 6 21-3705-200
E-Mail: info@dopag.de
www.dopag.de

Das Unternehmen

Gründungsjahr
1927

Größe der Belegschaft
> 350 weltweit

Vertrieb international
DOPAG Dosiertechnik und Pneumatik AG, Schweiz
DOPAG S.A.R.L., Frankreich
DOPAG (UK) Ltd., England
DOPAG Italia S.r.l.
DOPAG (US) Ltd.
DOPAG India Pvt. Ltd.
DOPAG (Shanghai) Metering Technology Co. Ltd., China
DOPAG Eastern Europe s.r.o., Tschechien
DOPAG Korea
DOPAG Mexico Metering Technology SA de CV
DOPAG Benelux, Niederlande
DOPAG Nordic AB, Schweden

Service
- Eigenes Technikum
- Dosierversuche
- Wartung
- Reparatur
- Ersatzteile
- Verbrauchsmaterialien
- Lohnfertigung

Weitere Unternehmensbereiche
Hilger u. Kern Industrietechnik

Das Produktprogramm

Dosiertechnik
- Anlagen für das Dosieren, Mischen und Auftragen von ein- und zweikomponentigen Materialien wie z.B. Schmierstoffen, Klebstoffen, Dichtstoffen und Vergussmassen
- Zahnrad- und Kolbenpumpentechnik
- Automatisierte Dosiertechnik: Standard- und linienintegrierbare Fertigungszellen, Standalone Lösungen, Sondermaschinen
- Statische und statisch-dynamische Mischsysteme
- Dynamische Mischtechnik für PU und Silikon-Werkstoffe zum Dichtungsschäumen, Kleben und Vergießen

Dosierkomponenten und Pumpen
- Fass- und Behälterpumpen
- Dosier- und Auslassventile
- Materialdruck-Reduzierventile
- Volumenzähler
- Zahnradpumpen

Für Anwendungen im Bereich
- Kleben und Dichten
- Befetten und Ölen
- Vergießen
- Composites
- Dichtungsschäumen

Innotech Marketing und Konfektion Rot GmbH
Schönbornstraße 8b
D-69242 Rettigheim
Telefon 0 72 53-988 855 0
E-Mail: info@innotech-rot.de
www.innotech-rot.de

Mitglied des IVK, VTH, VDHC, GFAV, LBZ-BW und SLV Fördergemeinschaft

Das Unternehmen

Gründungsjahr
1995

Größe der Belegschaft
40 Mitarbeiter/innen

Gesellschafter/Inhaber
Joachim Rapp

Stammkapital
100.000 €

Vertriebswege
Fachhandel, Klebstoffhersteller, Industrie, weltweiter Export

Ansprechpartner
Geschäftsführung:
Joachim Rapp, Anja Gaber - info@innotech-rot.de

Webseite: www.innotech-rot.de
LinkedIn: https://www.linkedin.com/company/innotech-marketing-und-konfektion-rot-gmbh/

Weitere Informationen
Innotech bietet den Komplettservice rund um das Thema Kleben und Dichten, speziell in der Handapplikation.

- Deutschlandweit die größte Auswahl an Klebepistolen unterschiedlichster Hersteller mit kompetentem Beratungs- und Reparaturservice, Sonderpistolenentwicklung.
- Vertrieb von Statikmischern, Düsen, Kartuschen, Dosiernadeln, etc.
- Heiztechnik für Klebstoffe, beheizte Pistolen, Heizkoffer.
- Klebeberatung und Schulung zum Thema Kleben und Dichten.
- Lohnverklebungen (Marketingmuster)
- Klebstoffmusterlogistik

Kooperationspartner des Fraunhofer IFAM
Klebpraktiker und Klebfachkraft nach DVS®/EWF und kundenspezifische Auffrischungskurse.
Beratung im Bereich Qualitätssicherung.
Anwendung und Anforderungen DIN 2304 und DIN 6701
Branchenspezifische Weiterbildungen auch bei Ihnen vor Ort.

Das Produktprogramm

Geräte-, Anlagen und Komponenten
Zum Fördern, Mischen, Dosieren und für den Klebstoffauftrag; zur Oberflächenprüftechnik.

Für Anwendungen im Bereich
Erneuerbare Energien, Automobilindustrie, Luft-und Raumfahrtindustrie, Elektronikindustrie, Baugewerbe, Anlagentechnik.

Kartuschenpistolen
(Hand-, druckluft- oder akku-betrieben, eigene Servicewerkstatt mit Ersatzteil- und Reparaturservice).
Ca. 1.000 verschiedene Modelle aller Antriebsarten. Einige Klebstoffhersteller und Großkunden nutzen Just-In-Time Lieferservice, um eigene Lagerbestände zu minimieren. Leistungsstarke beheizte Akkupistolen bis 220 Grad Celsius und 5 kN Druckkraft. Wirtschaftlichkeitsberatung und alle namhaften Hersteller weltweit durch Innotech inkl. Service. Der 1-Stop-Shop für Händler und Klebstoffhersteller.

Klebstoffzubehör
Jedes weltweit verfügbare Klebstoffzubehör wie Mischer, Kartuschen, Düsen, Heiztechnik uvm.

Klebstoffmusterlogistik
Angebot der kompletten Bemusterungslogistik für Klebstoff- bzw. Dichtstoffhersteller

- Lagerhaltung, Konfektionierungen für Außendienstmitarbeiter, Abfüllung der Muster, Pickup Service, spezieller Partnerzugang, Gefahrgutversand und -lagerung. Auf der Webseite und weltweiter Versand.

Lohnverklebungen
Herstellung von Prüfkörpern, Marketingmustern (Messe, Außendienst, Schulungen).

Almanach der manuellen Klebstoffapplikation
Der Almanach ist weltweit das umfassendste Nachschlagewerk für die manuelle Klebstoffverarbeitung. Hier liegt sehr großes Potenzial für Prozessverbesserungen aber auch die Vergleichbarkeit von Kartuschenpressen, Mischersystemen und Kartuschen.

3D-gedruckte Sonderdüsen und Zubehör
Individuell angefertigte Sonderdüsen und Statikmischer durch 3D-Druckverfahren; Verkauf von Henkel Loctite 3D Druck Reinigern und Harzen.

KDT Klebetechnik

KDT AG
Lagerstrasse 8
CH-8953 Dietikon, Schweiz
Telefon +41 (0) 44 743 33 30
E-Mail: info@kdt-technik.ch
https://kdt-technik.ch

Mitglied des FKS

Das Unternehmen

Gründungsjahr
2021

Größe der Belegschaft
> 10 Mitarbeiter

Gesellschafter
Thomas Kraushaar, Inhaber

Stammkapital
CHF 100'000.00

Vertriebswege
Fachhandel, Direktvertrieb und Onlinehandel von Klebstoffen und Dosiertechnik

Ansprechpartner
Geschäftsführung:
Thomas Kraushaar, General Manager
E-Mail: t.kraushaar@kdt-technik.ch

Anwendungstechnik und Vertrieb:
Marc Rohner, Sales Manager
E-Mail: m.rohner@kdt-technik.ch

Weitere Informationen
Henkel Premiumpartner für Loctite® in der Schweiz. Klebtechnisches Engineering, Zertifizierung und Weiterbildung. Klebstofffachhandel. Hersteller für Dosiergeräte KDG. Hersteller für UV-Aushärtegeräte KUV-230.

Das Produktprogramm

Klebstofftypen
- Reaktionsklebstoffe
- Dispersionsklebstoffe
- Haftklebstoffe

Anlagen/Verfahren/Zubehör/ Dienstleistungen
- Komponenten für die Förder-, Misch- und Dosiertechnik
- Oberflächen reinigen und vorbehandeln
- Klebstoffhärtung und -trocknung
- Dienstleistungen

Für Anwendungen im Bereich
- Elektronik
- Maschinen- und Apparatebau
- Fahrzeug, Luftfahrtindustrie
- Klebebänder, Etiketten
- Holz-/Möbelindustrie

MEDMIX SWITZERLAND AG
Ruetistraße 7
CH-9469 Haag
Phone +41 (0) 81 414 70 00
Email: mixpac@medmix.com
www.medmix.swiss

Das Unternehmen

YEAR OF FORMATION

medmix Switzerland AG, as a former part of Sulzer's Applicator Systems (APS) division called Sulzer Mixpac, has been spun off from the Sulzer Group and renamed after its listing on the SIX Swiss Exchange. The spin-off was effected in September 2021.

SIZE OF WORKFORCE

2,700 employees worldwide

DISTRIBUTION

Direct distribution to producers of adhesives. toll filler and distribution partners for official trade.

CONTACT PARTNERS

Switzerland:
medmix Switzerland AG
Email: sales.industry@medmix.com

Asia Pacific:
medmix China Ltd.
Email: sales.industry@medmix.com

Untited Kingdom:
medmix UK Ltd.
Email: sales.industry@medmix.com

United States:
medmix US Inc.
Email: sales.industry@medmix.com

Spain:
medmix Spain S.A.
Email: sales.spain@medmix.com

Das Produktprogramm

Manufacturer and supplier of metering, mixing, coatings and dispensing systems for reactive multi component material, offering comprehensive systems for various cartridge based 2K applications.

Cartridge based 2K systems with different volumes between 2.5 ml and 1.500 ml, with mixing rations of 1 : 1, 2 : 1, 3 : 1, 4 : 1 and 10 : 1.

Manual, pneumatic and electric dispensers for 1K and 2K adhesives and sealant applications.
Full range of mixers for cartridge and dispensing machine applications
Brands: MIXPAC™, QUADRO™, MK™, COX™.

METER MIX

A MEMBER OF THE HILGER&KERNGROUP

Hilger u. Kern GmbH
Dosiertechnik
Käfertaler Straße 253
D-68167 Mannheim
Telefon +49 (0) 6 21-3705-500
Telefax +49 (0) 6 21-3705-200
E-Mail: contact-de@meter-mix.com
Internet: www.meter-mix.de

Das Unternehmen

Gründungsjahr
1989

Größe der Belegschaft
> 350 weltweit

International Sales and Service
METER MIX Benelux
METER MIX China
METER MIX Eastern Europe
METER MIX Germany
METER MIX India
METER MIX Italy
METER MIX Korea
METER MIX Mexico
METER MIX Nordic
METER MIX Singapore
METER MIX Spain
METER MIX Switzerland
METER MIX USA

Services
- Versuche und Demonstrationen
- Ersatzteile
- Technische Beratung
- Training

Das Produktprogramm

Dosiertechnik
- Dosier- und Mischanlagen für die Verarbeitung von ein- und zweikomponentigen Materialien, wie z. B. Epoxidharz, Polyurethan, Silikon, Polysulfid sowie Fette und Öle
- Zahnrad- und Kolbenpumpentechnik und Exzenterschneckenpumpen-Technologie

Dosierkomponenten und Pumpen
- Kolbenpumpen
- Materialdruck-Reduzierventile
- Auslassventile
- Mini-Dosierventile
- Kammer-Dosierventile

Anwendungen
- Kleben und Dichten
- Vergießen
- Reaction Injection Moulding (RIM)

mta

ROBOTICS FOR SOLDERING · DISPENSING

mta robotics AG
Bernstrasse 5
CH-3238 Gals
Telefon +41 32 338 80 80
E-Mail: info@mtarobotics.com
www.mtarobotics.com
https://mtarobotics.com/dispensing-products/

Das Unternehmen

Gründungsjahr
1966

Größe der Belegschaft
40 Mitarbeiter

Eigentümerstruktur
AG (Aktiengesellschaft)

Management
Alessandro Sibilia - CEO
Julien Mettraux - CFO
Stefan Eidam - CSO

Filiale
Italien - mta robotics srl, via Cavour 2, 22074 Lomazzo (CO)

USA - mta automation inc., 123 Poplar, Pointe Drive, Suite E, Mooresville, NC 28117

Firmenprofil
Mit über 50 Jahren Erfahrung ist mta robotics ein Prozessspezialist in den Bereichen volumetrisches Dosieren und selektives Löten. mta robotics gehört zu den führenden Herstellern standardisierter volumetrischer Dosiersysteme auf dem neuesten Stand der Technik.

Die hochpräzisen volumetrischen Dispenser von mta® eignen sich für ein-, zwei- oder mehrkomponentige Materialien mit niedriger bis hoher Viskosität sowie gefüllte Materialien. Die Dispenser sind in verschiedenen Volumengrößen und Durchflussraten erhältlich.

Die breite Produktpalette umfasst einfache manuelle Systeme und Standard-Dispenser mit oder ohne Steuerung bis hin zu halbautomatischen Tischrobotern sowie vollautomatisierten Produktionszellen, die eine perfekte Reproduzierbarkeit von Mikrovolumina erreichen.

Das Produktprogramm

Volumetrische Dispenser
- Exzenterschnecken-Dispenser
- Kolben-Zylinder-Dispenser
- Perfecdos Jet-Dispenser
- Kartuschen-Dispenser

Materialaufbereitung und Zuführsysteme
- Materialentgasung
- Materialhomogenisierung
- Zuführung aus Kartuschen, Fässern, Hobbocks u.v.m.

Dispenserkomponenten und Maschinen
- Kleb- und Dichtstoffe, z. B. Silikon, MS-Polymer, Polyurethan, Methylmethacrylat
- Klebstoffe, z.B. Anaerobklebstoff, Epoxidharz, UV-Acrylat, Dispersionskleber
- Gap Fillers
- Wärmeleitpaste
- Lösungsmittelbasiertes Medium
- Fett und Öl
- Metallgefüllte Pasten, z. B. Löt- und Silberpaste

Prozesse und Anwendungsbereiche
Kleben, Dichten, Vergießen, Conformal Coating, Fetten, Dam & Fill, Glob-Top und Underfill in Bereichen wie Automobilindustrie, Elektronik, Medizintechnik, Energie/Wasser, Verteidigung, Uhrenindustrie und industrielle Anwendungen.

Personalisierter Service
mta robotics AG konzentriert sich auf qualitativ hochwertige Anwendungen und stützt sich auf die Expertise eigener hochqualifizierter Spezialisten, um die Validierung von Dosierprozessen in ihrem Labor durchzuführen.

Das Ziel der von uns durchgeführten Versuche besteht hauptsächlich in der Machbarkeitsprüfung der Aufgabenstellung und ermöglicht es uns, für jede kundenspezifische Anwendung eine Prozessgarantie anbieten zu können. Der Kunde erhält damit vor der Investition in eine neue Anlage den Prozessnachweis.

Nordson Deutschland GmbH
Heinrich-Hertz-Straße 42
D-40699 Erkrath
Telefon +49 (0) 2 11-92 05-0
E-Mail: info@de.nordson.com
www.nordson.com

Das Unternehmen

Gründungsjahr
1967

Größe der Belegschaft
450 Mitarbeiter

Gesellschafter
Nordson Corporation, USA

Ansprechpartner
Geschäftsführung:
Bernardus Peuten, Michael Lazin,
Jennifer Lynn McDonough

Verkaufsleitung
Packaging: Ralf Scheuffgen
Product Assembly: Jörg Klein
Nonwoven: Ernst Hering

Industrielle Anwendungen:
Pulverbeschichtung: Thomas Krauze
Container/Nasslack: Petr Svec
Automotive: Volker Jagielki
Battery Applikationen: Ezgi Uludag

Vertriebswege
Durch Außendienstmitarbeiter der Nordson Deutschland GmbH

Weitere Informationen
Entwicklungszentren und Produktionsstätten (ISO-zertifiziert) in den USA und Europa, über 6.900 Mitarbeiter, Niederlassungen auf allen Kontinenten. In Zusammenarbeit mit dem Kunden entwickelt Nordson Komplettlösungen mit integrierten Systemen und aufeinander abgestimmten Komponenten, die mit den Anforderungen der Kunden mitwachsen.

Das Produktprogramm

Anlagen und Systeme zur Applikation von Kleb- und Dichtstoffen und zur Obeflächenbeschichtung mit Lacken, anderem flüssigen Material oder Pulver. Nordson Anlagen können in vorhandene Anlagen integriert werden.

Verpackungs- und Montageanwendungen
Komplette Klebstoffauftragssysteme (Hot Melt/Kaltleim) zur Ausrüstung von Verpackungslinien. Im Bereich Montageanwendungen optimiert Nordson Fertigungsprozesse in vielen verschiedenen Industriezweigen.

Industrielle Anwendungen
Kleb- und Dichtstoffanwendungen für unterschiedlichste Industriebereiche z. B. Automobil-Produktion sowie Luft- und Raumfahrt, Elektronik, Mobilgeräte, Holzverarbeitung etc. sowie Präzisions-Dosiersysteme und Ventile zum Auftrag von Klebern und Schmierstoffen, zum Abdichten, Vergießen, Einkapseln und Ausformen.

Nonwoven
Nonwoven (Maßgeschneiderte Anlagen zum Auftragen von Klebstoff und superabsorbierendem Pulver zur Herstellung von Babywindeln, Slipeinlagen, Damenbinden und Inkontinenzartikeln).

Pulver- und Nasslackbeschichtungen
Anlagen und Systeme zur Oberflächenbeschichtung mit Lacken, anderen flüssigen Materialien und Pulver sowie zur Beschichtung und Kennzeichnung von Dosen und anderen Behältnissen.

Electronics
Automatische Beschichtungs- und Dosieranlagen für die Elektronikindustrie zur präzisen Applikation von Klebstoffen, Vergussmassen, Lötpasten, Flussmitteln, Schutzlacken etc.

Automobilindustrie
Kundenspezifische Anlagen und Systeme für die Applikation von strukturellen Kleb- und Dichtstoffen.

Batterieherstellung
Dosiersysteme für 1K und 2K Materialien, die bei der Herstellung von Speicher- oder Fahrzeugbatteriezellen verwendet werden.

Plasmatreat GmbH

Queller Straße 76 - 80
D-33803 Steinhagen
Telefon +49 (0)5204-9960-0
Telefax +49 (0)5204-9960-33
E-Mail: mail@plasmatreat.de
www.plasmatreat.de

Mitglied des IVK

Das Unternehmen

Gründungsjahr
1995

Größe der Belegschaft
Deutschland 200, weltweit 300 Mitarbeitende

Geschäftsführung
Christian Buske, Lukas Buske, Magnus Buske

Vertriebswege
Direktvertrieb, Tochterfirmen, Vertriebspartner

Vertriebsleitung Deutschland:
Joachim Schüßler

Weitere Informationen
Die Anwendung von Atmosphärendruckplasma gilt als Schlüsseltechnologie zur umweltfreundlichen und hocheffizienten Vorbehandlung und funktionalen Beschichtung von Materialoberflächen. Durch die Entwicklung einer speziellen Düsentechnik gelang es Plasmatreat im Jahr 1995 als erstem Unternehmen weltweit, Plasma unter Normaldruck in Serienprozesse „in-line" zu integrieren und damit im industriellen Maßstab nutzbar zu machen. Die patentierte Openair-Plasma® - Technologie wird heute in nahezu allen Industriebereichen angewendet, ihr geschätzter Marktanteil liegt bei ca. 90 Prozent. Als internationaler Marktführer investiert Plasmatreat etwa zwölf Prozent seines Jahresumsatzes in die Forschung und Entwicklung. Das Unternehmen ist in zahlreiche Forschungsprojekte des BMBF eingebunden, hinzukommen intensive Kooperationen mit den Fraunhofer Instituten sowie mit führenden Forschungsinstituten und Universitäten in der ganzen Welt.

Die Plasmatreat Group besitzt Technologiezentren in Deutschland (Hauptsitz), den USA, Kanada, Japan und China und ist in 24 Ländern, mit 21 Tochtergesellschaften und einem breiten Netz von Handelsvertretern und Partnern weltweit vertreten.

Das Produktprogramm

Anlagen/Verfahren/Zubehör/ Dienstleistungen
Oberflächenvorbehandlung: Feinstreinigung und Aktivierung, funktionale Beschichtungen, die z. B. als umweltfreundliche Haftvermittlerschicht dienen können

Für Anwendungen im Bereich
Automobilbau und -batterie
Neue Energien (Solartechnik, Windkraft, E-Mobilität)
Elektronik (Halbleiter, Powermodule, PCB Assembly)
Klebebänder, Etiketten
Verpackungstechnik
Glasverarbeitung, Fensterbau
Maschinen- und Apparatebau
Transport-Fahrzeugbau
Luftfahrtindustrie
Schiffbau
Medizintechnik
Konsumgüter
Textilindustrie
Hygienebereich
Haushaltsgeräte, Weiße Ware
Möbelindustrie

Poly-clip System GmbH & Co. KG
Niedeckerstraße 1
D-65795 Hattersheim am Main
Telefon +49 (0) 6190 8886-0
E-Mail: Vermittlung@polyclip.de
www.polyclip.com/

Mitglied des IVK

Das Unternehmen

Gründungsjahr
1922

Größe der Belegschaft
ca. 350 Mitarbeiter

Geschäftsführer
Dr. Alexander Giehl

Besitzverhältnisse
Privatbesitz

Ansprechpartner
Björn Arndt

Vertrieb:
Verpackungslinien zur Schlauchbeutelabfüllung

Weitere Informationen
Poly-clip System ist der weltweit größte Anbieter von nachhaltigen Clip-Verschlusslösungen und gilt als Weltmarktführer und Hidden Champion in diesem Segment der Lebensmittelindustrie und des Verpackungssektors.

Die Unternehmensgruppe unterhält 29 Vertriebsniederlassungen sowie Vertriebspartner in nahezu allen Ländern der Welt. Die Clip-Verschlusslösungen von Poly-clip System überzeugen nicht nur in der fleischverarbeitenden Industrie und im Fleischerhandwerk, sondern auch in zahlreichen anderen Branchen, wie z. B. der chemischen Industrie.

Das effiziente Verpacken von pastösem Material in zylinderförmigen Beuteln ist mit Kosteneinsparungen und einer hohen Nachhaltigkeit aufgrund der sehr dünnen Flachfolie verbunden, die u. a. zu vergleichsweise geringen Transport-, Lager- und Entsogungsvolumina führt. Alle flüssigen, pastösen und hochviskosen Produkte (Dichstoffe, Klebstoffe, etc.) können über ein Pumpsystem und einen Clipautomaten als clip-pak® verpackt werden. Darüber hinaus kann die Haltbarkeit der Produkte häufig erheblich verlängert werden, was zu einer geringeren Anzahl an ausgetrockneten Produkten und somit weniger kontaminierten Abfallmengen führt.

Im Jahr 2022 ist Poly-clip System als klimaneutraler Standort anerkannt und mit dem PRIMAKLIMA-Siegel ausgezeichnet worden.

Das Produktprogramm

Verpackungsmaschinen für Klebstoffe
Reaktive Klebstoffe
Klebstoffe auf Lösungsmittelbasis
Dispersionsklebstoffe

Verpackungsmaschinen für Dichtstoffe
Acryl-Dichtstoffe
PUR-Dichtstoffe
Silikondichtstoffe
MS/SMP-Dichtstoffe

Ausrüstung, Anlagen und Komponenten
zum Fördern, Dosieren und für die Verpackung von Mischungen

Für Anwendungen im Bereich
Bauindustrie, einschließlich Böden, Wände und Decken
Maschinenbau und Ausrüstung Konstruktion
Automobilindustrie, Luftfahrtindustrie

Reka Klebetechnik GmbH & Co. KG
Siemensstraße 6
D-76344 Eggenstein-Leopoldshafen
Telefon +49 (0) 721 9 70 78-30
E-Mail: adhaesion@reka-klebetechnik.de
www.reka-klebetechnik.de

Mitglied des IVK

Das Unternehmen

Gründungsjahr
1977

Besitzverhältnisse
Inhabergeführtes Familienunternehmen

Vertriebswege
Direktvertrieb, Vertrieb über Händler

Ansprechpartner
Geschäftsführung:
Herbert Armbruster, Katharina Armbruster, Maximilian Armbruster

Anwendungstechnik und Vertrieb:
Katharina Armbruster

Weitere Informationen
Handgeführte Heißklebepistolen für die Industrie.
Seit 1977 bietet Reka Klebetechnik den Kunden in über 70 Ländern zuverlässige Qualität aus Deutschland. In Eggenstein bei Karlsruhe werden die handbetriebenen Heißklebegeräte von Reka entwickelt, produziert und vertrieben.

Die Geräte eignen sich zur Verarbeitung von Schmelzklebstoffen in nahezu allen auf dem Markt befindlichen Formen. Sie sind in der Industrie genauso geschätzt wie im Handwerk und bei Verpackungsdienstleistern. Ob in Fertigung, Montage oder Abdichtung - moderne Industrieprodukte sind ohne Klebstoffe nicht mehr denkbar.

Das stetige Wachstum des weltweiten Händlernetzwerks und die kontinuierliche Optimierung der Produkte stärken das inhabergeführte Familienunternehmen. Reka Klebetechnik legt großen Wert auf langfristige Geschäftsbeziehungen und langlebige, einfach zu wartende Produkte.

Durch das kompetente und motivierte Team, die jahrzehntelange Markterfahrung und die Zusammenarbeit mit namhaften Klebstoffherstellern bietet Reka den Kunden bedarfsabhängige und individuelle Lösungen. Reka hilft Ihnen bei der Auswahl der passenden Produkte für Ihre Anwendung.

Das Produktprogramm

Klebstofftypen
Schmelzklebstoffe
Haftklebstoffe

Auftragssysteme
Tankklebepistolen mit Druckluft
Tankklebepistolen ohne Druckluft
Kartuschenklebepistolen
(1-K-Systeme)

Für Anwendungen im Bereich
Papier/Verpackung
Buchbinderei/Graphisches Gewerbe
Holz-/Möbelindustrie
Baugewerbe, inkl. Fußboden, Wand und Decke
Elektronik
Maschinen- und Apparatebau
Fahrzeug, Luftfahrtindustrie
Textilindustrie
Klebebänder, Etiketten
Hygienebereich
Haushalt, Hobby und Büro

ROBATECH
GLUING SOLUTIONS

Robatech AG
Pilatusring 10
CH-5630 Muri AG/Schweiz
Telefon (+41) 5 66 75 77 00
Telefax (+41) 5 66 75 77 01
E-Mail: info@robatech.ch
www.robatech.com

Mitglied des IVK

Das Unternehmen

Gründungsjahr 1975

Größe der Belegschaft
über 670 Mitarbeiter weltweit

Gesellschafter
Robatech AG, CH-5630 Muri, Schweiz

Besitzverhältnisse
Robatech AG, CH-5630 Muri, Schweiz

Tochterfirmen
Tochtergesellschaft in Deutschland:
Robatech GmbH, Im Gründchen 2
65520 Bad Camberg
Telefon +49 (0) 64 34-94 11 0
E-Mail info@robatech.de

Vertreten in über 80 Ländern weltweit

Vertriebswege
via Headoffice, Tochtergesellschaften und Agenturen

Geschäftsführung
Robatech AG, Schweiz:
Martin Meier
Robatech GmbH Deutschland:
Eberhard Schlicht, Andreas Schmidt

Anwendungstechnik und Vertrieb
Robatech AG, Schweiz
Direktor Verkauf: Kishor Butani, Harald Folk
Direktor Marketing: Kevin Ahlers
Robatech GmbH, Deutschland:
Geschäftsführer: Eberhard Schlicht

Das Produktprogramm

Produktions- bzw. Vertriebsprogramm des Unternehmens

- Klebstoff-Auftragssysteme mit Kolbenpumpen und Zahnradpumpen für Hotmelt und Dispersionen, inklusive notwendigem Zubehör (Gesamtsystemlösungen)
- Mittlere Heißleimauftragssysteme von 5 bis 30 Liter Klebstoff-Tankvolumen
- Große Heißleimauftragssysteme von 50 bis 100 Liter Klebstoff-Tankvolumen
- Heißleimauftragssysteme für PUR-Klebstoffe von 2 bis 30 Liter Klebstoff-Tankvolumen
- Fassschmelzanlagen von 20 bis 200 Liter Klebstoff-Tankvolumen
- Auftragsmethoden: Raupenauftrag, Flächenauftrag, Sprühauftrag, Spezialitäten
- Smarte Steuerung zur Datenanalyse, Klebstoffmessung, Auftragssteuerung und -überwachung
- Kaltleim-Auftragssysteme: Druckbehälter, Pumpen-Systeme, Auftragstechnik, Steuerungen und Auftragskontrolle

Robatech bietet für mehrere Industrien Lösungen an:
Verpackungs-Industrie, Packmittel-Industrie, Druck-Industrie, Hygiene-Industrie, Holz-Industrie, Bauzuliefer-Industrie, Automobil-Industrie und weitere Industrien.

ROCHOLL GmbH

Rocholl GmbH
Industriestrasse 28
D-74927 Eschelbronn
Telefon +49 (0) 6226 93330-0
Telefax +49 (0) 6226 93330-10
E-Mail: post@rocholl.eu
www.rocholl.eu

Mitglied des IVK

Das Unternehmen

Gründungsjahr
1977

Größe der Belegschaft
30 Mitarbeiter

Vertriebswege
direkt

Geschäftsleitung
Technik:
Dr. Matthias Rocholl

Verwaltung:
Bärbel Rocholl

Das Produktprogramm

Prüfkörper zur Prüfung von Kleb- und Dichtstoffen, Lacken, Farben und Beschichtungsmassen

SCHEUGENPFLUG Produktlinie

Scheugenpflug GmbH
Gewerbepark 23
D-93333 Neustadt a.d. Donau
Telefon +49 (0) 94 45-95 64-0
Telefax +49 (0) 94 45-95 64-40
sales.de@scheugenpflug-dispensing.com
www.scheugenpflug-dispensing.com

Das Unternehmen

Gründungsjahr
1990

Größe der Belegschaft
mehr als 450 (weltweit)

Geschäftsführung
Romain Lamiré

Kontakt
sales.de@scheugenpflug-dispensing.com
www.scheugenpflug-dispensing.com

Niederlassungen
Atlas Copco Industrial Technique (Shanghai) Co., Ltd. Suzhou Branch
E-Mail:
T.IAS.SPCN.info@scheugenpflug-dispensing.com

Scheugenpflug Inc.
E-Mail: sales.usa@scheugenpflug-dispensing.com

IAS CC Mexico
Atlas Copco Mexicana

Scheugenpflug S.R.L.
E-Mail: info.ro@scheugenpflug-dispensing.com

Atlas Copco (Thailand) Ltd.

Vertriebspartner weltweit:
Siehe Homepage > Über uns > Standorte & Business Partner

Über Scheugenpflug
Die Scheugenpflug GmbH aus Neustadt an der Donau ist ein global führender Anbieter von Systemen und Anlagen für effiziente Klebe-, Dosier- und Vergussprozesse. Das Produkt- und Technologieportfolio umfasst Materialaufbereitungs- und -fördersysteme, leistungsfähige Handarbeitsstationen und Dosierzellen sowie modulare, maßgeschneiderte Inline- und Automatisierungslösungen. Die mit umfassendem Prozessverständnis entwickelten Scheugenpflug Systeme unterstützen Anwender in der Automobil- und Elektronikindustrie, der Medizintechnik und im Konsumgüterbereich dabei, ihre automatisierte Produktion zukunftsweisender Technologien zu steigern.

Das Produktprogramm

Dosierer
- Volumetrische Kolbendosierer
- Alternierende volumetrische Kolbendosierer
- Volumetrischer Kolbendosierer speziell für Wärmeleitmaterialien
- Zahnraddosierer
- Kleinmengendosierer
- Mehrfach-Dosierer (Multi-Nozzle)

Materialaufbereitung und -förderung
- Förderung aus Kartuschen
- Förderung aus Pails
- Systeme für selbstnivellierende Vergussmedien

Dosieranlagen
- Dosiersteuerungen auf einem Stativ oder zur Integration
- Dosierzellen
- Prozessmodule zur Integration
- Dosieranlagen für Vakuumverguss

Individuelle Automatisierungslösungen
Maßgeschneiderte automatisierte Lösungen für unterschiedlichste Klebe-, Dosier- und Vergussaufgaben, basierend auf dem Scheugenpflug-Baukastensystem

Qualitätssicherung
Vision-Systeme RTVision

Service
- Innovation Center: Anwendertechnikum, Dosierversuche
- Wartung, Störbehebung, Technischer Support, Hotline
- After Sales: Ersatzteile, Reparatur, Modernisierungen, Service-Verträge
- Akademie/Schulung und Weiterbildung
- Leihanlagen
- Lohnverguss

Die Scheugenpflug GmbH ist Teil des schwedischen Atlas-Copco-Industriekonzerns und ist weltweit mit Vertriebsniederlassungen, Service und Kundenzentren präsent. Innerhalb der Division „Industrial Assembly Solutions" (IAS) agiert der Spezialist für Dosiertechnik als eigenständige Business Line.

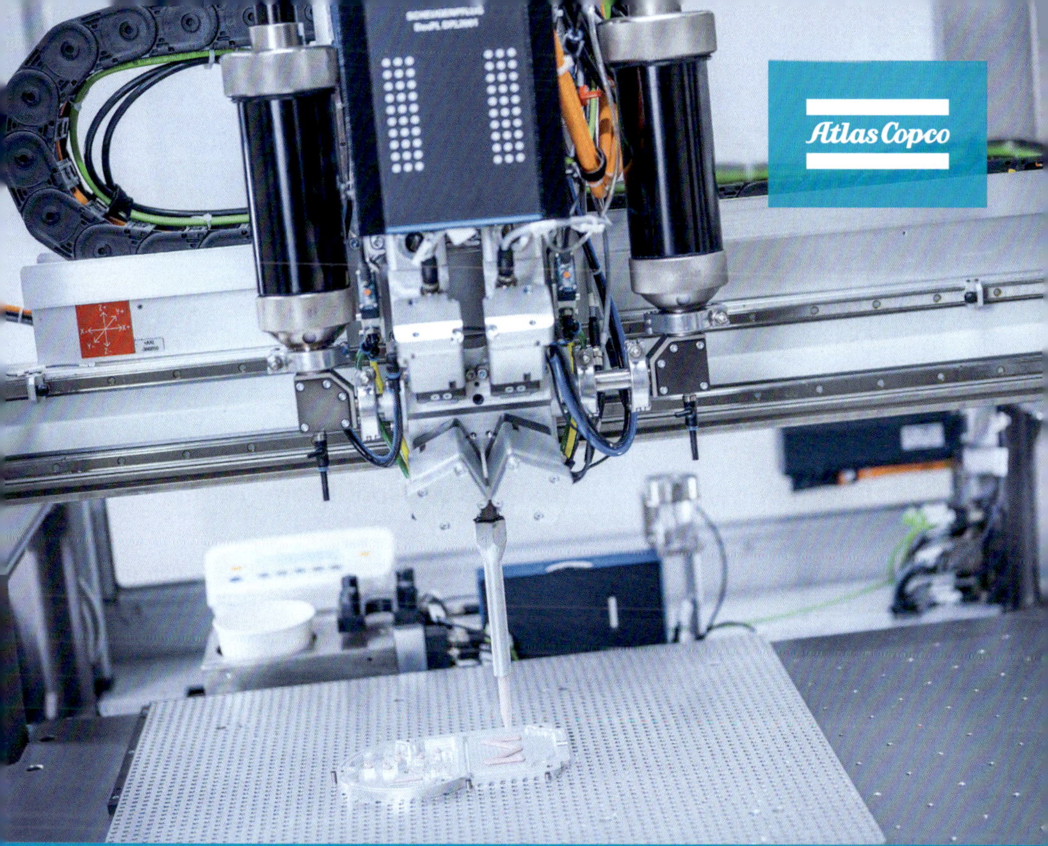
Atlas Copco

ViscoTec
Pumpen- u. Dosiertechnik GmbH
Amperstraße 13
D-84513 Töging a. Inn
Telefon +49 (0) 8631 9274-0
E-Mail: mail@viscotec.de
www.viscotec.de

Das Unternehmen

Gründungsjahr
1997

Größe der Belegschaft
360 Mitarbeiter (weltweit)

Geschäftsführung
Franz Kamhuber
Martin Stadler

Niederlassung
- Töging am Inn, Deutschland (Hauptsitz)
- Kennesaw, GA, USA
- Singapur
- Shanghai, China
- Pune, Indien
- Mérignac, Frankreich
- Hongkong
- Roskilde, Dänemark

Vertriebswege
weltweit

Mehr Informationen
ViscoTec Pumpen- u. Dosiertechnik GmbH ist Hersteller von Komponenten und Systemen, die zum Dosieren, Auftragen, Abfüllen und Entleeren von niedrig- bis hochviskosen Flüssigkeiten verwendet werden.

Das Produktprogramm

Geräte-/Anlagen und Komponenten
- Dispenser und Dosiersysteme (Auftragen und Applizieren, 1K-/2K-Dosierung, Vergießen, Abfüllen, Prozessdosieren, Sprühen)
- Entnahme- und Zuführsysteme
- Aufbereitungssysteme/Entgasungsanlagen
- Komplette Anlagen
- Zugehöriges Equipment

Für Anwendungen im Bereich
- Automotive/E-Mobilität
- Luft- und Raumfahrt
- Elektronik
- General Industry
- Neue Energien
- Kunststoffe
- Lebensmittel
- Kosmetik
- Pharma
- Medizintechnik
- Biotechnologie
- 3D-Druck + Bioprinting
- Und viele weitere

VSE Volumentechnik GmbH
Hönnestraße 49
D-58809 Neuenrade
Telefon +49 (0) 23 94 / 6 16 - 30
E-Mail: info@vse-flow.com
www.vse-flow.com

Das Unternehmen

Gründungsjahr
1989

Gesellschafter
Jürgen Echterhage
Axel Vedder

Tochterfirmen
SucoVSE France S.A.R.L.
UK Flowtechnik Ltd.
e.fluid Italy S.r.l. (Italien)
BEDA Flow Systems Pvt. Ltd. (Indien)
IC Flow Controls Inc. (USA)
E Fluid Technology (Shanghai) Co. Ltd. (China)

Vertriebswege
weltweit

Ansprechpartner
Geschäftsführung:
Jürgen Echterhage
Axel Vedder

Das Produktprogramm

Anlagen/Verfahren/Zubehör/ Dienstleistungen
Komponenten für die Förder-, Misch- und Dosiertechnik
Oberflächen reinigen und vorbehandeln
Klebstoffhärtung und -trocknung
Mess- und Prüftechnik

Für Anwendungen im Bereich Industrie
Holz-/Möbelindustrie
Baugewerbe, inkl. Fußboden, Wand und Decke
Elektronik
Maschinen- und Apparatebau
Fahrzeug, Luftfahrtindustrie
Textilindustrie
Hygienebereich

Weitere Informationen
VSE Volumentechnik steht für hochpräzise Durchfluss-Messtechnik. Wir entwickeln und produzieren Volumensensoren für fast alle pumpfähigen Medien und entsprechende Auswerteelektronik. Egal, ob für Wasser oder hochviskose Haftmedien mit Füllgehalt – in unserer eigenen Entwicklungs- und Konstruktionsabteilung entstehen technisch anspruchsvolle Durchflusssensoren. Wir fertigen zu einem Großteil nach Kundenwunsch und verstehen uns selbst als industrielle Manufaktur. Wir können auf modulare Systeme zurückgreifen, die durch technische Spezifikationen für jede einzelne Bestellung justiert werden. So wird das Produkt optimal auf die Bedürfnisse des Kunden angepasst. VSE Volumensensoren kommen vor allem dort zum Einsatz, wo genaueste Messungen unabdingbar sind. Unsere Durchfluss-Messtechnik wird weltweit in verfahrenstechnischen Anlagen in der Kunststoff-, Polyurethan-, Chemie-, Pharma-, Farb- und Lack-, Hydraulik- und Automobilindustrie sowie in der 2-Komponenten-Technologie eingesetzt.

FIRMENPROFILE

Klebtechnische Beratungsunternehmen

ChemQuest Europe
Bilker Straße 27
D-40213 Düsseldorf
Telefon +49 (0) 2 11-4 36 93 79
Telefax +49 (0) 2 11-14 88 23 86 46
www.chemquest.com

Mitglied des IVK

Das Unternehmen

Ansprechpartner
Europäische Repräsentanz

Geschäftsführung:
Dr. Jürgen Wegner
E-Mail: jwegner@chemquest.com

Die ChemQuest Group ist eine international aufgestellte Unternehmens-Beratung mit Hauptsitz in Cincinnati/Ohio in USA, aber auch Vertretungen in Europa, China, Nordafrika und Latein-Amerika.

Wir sind spezialisiert auf Kleb- und Dichtstoffe, zusätzlich auf Konstruktionskleb- und Dichtstoffe, und neuerdings als weiterern Schwerpunkt Beschichtungschemikalien über alle Stufen der Wertschöpfung von der Formulierung und Produktion entsprechender Rohstoffe im Detail über alle Anwendungsbereiche hinweg von industrieller über handwerklicher bis zum Endverbraucher.

In South Boston/Virginia akquirierten wir das ChemQuest Technology Institute, eine komplett ausgerüstete Forschung- und Entwicklungsstätte mit Hauptfokus auf Anstrichstoffen und Beschichtungen für alle denkbaren Anwendungsbereiche, und verfügen hier über hochspezialisierte Anwendungsexperten für die fundierte Bearbeitung von Beratungs-Projekten, Marktanalysen, das weite Feld der Normungs- und Regulierung-Anforderungen sowie auch Hilfestellung gegeben wird für konkrete Produktoptimierungen.

Das Produktprogramm

Basierend auf tiefen Einblick in die jeweilige Marktcdynamiok umfasst unser Beratungs-Portfolio alle Arten von Management-Beratung, Marktforschung, Akquisitionen, Zusammenschlüssen und Divestments, und insbesondere bei Beschichtungen die Übereinstimmung mit Normauflagen und gesetzlichen Anforderungen. Alle Mitarbeiten von ChemQuest verfügen über intensive berufliche Erfahrungen bei Herstellern von Kleb- und Dichtstoffen sowie des Beschichtungs-Segmentes. Und wir sind in den USA auch Partner des Fraunhofer-Instituts für Fertigungstechnik und Angewandte Materialforschung in Bremen (IFAM), und bieten als zertifizierter Anbieter exklusiv in USA Bildungs-Veranstaltungen für Kleb- und Dichtstoffe am Standort New Boston/VA an. Für weitere Informationen und mehr Details besuchen Sie uns bitte auf unserer Werbsite unter www.chemquest.com.

Our know-how – your future!
HINTERWALDNER CONSULTING
Consulting Chemists & Business Economists since 1956

Hinterwaldner Consulting
Dipl.-Kfm. Stephan Hinterwaldner
Marktplatz 9
D-85614 Kirchseeon
Telefon +49 (0) 80 91-53 99-0
Telefax +49 (0) 80 91-53 99-20
E-Mail: info@HiwaConsul.de
www.HiwaConsul.de

Mitglied des IVK

Das Unternehmen

Gründungsjahr
1956

Geschäftsführung
Privatbesitz

Ansprechpartner
Dipl.-Kfm. Stephan Hinterwaldner
Brigitte Schmid
Andrea Hinterwaldner

Adhesive Consulting
info@HiwaConsul.de

Adhesive Conferencing
contact@mkvs.de
contact@in-adhesives.com

Veranstalter/Co-Veranstalter

- Münchener Klebstoff- und Veredelungs-Symposium
  Klebstoffe | Drucken | Converting
  www.mkvs.de
- in-adhesives Symposium
  Adhesives and Industrial Adhesives Technology
  Automotive | Aircraft | Construction | Composites | Lightweight | Electronics | Optics | Medicine
  www.in-adhesives.com
- European Coatings Congress

Die Beratungstätigkeit

Die Beratungstätigkeit
Globale Fachberatung in Forschung, Entwicklung und Technologie
Konferenzen in der Welt der Klebstoffe

- Rohstoffe, Inhaltsstoffe, Intermediates, Additive
- Formulierungen, Anwendung, Produktentwicklung, Verfahrenstechnik, Feasibility Studien
- Klebstoffe, Klebebänder, Beschichtungen, Dichtungsmassen, Leime, Trennpapiere
- Haftklebstoffe, Schmelzklebstoffe, Chemisch und Strahlungshärtende Klebstoffsysteme, Strukturelles Kleben und Glazing
- Technologien für Fügen mit Klebstoffen, Beschichtungen, Converting, Film, Folie, Etiketten, Laminate, Druck, Leichtbau, Metallisierung, Verpackung, Dichtung, Oberflächen
- Polymer, Petrobasierte, Chemische, Strahlenhärtende, Biobasierte und Grüne Chemie
- Kosmetik, Hygieneprodukte, Schönheits- und Körperpflegemittel, Wasch- und Reinigungsmittel
- Natürliche, Erneuerbare, Nachhaltige, Biobasierte und Biologisch Zertifizierte Produkte

Klebtechnik
Dr. Hartwig Lohse e.K.

Hofberg 4
D-25597 Breitenberg
Telefon +49 (0) 48 22-9 51 80
Telefax +49 (0) 48 22-9 51 81
E-Mail: hl@hdyg.de
www.how-do-you-glue.de

Mitglied des IVK

Das Unternehmen

Gründungsjahr
2009

Ansprechpartner
Dr. Hartwig Lohse
E-Mail: hlohse@hdyg.de

Weitere Informationen
Die Fachkompetenz unseres Beratungsunternehmens resultiert aus einer langjährigen Tätigkeit im Bereich der Entwicklung, der Anwendungstechnik und dem Marketing von Industrieklebstoffen. Ergänzt wird diese durch ein umfangreiches, internationales, das weite Feld der verschiedenen Klebstofftechnologien und -anwendungen umfassendes Netzwerk. Ziel der Beratungstätigkeit ist es für unseren Kunden die jeweils beste Lösung für seine spezifische Aufgabe zu erarbeiten. Hierzu können wir auf unser eigenes klebtechnisches Labor zurückgreifen und arbeiten ggf. auch eng mit den jeweiligen Anbietern von Klebstoffen, der entsprechenden Anlagentechnik oder anderen externen Partnern zusammen, bleiben aber bewusst unabhängig.

Die Beratungstätigkeit

Kunden aus den verschiedenen Bereichen entlang der Wertschöpfungskette Kleben schätzen unsere erfolgsorientierte, projektbezogene und auf die jeweiligen individuellen Belange angepasste Arbeitsweise.

Im Einzelnen beinhaltet unser Leistungsangebot

- klebtechnische Beratung bei der Optimierung bestehender oder der Planung und Realisierung neuer Klebprozesses (neutrale, herstellerunabhängige Klebstoffauswahl; klebgerechte Bauteilkonstruktion; Oberflächenvorbehandlung; Auswahl der Anlagentechnik; Qualitätssicherung; Arbeitssicherheit; ...)
- Unterstützung bei der Implementierung der DIN 2304-1 bzw. der ISO 21368 in die klebtechnische Fertigung (Fehlerprophylaxe durch Adaption des QMS an die Besonderheiten des Fügeverfahrens Kleben)
- die Durchführung von Schadensanalysen, Auffinden und Beseitigen von Fehlerquellen („Troubleshooting")
- die Beratung bei der gezielten Entwicklung von Kleb- und Klebrohstoffen
- die Planung und Durchführung von projekt- und anwendungsspezifische Mitarbeiterschulungen
- Unterstützung bei der Expansion in neue Marktsegmente
- das Erstellen von kundenspezifischen Marktanalysen

FIRMENPROFILE

Forschung und Entwicklung

Fraunhofer IFAM

Fraunhofer-Institut für Fertigungstechnik und Angewandte Materialforschung IFAM

Wiener Straße 12
D-28359 Bremen
Telefon +49 (0) 4 21-22 46-0
Telefax +49 (0) 4 21-22 46-3 00
E-Mail: info@ifam.fraunhofer.de
www.ifam.fraunhofer.de

Mitglied des IVK

Das Institut

Gründungsjahr 1968

Größe der Belegschaft
743 Mitarbeitende

Ein Institut der
Fraunhofer-Gesellschaft zur Förderung der angewandten Forschung e.V. mit 76 Instituten und Forschungseinrichtungen

Ansprechpartner
Institutsleiter:
Prof. Dr. Bernd Mayer

Stellvertreter:
Prof. Dr. Andreas Hartwig

Die Arbeitsgebiete

Bereich Oberflächentechnik
Dr. Ralph Wilken
Telefon: +49 (0) 4 21 / 22 46-448
E-Mail: ralph.wilken@ifam.fraunhofer.de

Adhäsions- und Grenzflächenforschung
Dr. Stefan Dieckhoff
E-Mail: stefan.dieckhoff@ifam.fraunhofer.de

Lacktechnik
Dr. Volkmar Stenzel
E-Mail: volkmar.stenzel@ifam.fraunhofer.de

Plasmatechnik und Oberflächen
Dr. Jörg Ihde
E-Mail: ralph.wilken@ifam.fraunhofer.de

Qualitätssicherung und Cyber-Physische Systeme
Dipl. -Phys. Kai Brune
E-Mail: kai.brune@ifam.fraunhofer.de

Die Arbeitsgebiete

Bereich Kleben und Polymere Werkstoffe
Dr. Katharina Koschek
Telefon: +49 (0) 421 / 22 46 - 698
E-Mail: katharina.koschek@ifam.fraunhofer.de

Klebstoffe und Polymerchemie
Prof. Dr. Andreas Hartwig
E-Mail: andreas.hartwig@ifam.fraunhofer.de

Klebtechnische Fertigung
Dr. Holger Fricke
E-Mail: holger.fricke@ifam.fraunhofer.de

Polymere Werkstoffe und Bauweisen
Dr. Katharina Haag
E-Mail: katharina.haag@ifam.fraunhofer.de

Weiterbildung und Technologietransfer
Prof. Dr. Andreas Groß
E-Mail: andreas.gross@ifam.fraunhofer.de

- Weiterbildungszentrum Klebtechnik
  Dr. Erik Meiß
  E-Mail: erik.meiss@ifam.fraunhofer.de
  www.kleben-in-bremen.de
- Weiterbildungszentrum Faserverbund-werkstoffe
  Dipl.-Ing. Stefan Simon
  E-Mail: stefan.simon@ifam.fraunhofer.de
  www.faserverbund-in-bremen.de

Bereich Automatisierung und Produktionstechnik
Dr. Dirk Niermann
Telefon: +49 (0) 414 / 7 87 07 - 101
E-Mail: dirk.niermann@ifam.fraunhofer.de

Montagetechnologien
Dipl.-Ing. Björn Reichel
E-Mail: bjoern.reichel@ifam.fraunhofer.de

Fügetechnologien
Dipl.-Ing. Urs Roemer
E-Mail: urs.roemer@ifam.fraunhofer.de

SKZ – KFE gGmbH

Friedrich-Bergius-Ring 22
D-97076 Würzburg
Telefon +49 (0) 931-4104-0
Telefax +49 (0) 931-4104-707
E-Mail: kfe@skz.de
www.skz.de

Mitglied des IVK

Das Unternehmen

Gründungsjahr
2001

Größe der Belegschaft
178 Mitarbeiter

Gesellschafter
FSKZ e.V.

Ansprechpartner
Geschäftsführer
Dr. Thomas Hochrein

Fügen von Kunststoffen, Forschung und Entwicklung
Dr. Eduard Kraus
Mail: e.kraus@skz.de
Telefon: +49 (0) 0931 4104 480

Weitere Informationen
Wir entwickeln die Innovationen von morgen. Als Forschungs- und Entwicklungspartner stellen wir uns den Herausforderungen innerhalb der Kunststoffindustrie und finden Lösungen für unterschiedlichste Fragestellungen - vom Material über Verarbeitungsprozesse bis hin zur Qualitätssicherung.

Im Bereich der Klebtechnik liegen unserer Schwerpunkte auf der Oberflächenvorbehandlung, Klebstoffmodifizierung und Klebstoffrecherche für die Industrie, zerstörende und zerstörungsfreie Prüfungen sowie Umweltsimulationen.

Wir bieten in der Klebtechnik Dienstleistungen in folgenden Bereichen an:

Herstellung von Kunststoffprüfkörpern
- Spritzguss
- Extrusion
- mechanische Bearbeitung

Die Arbeitsgebiete

Klebstoffrecherche und Machbarkeitsstudien
- herstellerunabhängige Recherche gemäß Lastenheft
- Herstellung von geklebten Prüfkörpern mit definierten Klebschichtdicken

Oberflächenvorbehandlungen, Reinigung und Aktivierung:
- Auswahl geeigneter Methoden
- Große Auswahl von Versuchsanlagen: Mechanische Bearbeitung, Plasmaverfahren / -beschichtung, VUV-Bestrahlung, Laser und Primer

Prüfungen:
- Mechanische Prüfungen, Kurzzeit, Langzeit und Ermüdung
- Thermische und thermomechanische Analysen wie DSC, TGA, TMA, DMA, LFA
- Aushärte und Fließverhalten mittels Rheometer und DEA
- Charakterisierung der Oberflächenrauheit / -chemie z. B. mittels FT-IR und XPS

Umweltsimulationen:
- Klimawechseltest
- Salzsprühnebeltest
- Konstantklimatest
- Medienlagerung
- Kondenswassertest
- Kataplasmatest
- UV-Bewitterung

Forschungsaktivitäten:
- Qualitätssicherung von Oberflächenvorbehandlungen
- Kleben von Rezyklaten
- Nachvernetzende Haftklebebänder
- Adhäsionsvorhersagen
- Spannungsrisse
- Weiterentwicklung von ZFP-Methoden

ZHAW
School of Engineering

Institut für Material- und Verfahrenstechnik (IMPE)

Labor für Klebstoffe und Polymere Materialien

Technikumstrasse 9
CH-8401 Winterthur/Schweiz
Telefon +41 (0) 58 934 6586
E-Mail: christof.braendli@zhaw.ch
www.zhaw.ch/impe

Mitglied des FKS

Das Unternehmen

Gründungsjahr
School of Engineering: 1874, Institut: 2007

Größe der Belegschaft
School of Engineering: 580, Institute: 40

Gesellschafter
School of Engineering: Prof. Dr. Dirk Wilhelm,
Tel.: +41 58 934 47 29,
E-Mail: dirk.wilhelm@zhaw.ch

Institut für Material- und Verfahrenstechnik (IMPE):
Dr. Rene Radis
E-Mail: rene.radis@zhaw.ch

Labor für Klebstoffe und Polymere Materialien: Prof. Dr. Christof Brändli,
Tel.: +41 58 934 65 86,
E-Mail: christof.braendli@zhaw.ch

Besitzverhältnisse
Teil der Zürcher Hochschule für Angewandte Wissenschaften (ZHAW)

Ansprechpartner
Geschäftsführung:
Labor für Klebstoffe und Polymere Materialien:
Prof. Dr. Christof Brändli, Tel.: +41 58 934 65 86
E-Mail: christof.braendli@zhaw.ch

Weitere Informationen
Angewandte Forschung und Entwicklung im Bereich Klebstoffe. Klebstoffentwicklungen. Klebetests. Umfangreiche Kompetenzen einschließlich Klebstoffchemie und Analyse.

Synthese und Formulierung
- Klebstoffformulierung und -Synthese
  - Batchreaktor für komplexe Formulierungen
  - Kontinuierliche Extrusion für Schmelzklebstoffe
  - Film-, Granulat- und Pulververarbeitung
  - Breitschlitzbeschichtungsanlage für Klebefilme
- Polymercompoundierung und -Extrusion
  - Reaktive Extrusion zur Modifizierung von Polymeren
  - Pfropfreaktionen für innovative Funktionalisierungen/Modifizierungen
  - Mischungen (Blends) von thermoplastischen Polymeren
  - Chillrollanlage zur Herstellung von Filmen
- Online-Reaktionskontrolle mit IR-Spektroskopie
- Biobasierte Monomere und Rohstoffe

Das Produktprogramm

Klebstofftypen
Schmelzklebstoffe
Reaktionsklebstoffe
lösemittelhaltige Klebstoffe
Dispersionsklebstoffe
Haftklebstoffe
Bioklebstoffe

Für Anwendungen im Bereich
Papier/Verpackung
Baugewerbe, inkl. Fußboden, Wand und Decke
Elektronik
Maschinen- und Apparatebau
Fahrzeug, Luftfahrtindustrie
Textilindustrie
Klebebänder, Etiketten
Nachhaltigkeit

Charakterisierung
- Klebstoffeigenschaften
- Haftungstests
- Aushärtestudien
- Thermische und mechanische Analyse
- Bestimmung der Fliesseigenschaften mittels rheologischen Methoden
- Morphologie- und Oberflächenanalysen
- Plasmabehandlungen

Anwendungen
- Klebstoffentwicklungen
  - Formulierungen und Prozessoptimierungen von Füllstoffuntersuchungen
  - Latent-reaktive PU-Klebstoffe
  - Schrumpfverhalten von Epoxidklebstoffen
- Polymerentwicklungen
  - Pfropfreaktionen an Polymeren für verbesserte Adhäsion und Kompatibilitätsstudien
  - Thermoplastische Polymermischungen
  - Emulsionspolymerisationen
  - Analyse der Degradation von Polymeren
  - biobasierte Rohstoffe

INSTITUTE UND FORSCHUNGSEINRICHTUNGEN

Forschung und Entwicklung

Die Klebtechnik leistet wesentliche Beiträge zur Entwicklung innovativer Produkte und bietet der Industrie branchenübergreifend in allen Bereichen die Voraussetzung für die Erschließung neuer, zukunftsorientierter Märkte. Auch kleinen und mittelständischen Unternehmen wird durch Einsatz dieses Fügeverfahrens die Möglichkeit gegeben, sich ihrem Wettbewerb durch Schaffung innovativer Produkte zu stellen.

Um die Vorteile der Klebtechnik im Vergleich zu anderen Fügeverfahren erfolgreich nutzen zu können, muss der gesamte Prozess von Produktplanung über die Qualitätssicherung bis hin zur Mitarbeiterqualifizierung sachgerecht umgesetzt werden.

Dies lässt sich allerdings nur erreichen, wenn Forschung und Industrie eng zusammenarbeiten, sodass die Forschungsergebnisse zügig und unmittelbar in die Entwicklung innovativer Produkte und Produktionsprozesse einfließen können.

Im Folgenden sind alle bekannten Forschungsstellen bzw. Institute aufgeführt, die es sich zur Aufgabe gemacht haben, klebtechnische Probleme aus den verschiedensten Bereichen gemeinsam mit industriellen Partnern zu lösen.

Deutsches Institut für Bautechnik
Abteilung II – Gesundheits- und Umweltschutz
Kolonnenstraße 30 B
D-10829 Berlin

Kontakt:
Dipl.-Ing. Dirk Brandenburger MEM (UTS)
Telefon: +49 (0) 30 78730 232
E-Mail: dbr@dibt.de
www.dibt.de

FH Aachen - University of Applied Sciences
Klebtechnisches Labor
Goethestraße 1
D-52064 Aachen

Kontakt:
Prof. Dr.-Ing. Markus Schleser
Telefon: +49 (0) 241 6009 52385
E-Mail: schleser@fh-aachen.de
www.fh-aachen.de

Fogra Forschungsinstitut für
Medientechnologien e.V.
Einsteinring 1a
D-85609 Aschheim b. München

Kontakt:
Dr. Eduard Neufeld
Telefon: +49 (0) 89 43182 112
E-Mail: info@fogra.org
www.fogra.org

FOSTA Forschungsvereinigung
Stahlanwendung e.V.
Stahl-Zentrum, Sohnstraße 65
D-40237 Düsseldorf

Kontakt:
Dipl.-Ing. Rainer Salomon
Telefon: +49 (0) 211 30 29 76 06
E-Mail: rainer.salomon@stahlforschung.de
www.stahlforschung.de

Fraunhofer-Institut für Fertigungstechnik und Angewandte Materialforschung – IFAM
Wiener Straße 12
D-28359 Bremen

Kontakt:
Prof. Dr. Bernd Mayer
Telefon: +49 (0) 421 2246 419
E-Mail: bernd.mayer@ifam.fraunhofer.de
Prof. Dr. Andreas Groß
Telefon: +49 (0) 421 2246 437
E-Mail: andreas.gross@ifam.fraunhofer.de
www.ifam.fraunhofer.de

Fraunhofer-Institut für Holzforschung – Wilhelm-Klauditz-Institut – WKI
Riedenkamp 3
D-38108 Braunschweig

Kontakt:
M. Sc. Malte Mérono
Telefon: +49 (0) 531 2155 354
E-Mail: malte.merono@wki.fraunhofer.de
www.wki.fraunhofer.de

Fraunhofer-Institut für Werkstoff- und Strahltechnik – IWS
(Klebtechnikum an der TU Dresden, Institut für Fertigungstechnik,Professur für Laser- und Oberflächentechnik)
Winterbergstraße 28
D-01277 Dresden

Kontakt:
Dr.-Ing. Maurice Langer
Gruppenleiter Kleben und Faserverbundtechnik
Telefon: +49 (0) 351 83391 3852
E-Mail: maurice.langer@iws.fraunhofer.de
www.iws.fraunhofer.de

Fraunhofer-Institut für Zerstörungsfreie Prüfverfahren – IZFP
Campus E3.1
D-66123 Saarbrücken

Kontakt:
Prof. Dr.-Ing. Bernd Valeske
Telefon: +49 (0) 681 9302 3610
E-Mail: bernd.valeske@izfp.fraunhofer.de
www.izfp.fraunhofer.de

Johann Heinrich von Thünen Institut (vTI)
Bundesforschungsistitut für Ländliche Räume, Wald und Fischerei
Institut für Holzforschung
Leuschnerstraße 91
D-21031 Hamburg

Kontakt:
Prof. Doz. Dr. Habil. Gerald Koch
Telefon: +49 (0) 40 73962 410
E-Mail: gerald.koch@thuenen.de
www.thuenen.de/de/hf/

Hochschule München
Fakultät 05 – Verpackungstechnik
Lothstraße 34
D-80335 München

Kontakt:
Prof. Dr. Dirk Burth
Telefon: +49 (0) 89 1265 1558
E-Mail: dirk.burth@hm.edu
https://fk05.hm.edu/

Institut für Verfahrenstechnik Papier e.V. (IVP)
Schlederloh 15
D-82057 Icking

Kontakt:
Prof. Dr. Stephan Kleemann
Telefon: +49 (0) 89 1265 1668
E-Mail: kontakt@ivp.org
https://ivp.org/de

Hochschule für nachhaltige Entwicklung Eberswalde (FH)
Fachbereich Holzingenieurwesen
Schlickerstraße 5
D-16225 Eberswalde

Kontakt:
Prof. Dr.-Ing. Ulrich Schwarz
Telefon: +49 (0) 3334 657 374
E-Mail: ulrich.schwarz@hnee.de
www.hnee.de/holzingenieurwesen

IFF GmbH
Induktion, Fügetechnik, Fertigungstechnik
Gutenbergstraße 6
D-85737 Ismaning

Kontakt:
Prof. Dr.-Ing. Christian Lammel
Telefon: +49 (0) 89 9699 890
E-Mail: christian.lammel@iff-gmbh.de
www.iff-gmbh.de

ift Rosenheim GmbH
Institut für Fenstertechnik e.V.
Theodor-Gietl-Straße 7-9
D-83026 Rosenheim

Kontakt:
Prof. Jörn Peter Lass
Telefon: +49 (0) 80 31261 0
E-Mail: info@ift-rosenheim.de
www.ift-rosenheim.de

ihd – Institut für Holztechnologie Dresden GmbH
Zellescher Weg 24
D-01217 Dresden

Kontakt:
Dr. rer. nat. Steffen Tobisch
Telefon: +49 (0) 351 4662 257
E-Mail: steffen.tobisch@ihd-dresden.de
www.ihd-dresden.de

Georg-August-Universität Göttingen
Institut für Holzbiologie und Holzprodukte
Büsgenweg 4
D-37077 Göttingen

Kontakt:
Prof. Dr. Holger Militz
Telefon: +49 (0) 551 393541
E-Mail: holger.militz@uni-goettingen.de
www.uni-goettingen.de

Institut für Fertigungstechnik
Professur für Fügetechnik und Montage
TU Dresden
George-Bähr-Straße 3c
D-01069 Dresden

Kontakt:
Prof. Dr.-Ing. Hans Christian Schmale
Telefon: +49 (0) 351 46337 615
E-Mail: hans_christian.schmale@tu-dresden.de
https://tu-dresden.de/ing/maschinenwesen/if/fue

IVLV - Industrievereinigung für Lebensmitteltechnologie und Verpackung e.V.
Giggenhauser Straße 35
D-85354 Freising

Kontakt:
Dr.-Ing. Tobias Voigt
Telefon: +49 (0) 8161 491140
E-Mail: tobias.voigt@ivlv.org
www.ivlv.org

iwb - Institut für Werkzeugmaschinen und Betriebswissenschaften
Fakultät für Maschinenwesen - Themengruppe Füge- und Trenntechnik
Technische Universität München
Boltzmannstraße 15
D-85748 Garching b. München

Kontakt:
M.Sc. Christian Stadter
Telefon: +49 (89) 289 15505
E-Mail:christian.stadter@iwb.tum.de
www.mw.tum.de/iwb

Kompetenzzentrum Werkstoffe der Mikrotechnik
Universität Ulm
Albert-Einstein-Allee 47
D-89081 Ulm

Kontakt:
Prof. Dr. Hans-Jörg Fecht
Telefon: +49 (0) 731 50254 91
E-Mail: info@wmtech.de
www.wmtech.de

Leibniz-Institut für Polymerforschung Dresden e. V.
Hohe Straße 6
D-01069 Dresden

Kontakt:
Prof. Dr. Brigitte Voit
Telefon: +49 (0) 351 4658 590 591
E-Mail: voit@ipfdd.de
www.ipfdd.de

Naturwissenschaftliches und Medizinisches Institut an der Universität Tübingen
Markwiesenstraße 55
D-72770 Reutlingen

Kontakt:
Dr. Hanna Hartmann
Telefon: +49 (0)7121 51530 872
E-Mail: hanna.hartmann@nmi.de
www.nmi.de

ofi Österreichisches Forschungsinstitut für Chemie und Technik
Technische Kunststoffbauteile, Klebungen & Beschichtungen
Franz-Grill-Straße 1, Objekt 207
A-1030 Wien

Kontakt:
Ing. Martin Tonnhofer
Telefon: +43 (0)1798 16 01 201
E-Mail: martin.tonnhofer@ofi.at
www.ofi.at

Papiertechnische Stiftung PTS
Pirnaer Straße 37
D-01809 Heidenau

Kontakt:
Dr. Thorsten Voß
Telefon: +49 (0) 3529 551 783
E-Mail: info@ptspaper.de
www.ptspaper.de

Prüf- und Forschungsinstitut Pirmasens e.V.
Marie-Curie-Straße 19
D-66953 Pirmasens

Kontakt:
Dr. Kerstin Schulte
Telefon: +49 (0)6331 2490 33
E-Mail: info@pfi-germany.de
www.pfi-pirmasens.de

RWTH Aachen
ISF - Institut für Schweißtechnik und Fügetechnik
Pontstraße 49
D-52062 Aachen

Kontakt:
Prof. Dr. -Ing. Uwe Reisgen
Telefon: +49 (0) 241 80 93870
E-Mail: office@isf.rwth-aachen.de
www.isf.rwth-aachen.de

Technische Universität Berlin
Beschichtungstechnik im Institut für Werkzeugmaschinen und Fabrikbetrieb
Pascalstraße 8 - 9
D-10587 Berlin

Kontakt:
Prof. Dr.-Ing. habil. Christian Rupprecht
Telefon: +49 (0) 30 314 25176
E-Mail: rupprecht@tu-berlin.de
www.tu.berlin/fbt/

Technische Universität Braunschweig
Institut für Füge- und Schweißtechnik
Langer Kamp 8
D-38106 Braunschweig

Kontakt:
Univ.-Prof. Dr.-Ing. Prof. h.c. Klaus Dilger
Telefon: +49 (0) 531 391 95500
E-Mail: k.dilger@tu-braunschweig.de
www.ifs.tu-braunschweig.de

Technische Universität Kaiserslautern
Fachbereich Maschinenbau und Verfahrenstechnik
Arbeitsgruppe Werkstoff- und Oberflächentechnik Kaiserslautern (AWOK)
Gebäude 58, Raum 462
Erwin-Schrödinger-Straße
D-67663 Kaiserslautern

Kontakt:
Univ.-Prof. Dr.-Ing. Paul Ludwig Geiß
Telefon: +49 (0) 631 205 4117
E-Mail: geiss@mv.uni-kl.de
www.mv.uni-kl.de/awok

TechnologieCentrum Kleben
TC-Kleben GmbH
Carlstraße 54
D-52531 Übach-Palenberg

Kontakt:
Dipl.-Ing. Julian Band
Telefon: +49 (0) 2451 9712 00
E-Mail: post@tc-kleben.de
www.tc-kleben.de

Universität Kassel
Institut für Werkstofftechnik
Mönchebergerstraße 3
D-34125 Kassel

Kontakt:
Prof. Dr.-Ing. H.-P. Heim
Telefon: +49 (0) 561 80436 70
E-Mail: heim@uni-kassel.de
www.uni-kassel.de/maschinenbau

Universität Kassel
Fachgebiet Trennende und Fügende Fertigungverfahren
Kurt-Wolters-Straße 3
D-34125 Kassel

Kontakt:
Prof. Dr.-Ing. Prof. h.c. Stefan Böhm
Telefon: +49 (0) 561804 3236
E-Mail: s.boehm@uni-kassel.de
www.tff-kassel.de

Universität Paderborn
Laboratorium für Werkstoff- und Fügetechnik
Pohlweg 47-49
D-33098 Paderborn

Kontakt:
Prof. Dr.-Ing. Gerson Meschut
Telefon: +49 (0) 5251 603031
E-Mail: meschut@lwf.upb.de
www.lwf-paderborn.de

Wehrwissenschaftliches Institut für Werk- und Betriebsstoffe - WIWeB
Institutsweg 1
D-85435 Erding

Kontakt:
Telefon: +49 (0) 81 229590 0
E-Mail: wiweb@bundeswehr.org
www.bundeswehr.de/de/organisation/ausruestung-baainbw/organisation/wiweb

Westfälische Hochschule Abteilung Recklinghausen
Fachbereich Ingenieur- und Naturwissenschaften
Nachhaltige Organische Chemie und Polymere
August-Schmidt-Ring 10
D-45665 Recklinghausen

Kontakt:
Prof. Mark Steinmann
Telefon: +49 (0) 2361 915 456
E-Mail: mark.steinmann@w-hs.de

Industrieverband Klebstoffe e. V.

Innovationen erkleben

JAHRESBERICHT 2023/2024

Konjunkturbericht

Die wirtschaftliche Situation 2023 der deutschen Klebstoffindustrie

Die deutsche Klebstoffindustrie bewegt sich weiterhin in einem enorm herausfordernden Umfeld. Geopolitische Risiken wie der Krieg in der Ukraine und der Gaza-Konflikt, der Regulierungsdruck in Europa und ein anhaltender Fachkräftemangel belasten die Unternehmen stark – speziell in Deutschland. Bei einem erneuten Rückgang der Produktionsmengen um 9,2% konnten die Umsatzentwicklung bei Klebebändern um 2,5% gesteigert werden, die von Klebstoffen sank um 9,9%.

Prognose 2024

Der Ifo-Geschäftsklimaindex, der wichtigste Konjunkturindikator des Landes, zeigt, dass die Stimmung der Unternehmen in Deutschland sich tendenziell weiter verschlechtert. Er sank im Juni auf 88,6 Punkte, nach 89,3 Punkten im Mai. Die deutsche Wirtschaft tut sich schwer, die Stagnation zu überwinden. Mit Blick auf das verarbeitende Gewerbe wird für 2024 im Segment Transportmittel erneut ein Wachstum von 3,5 % prognostiziert. Das wichtige Bau-Segment, das jahrelang gutes Wachstum erzielen konnte und sich dann in 2023 rückläufig entwickelt hat, wird voraussichtlich stagnieren. Für die Bereiche Holz und Papier werden rückläufige Entwicklungen von –10,1% und – 4,4 % gegenüber Vorjahr prognostiziert.[1] Entsprechend ist die Unsicherheit über die weitere wirtschaftliche Entwicklung hoch. Im globalen Vergleich hinkt Europa und insbesondere Deutschland weiterhin hinterher.

Langfristig werden Megatrends wie E-Mobilität oder autonomes Fahren, Kommunikationstechnologien aber insbesondere auch die Transformation hin zur Klimaneutralität ein für die Klebstoffindustrie deutlich positiveres Marktumfeld schaffen und Innovationen vorantreiben.

Deutsche Klebstoffindustrie im europäischen und internationalen Wettbewerbsumfeld

Mit einem globalen Marktanteil von mehr ca. 19 % ist die deutsche Klebstoffindustrie Weltmarktführer, und auch in Europa belegt die Branche mit einem Klebstoffverbrauch von 29 % und einem Klebstoffproduktionsanteil von über 34 % jeweils die ersten Plätze.

Weltweit werden mit Kleb- und Dichtstoffen, Klebebändern und Systemprodukten jährlich etwa 63 Mrd. EUR (nicht wechselkursbereinigt) umgesetzt. Die überwiegend mittelständisch geprägte deutsche Klebstoffindustrie agiert international: Ein Großteil der Unternehmen produziert in Deutschland und exportiert weltweit; und darüber hinaus bedienen deutsche Klebstoffunternehmen die Weltmärkte aus ihren mehr als 250 lokalen Produktionsstandorten außerhalb Deutschlands.

Mit beiden Geschäftsmodellen generiert die deutsche Klebstoffindustrie weltweit jährlich einen Umsatz von knapp 14 Mrd. EUR. Der deutsche Markt hat dabei ein Umsatzvolumen von rund 4 Mrd. EUR/Jahr. Durch den Einsatz von „Klebstoffsystemen erdacht in Deutschland“ in fast allen produzierenden Industriebranchen und in der Bauwirtschaft generiert die Klebstoffindustrie eine indirekte Wertschöpfung von deutlich über 400 Mrd. EUR im Inland; weltweit beläuft sich die Wertschöpfung auf mehr als 1 Billion EUR. Diese starke Position resultiert unmittelbar aus innovativen technologischen Entwicklungen für ausnahmslos alle Schlüsselmarktsegmente und Anwendungsbereiche, für die die Klebstoffindustrie als Systempartner praxisorientierte und wertschöpfende Lösungen anbietet.

[1] Interne IVK-Statistik

Aus der Gremienarbeit

Mitgliederversammlung

Die Mitgliederversammlung 2024 fand am 24. Mai 2024 in Heidelberg statt. 151 Personen aus 73 Mitgliedsfirmen haben an der Veranstaltung teilgenommen.

Die Produktionsstatistik des IVK zeigt erstmalig seit langer Zeit einen deutlichen Rückgang der in Deutschland produzierten Menge um 9,2 % sowie eine Umsatzentwicklung von – 5,1 % (Inland – 5,7 %; Export – 4,2 %) gegenüber dem Vorjahr. Der globale Umsatz der Hersteller mit Zentrale in Deutschland sank um 4,2 % im Vergleich zum Vorjahr. Auch die Zahl der Mitarbeitenden sank sowohl weltweit als auch in Deutschland um 1,5 bzw. 2,7 %

Sowohl die Markt- als auch die Geschäftslage werden in Q1 2024 nur noch von knapp 10 % der Mitgliedsfirmen als positiv eingestuft (in Österreich, Schweiz und Niederlande 15 %). Auch die Umsätze sind nur für 25 % der Befragten zufriedenstellend. Insgesamt ist die Stimmungslage auf einem niedrigen Niveau, aber die Mitgliedsunternehmen hoffen auf Verbesserung der Lage im Laufe des Jahres 2024. Die Verfügbarkeit der Rohstoffe wird überwiegend mit gut bewertet.

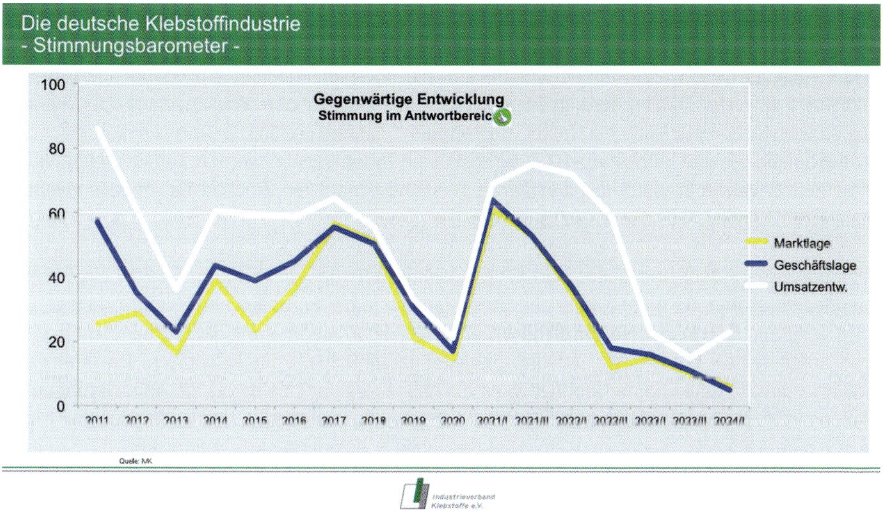

Die Arbeit des Industrieverbands Klebstoffe im Service für seine Mitglieder konzentriert sich schwerpunktmäßig und im Wesentlichen auf die Themenschwerpunkte:

- Technik
- Nachhaltigkeit
- Öffentlichkeitsarbeit

und

- Zukunftsinitiativen

Technische Themen genießen im Industrieverband Klebstoffe weiterhin höchste Priorität, weil eine gemeinsame Bearbeitung und Implementierung insbesondere gesetzlicher Anforderungen an die Unternehmen für den Erfolg der Branche wesentliche Bedeutung haben. Das gilt für die Themen REACH, Kennzeichnung (GHS/CLP), Biozide, Normung, Nachhaltigkeit sowie Merkblätter, Seminare und Tagungen sowie Kontakte zu Kundenorganisationen.

Die Technischen Kommissionen des Verbands haben mehr als 60 Publikationen (Merkblätter, Berichte, Informationsblätter) veröffentlicht, welche eine wichtige und renommierte Informationsquelle für die Kunden der Klebstoffindustrie bilden. Viele sind auch in englischer Sprache verfügbar. Die Merkblätter werden ständig aktualisiert und an den Stand der Technik angepasst. Die Publikationen sind kostenlos abrufbar unter: https://www.klebstoffe.com/informationen/merkblaetter/

Kommunikation und Öffentlichkeitsarbeit des Verbands haben unverändert hohe und wichtige Bedeutung. Die durch den Beirat für Öffentlichkeit initiierten **Presseinformationen** stoßen wie in den Vorjahren auf hohe Resonanz, wobei der IVK in allen Bereichen (Fachpresse, Mass Media, Internet, Social Media) gut aufgestellt ist. Die Auswertung der IVK-Homepage zeigt, dass die Webseite durchgehend gut besucht wird.

Die diesjährige Printausgabe **„Kleben fürs Leben"** – erstellt in Kooperation mit den Klebstoffverbänden aus Österreich und der Schweiz – wurde pünktlich zur Jahrestagung fertiggestellt. In dieser Ausgabe wird wieder einmal der Blick in die unterschiedlichen Anwendungsgebiete der Klebstoffe geworfen. Ob im Bereich Lifestyle, Technologie, Wohnen, Wissenschaft oder Alltag – Klebstoffe waren und sind ein fester Bestandteil unseres Lebens. Durch sie können neue Produktionsideen und Innovationen häufig erst in die Tat umgesetzt werden. Auf Recyclingpapier klimaneutral gedruckt, setzt die diesjährige Ausgabe erneut ein Zeichen für einen umweltbewussteren Umgang mit unseren Ressourcen.

Mit dem Green Deal und seinen 50 Gesetzesinitiativen hat die EU-Kommission ein weitreichendes Programm für mehr Klima- und Umweltschutz in der Europäischen Union vorgelegt. Der 2018 berufene **Beirat für Nachhaltigkeit** gestaltet die Positionierung des Verbands in diesem breit aufgestellten Themenfeld mit und begleitet fachinhaltlich die Aktivitäten. Die Klebstoffindustrie sieht in dem Thema Nachhaltigkeit ein neues Regelungsfeld, das die Anforderungen an Klebungen in den nächsten Jahrzehnten erheblich beeinflussen wird. Auch die Verbraucher legen immer mehr Wert auf Nachhaltigkeit, so dass der PCF (Product Carbon Footprint) für sie eine wichtige Entscheidungshilfe für den Einkauf darstellen kann. Der IVK setzt sich deshalb dafür ein, dass die Unternehmen der Klebstoffindustrie den PCF harmonisiert und mit wenig Aufwand ermitteln können, um zukünftigen gesetzlichen Anforderungen und auch den Forderungen aus der Lieferkette gerecht zu werden. Ein PCF-Berechnungstool wird in Kooperation mit Afera (Verband der europäischen Klebebandhersteller) erarbeitet, mit dem alle Mitglieder beider Verbände in die Lage versetzt werden sollen, harmonisiert PCF-Werte für ihre Klebstoffe und Klebebänder berechnen zu können. Das Tool soll bis spätestens Februar 2025 fertig gestellt werden – angestrebt wird jedoch eine Fertigstellung noch Ende 2024.

Der Industrieverband Klebstoffe hat zusammen mit der IESE Business School, University of Navarra, ein **Online-Nachhaltigkeitstraining** entwickelt und allen Mitarbeiterinnen und Mitarbeitern der Mitgliedsfirmen in deutscher und englischer Sprache im März 2024 kostenlos zur Verfügung gestellt. Es richtet sich an wirklich alle Mitarbeitenden – ganz egal ob aus Produktion, Marketing, Buchhaltung, Personalabteilung, F&E oder andere. In ca. 4 Stunden und insgesamt 6 Modulen kann man erfahren, was Nachhaltigkeit bedeutet, welchen positiven Einfluss unser Handeln haben kann – sowohl im beruflichen als auch im privaten Umfeld – und warum jetzt der richtige Zeitpunkt ist, damit zu beginnen. Das Training vermittelt ein grundlegendes Verständnis für unterschiedlichste Themenbereiche wie die Berichtspflichten zur Nachhaltigkeit, die auf viele Unternehmen zukommen. Man kann in seinem eigenen Tempo lernen und das Training jederzeit pausieren und zu einem späteren Zeitpunkt fortsetzen. Nach erfolgreichem Abschluss wird ein personalisiertes Zertifikat zum Download bereitgestellt.

Auch das Engagement in der **Normung** unterstreicht die europäische bzw. globale Leitfunktion des Industrieverbands Klebstoffe auf technischer Ebene. Über die IVK-Normenkompetenzplattform konnten wichtige deutsche Industriestandards international platziert und realisiert werden, die zunehmend mehr Beachtung im Rahmen der Globalisierung der Klebstoffabnehmermärkte finden.

Auch das Thema Zirkuläre Wirtschaft (Circular Economy – CE) spielt im Rahmen des Green Deals der Europäischen Kommission eine wichtige Rolle. Dementsprechend nimmt dieses Thema auch in der europäischen Normung stark an Bedeutung zu. In vielen nationalen und internationalen Normungsgremien tauchen leider immer wieder CE-Normungsvorhaben auf, die das Klebeverfahren diskriminieren. Der Industrieverband Klebstoffe erarbeitet zurzeit eine **Strategie zum Umgang mit Normen mit Bezug zur Kreislaufwirtschaft.**

Synthetische Polymermikropartikel (SPM) wurden mit der Verordnung (EU) 2023/2055 am 27. September 2023 in den Anhang XVII der REACH-Verordnung aufgenommen und unterliegen damit der Beschränkung. Die Beschränkung verbietet das Inverkehrbringen von synthetischen Polymermikropartikeln als solche und von Gemischen, in denen synthetische Polymermikropartikel in Konzentrationen von mindestens 0,01 Gew.-% vorhanden sind, um ihnen eine gewünschte Eigenschaft zu geben. Unter der SPM-Definition fallen u. a. Dispersionen, Faserarmierte und vergütete zementäre Produkte, Abstandshalter/Spacer, Schmelzklebstoff-Granulate (< 5 mm) oder Microballoons (Tapes). Der Industrieverband Klebstoffe e.V. (IVK) hat, in Kooperation mit der Deutschen Bauchemie e.V. (DBC) und dem Verband der deutschen Lack- und Druckfarbenindustrie e.V. (VdL) **Hinweise und Hilfestellungen zur Umsetzung der Beschränkung von synthetischen Polymermikropartikeln** veröffentlicht (https://www.klebstoffe.com/wp-content/uploads/2023/11/DBC_IVK_VdL_Leitfaden_SPM.pdf). Der gemeinsame Leitfaden soll betroffene Hersteller von bauchemischen Produkten, Dichtstoffen, Klebstoffen und Klebebändern sowie Farben, Lacken und Druckfarben dabei unterstützen, die von der SPM-Beschränkung betroffenen Rohstoffe und Produkte zu identifizieren, notwendige Pflichten abzuleiten und deren Umsetzung rechtzeitig vorzubereiten.

Die Muster-EPDs (Muster-Umwelterklärungen für Bauklebstoffe) und die dazugehörigen Leitfäden sind auf der IVK-Homepage unter https://www.klebstoffe.com/epd-nachhaltigkeit/ veröffentlicht.

Die ursprünglich nationalen Leitfäden wurden zwischenzeitlich auf einen europäischen Standard gehoben, durch IBU zertifiziert und als europäische Muster-EPDs ebenfalls im FEICA-Internetportal veröffentlicht. Diese Dokumente werden überwiegend in Europa anerkannt; teilweise jedoch unter Anforderung weiterer nationaler Daten.

Seit dem 24. August 2023 dürfen Diisocyanate mit einem Anteil ab 0,1 % (w/w) nicht mehr gewerblich oder industriell verwendet werden, es sei denn es wird eine Schulung zur „sicheren Verwendung von Diisocyanaten" erfolgreich abgeschlossen und mindestens alle 5 Jahre wiederholt. Die Beschränkung geht auf die Veröffentlichung eines Rechtsakts zur Anpassung der REACH-Verordnung von August 2020 zurück. Die entsprechende Schulung steht auf der PU-Schulungsplattform safeusediisocyanates.eu zur Verfügung. Weitere detaillierte Informationen finden Sie auf https://www.klebstoffe.com/diisocyanate/.

Darüber hinaus gibt es eine Fülle von Themen und Projekten, die der Verband und seine Gremien im Rahmen eines bedarfsorientierten Service-Portfolios aktiv bearbeiten. Hierzu gehören unter anderem weitere Themen mit Bezug zu Entwicklungen in der EU-Gesetzgebung (Green Deal, Chemikaliengesetzgebung etc.), Projekte im Bereich der Normung sowie Informationskampagnen an die Mitglieder zu verschiedenen Themenfeldern.

Seit der letzten Mitgliederversammlung 2023 sind die nachstehend genannten Firmen dem Industrieverband Klebstoffe beigetreten:

- Adchem GmbH
- ADEKA Europe GmbH
- AKEMI chemisch Technische Spezialfabrik GmbH
- HOBUM Oleochemicals GmbH
- ISGATEC GmbH
- Weber & Schaer GmbH & Co. KG

Nach dem Beitritt dieser 6 Firmen hat der Industrieverband Klebstoffe derzeit 147 Mitglieder, davon sind 120 ordentliche, 18 assoziierte und 9 außerordentliche.

Nachhaltigkeit

Der Gedanke der Nachhaltigkeit beeinflusst unser Handeln in allen Bereichen des Lebens. Dies betrifft nicht zuletzt auch den Einsatz der Klebtechnik. Nachhaltigkeit steht für eine zukunftsfähige, anhaltende Entwicklung, die nicht nur auf das Erfüllen momentaner Bedürfnisse ausgerichtet ist, sondern gleichzeitig die Möglichkeiten künftiger Generationen erhält. Dabei gilt es, ökologische, ökonomische und soziale Faktoren zu berücksichtigen.

Der „Green Deal" der Europäischen Kommission umfasst unterschiedlichste ambitionierte Klimaschutzmaßnahmen - alle mit dem Ziel, Europa bis 2050 zum ersten klimaneutralen Kontinent zu entwickeln. Konkret wirken sich momentan die Chemikalienstrategie für Nachhaltigkeit, der Aktionsplan Kreislaufwirtschaft, sowie die Ausweitung der Sorgfalts- und Nachhaltigkeitsberichtspflichten auf die Klebstoffindustrie aus. Die Revision der CLP-Verordnung ist abgeschlossen und die Veröffentlichung steht kurz bevor. Sie wird mit neuen Gefahrenklassen, strengeren Labelling-Vorgaben, Regeln für multi-konstituenten Stoffe und einigen weiteren Anforderungen eine Vielzahl an Herausforderungen für die deutsche Klebstoffindustrie mit sich bringen. Die REACH-Revision wurde bereits mehrfach verschoben und die Auswirkungen auf unsere Industrie sind weiterhin unklar. Unter dem Aktionsplan Kreislaufwirtschaft bringt vor allem die neue Ökodesignverordnung neue Nachhaltigkeitsanforderungen, wie z. B. den Digitalen Produktpass, mit sich. Zusätzlich wird in Zukunft durch die Green Claims Richtlinie Marketingstrategien basierend auf Umweltaussagen eingeschränkt und Anforderungen zur Beweislegung der Aussagen vorangebracht. Der Industrieverband Klebstoffe arbeitet aktiv über den europäischen Klebstoffverband FEICA und den VCI an diesen Themen mit und informiert seine Mitglieder. Unterstützt wird die Geschäftsstelle dabei vom Beirat für Nachhaltigkeit und - da es sich häufig um technische Fragestellungen handelt - auch vom Technischen Ausschuss und von den Technischen Kommissionen.

Die Netto-Emissionen an Klimagasen in der EU auf null zu reduzieren ist ein zentrales Ziel des European Green Deals. Der IVK unterstützt dieses Ziel - Klebstoffe leisten hier bereits einen wichtigen Beitrag. In diesem Zusammenhang gewinnt der Product Carbon Footprint (PCF) zunehmend an Bedeutung. Der PCF beschreibt die Menge der Treibhausgas-Emissionen, die von einem Produkt in seinen verschiedenen Lebenszyklusphasen verursacht wird. Klebstoffe tragen zwar nur einen geringen Anteil zum PCF des Endprodukts bei, dennoch sollte auch hier die Ambition bestehen, Emissionen zu reduzieren. Der IVK hat bereits 2014 typische PCF-Werte für gängige Klebstoffsysteme in Wertebändern zusammengefasst, die bisher in einer Vielzahl von Berechnungen zum Einsatz kamen. Diese Wertebänder werden in absehbarer Zeit nicht mehr ausreichen, da die Kunden der Klebstoffindustrie spezifische Informationen ihrer vorgeschalteten Lieferanten benötigen, um die CO_2-Fußabdrücke ihrer eigenen Produkte genauer berechnen zu können. Der IVK setzt sich dafür ein, dass die Unternehmen der Klebstoffindustrie den PCF harmonisiert und mit wenig Aufwand ermitteln können, um zukünftigen gesetzlichen Anforderungen und auch den Forderungen aus der Lieferkette gerecht zu werden. Ein PCF-Berechnungstool wird in Kooperation mit Afera (Verband der europäischen Klebebandhersteller) erarbeitet, mit dem alle Mitglieder beider Verbände in die Lage versetzt werden sollen, harmonisiert PCF-Werte für ihre Klebstoffe und Klebebänder berechnen zu können. Voraussichtlich Anfang 2025 wird das Tool für die Mitglieder der Verbände nutzbar sein.

Die verantwortungsvolle Nutzung von Ressourcen ist auch eine Grundanforderung in der EU-Bauproduktenverordnung, die Gebäude und damit auch Bauklebstoffe betrifft. Der Bereich Bauen und Gebäude verursacht einen großen Teil der Treibhausgasemissionen und des Energieverbrauchs. Eine Voraussetzung für nachhaltige Entwicklung ist die genaue Analyse der Umweltwirkungen der verwendeten Bauprodukte, wie sie Ökobilanzen darstellen. Eine Umweltproduktdeklaration (Environmental Product Declaration, EPD) ist eine standardisierte Methode zur Beschreibung der Ökobilanz eines Bauprodukts. Klebstoffe werden in einer solchen Vielzahl von Anwendungen und Formulierungen in Gebäuden eingesetzt, dass sich die Erstellung von einzelnen, produktspezifischen EPDs schon aus Kostengründen verbietet. Es wurde daher ein System von Muster-EPDs entwickelt, die jeweils bestimmte Formulierungen und Anwendungen abdecken und in denen für das Produkt mit der höchsten Umweltbelastung die Umweltwirkungen angegeben werden. Die Muster-EPDs dürfen von allen Mitgliedern des IVK verwendet werden: https://www.klebstoffe.com/epd-nachhaltigkeit/.

All diese Aspekte werden fachkundig vom IVK-Beirat für Nachhaltigkeit und weiteren Gremien wie dem Technischen Ausschuss oder den Technischen Kommissionen begleitet.

In Zusammenarbeit mit der IESE Business School hat der IVK ein Online-Nachhaltigkeitstraining entwickelt, welches allen Mitarbeiterinnen und Mitarbeitern der Mitgliedsfirmen in deutscher und englischer Sprache kostenlos zur Verfügung steht. Den Teilnahmelink erhalten Mitglieder auf Anfrage über die IVK-Geschäftsstelle. In einem ca. 4-stündigen Kurs wird vermittelt, was Nachhaltigkeit bedeutet und welchen positiven Einfluss unser Handeln haben kann. Bei erfolgreichem Abschluss des Trainings wird ein Zertifikat ausgegeben.

Auf Vorschlag des Vorstands und mit der Zustimmung der Mitgliederversammlung hat der IVK eine wissenschaftliche Studie mit dem Titel „Kreislaufwirtschaft und Klebtechnik" am Fraunhofer-Institut IFAM unterstützt, die Mitte 2020 fertiggestellt wurde. Die Ausarbeitung der Studie wurde vom Technischen Ausschuss und vom Beirat für Nachhaltigkeit begleitet. Die Studie steht für Sie zum kostenfreien Download bereit: https://www.ifam.fraunhofer.de/de/Presse/Kreislaufwirtschaft-Klebtechnik.html (deutschsprachige Version) und https://www.ifam.fraunhofer.de/en/Press_Releases/adhesive_bonding_circular_economy.html (englischsprachige Version).

Die IVK-Geschäftsführung sieht in dem Thema Nachhaltigkeit ein Regelungsfeld, das die Anforderungen an Klebungen in den nächsten Jahrzehnten erheblich beeinflussen wird.

Leitfaden „Kleben – aber richtig"

Eine belastbare Klebung herzustellen, bedeutet mehr als nur den richtigen Klebstoff auszuwählen. So sind beispielsweise Werkstoffeigenschaften, Oberflächenbehandlung, ein klebgerechtes Design oder der Nachweis der Gebrauchssicherheit wichtige Parameter, über die es zu entscheiden gilt. Der Industrieverband Klebstoffe hat in Zusammenarbeit mit dem Fraunhofer Institut IFAM den interaktiven Leitfaden „Kleben – aber richtig" entwickelt. Er ist für Handwerks- bzw. Industriebetriebe konzipiert, die zusätzliche Informationen rund um die Klebtechnik benötigen.

Der Einsatz von Klebstoffen ist heutzutage so vielfältig, dass es Klebstoffherstellern kaum mehr möglich ist, alle und vor allem die speziellen Einsatzgebiete in den Datenblättern zu berücksichtigen. Mit dem Leitfaden „Kleben - aber richtig" haben der Industrieverband Klebstoffe und das Fraunhofer Institut IFAM eine praktische Hilfestellung für Handwerks- und Industriebetriebe entwickelt, die grundlegende oder Zusatzinformationen benötigen. Planung, Entwicklung und Fertigung eines fiktiven Produktes werden Schritt für Schritt erläutert und damit alle Stufen der Planungs- sowie der Fertigungsphase systematisch berücksichtigt. Die Durchführung aller erforderlichen Prozessschritte und die Einhaltung der korrekten Reihenfolge bedeuten an sich schon ein nicht zu unterschätzendes Maß an Qualitätssicherung - hierfür ist der interaktive Leitfaden ein geeignetes Instrumentarium. Der Leitfaden beinhaltet ebenfalls ein Glossar und eine Suchfunktion; damit sind die wichtigsten Punkte des praktischen Einsatzes der Klebtechnik abgedeckt.

Der Leitfaden kann kostenlos und interaktiv im Internetportal des Industrieverband Klebstoffe genutzt werden: http://leitfaden.klebstoffe.com

Der Leitfaden liegt auch als englischsprachige Version „Adhesive Bonding - the Right Way" vor: http://onlineguide.klebstoffe.com

Vorstand

Der Vorstand des Industrieverbands Klebstoffe spiegelt in seiner personellen Zusammensetzung die im Markt vorhandene Unternehmensstruktur der deutschen Klebstoffindustrie - bestehend aus kleinen, mittelständischen und multinational operierenden Firmen - wider. Darüber hinaus garantiert die ausgewogene personelle Besetzung ein optimales Maß an Kern- und Fachkompetenzen im Hinblick auf die für die Klebstoffindustrie wichtigen Schlüsselmarktsegmente.

Das prioritäre Ziel des Vorstands des IVK ist, die Struktur des Verbands und seiner Gremien kontinuierlich und zeitnah neuen politischen, ökonomischen und technologischen Rand- bzw. Rahmenbedingungen anzupassen, um damit eine stets effizient arbeitende Organisation und einen maximalen Nutzen für die deutsche Klebstoffindustrie zu gewährleisten.

Die fachliche Diskussion und Einschätzung von wirtschaftlichen, politischen und technologischen Trends in den verschiedenen Schlüsselmarktsegmenten der Klebstoffindustrie gehören ebenso wie die Beobachtung und Analyse der Aktivitäten der zahlreichen kaufmännischen und technischen Gremien des Verbands zum integralen Aufgabenprofil des obersten Leitungsgremiums des Verbands.

Der Industrieverband Klebstoffe gilt als die unangefochtene Kompetenzplattform der Klebtechnik. Das Fundament für diese erfolgreiche Positionierung sind zum einen die Verbindungen des Industrieverbands Klebstoffe zum Verband der chemischen Industrie (VCI) und seinen Fachverbänden und darüber hinaus ein strategisch und fachinhaltlich hocheffizientes 360°-Kompetenznetzwerk zu allen relevanten Systempartnern, wissenschaftlichen Einrichtungen, Spitzenverbänden von Industrie und Handwerk, Berufsgenossenschaften, Verbraucherorganisationen sowie zu Veranstaltern von Messen/Fortbildungsveranstaltungen/Kongressen. Damit wird jedes einzelne Element entlang der gesamten Wertschöpfungskette „Kleben“ abgebildet.

Im Rahmen der vom Vorstand entwickelten Strategie einer qualifizierten Markterweiterung begleitet der Industrieverband Klebstoffe aktiv die verschiedenen wissenschaftlichen Forschungsarbeiten auf dem Gebiet der Klebtechnik. Diese systematische Forschung ist primär interdisziplinär geprägt, d. h. konkret, dass naturwissenschaftliches Wissen mit ingenieurswissenschaftlichen Erkenntnissen verbunden wird, um damit praxisorientierte Forschungsergebnisse zu generieren. Im Ergebnis hat dieser interdisziplinäre Forschungsansatz dazu geführt, dass die Klebtechnik heute kalkulierbar ist und seinen festen Platz als zuverlässige Verbindungstechnologie in den Ingenieurwissenschaften hat. Die Klebtechnik gilt zu Recht und unangefochten als die Schlüsseltechnologie des 21. Jahrhunderts.

Als Gründungsmitglied der ProcessNet-Fachgruppe Klebtechnik unter dem Dach der DECHEMA und des Gemeinschaftsausschuss Kleben (GAK) steht der Industrieverband Klebstoffe im regelmäßigen Kontakt zu allen relevanten Forschungseinrichtungen und Forschungsinstitutionen der Bereiche Stahl-, Holz- und Automobilforschung, mit denen er gemeinsam öffentlich geförderte wissenschaftliche Forschungsprojekte auf dem Gebiet der Klebtechnik begutachtet und fachinhaltlich begleitet. Im Rahmen dieser Kooperation kann und konnte der Industrieverband Klebstoffe wichtige Forschungsprojekte erfolgreich platzieren, von deren Ergebnissen insbesondere die im Verband organisierten Klebstoffunternehmen maßgeblich profitieren. Die bewilligten Projektskizzen, aber auch die dazu gehörigen Forschungsergebnisse, werden regelmäßig im Rahmen des jährlich stattfindenden DECHEMA-„Kolloquium: Gemeinsame Forschung in der Klebtechnik“ präsentiert.

Das vom Industrieverband Klebstoffe finanziell und inhaltlich stark forcierte Personalqualifizierungsprogramm des Fraunhofer IFAM in Bremen hat sich zwischenzeitlich zu einer festen und anerkannten Bildungseinrichtung entwickelt. Zunehmend mehr Klebstoffverarbeiter sehen die – durchaus messbaren – Vorteile einer Qualifizierung ihrer Mitarbeiter im Umgang mit technisch anspruchsvollen Klebstoffsystemen; so werden klebtechnische Anwendungen bei der Herstellung von Schienenfahrzeugen ausschließlich durch entsprechend qualifiziertes Personal durchgeführt. Die Klebstoffindustrie selbst profitiert in jedweder Hinsicht von kompetenten Systempartnern.

Das Personalqualifizierungsprogramm ergänzend wurde zwischenzeitlich – von den Fachgremien des Verbands begleitet – eine DIN-Norm zur Sicherstellung der Qualität bei der Herstellung lastübertragender/struktureller Klebverbindungen für definierte Sicherheitsbereiche erarbeitet und veröffentlicht. Diese Norm wird derzeit im Rahmen eines ISO-Normenprojekts internationalisiert.

Die Strategie des Vorstands, das Personalqualifizierungsprogramm auch im europäischen und internationalen Wettbewerbsumfeld zu positionieren, ist damit voll aufgegangen. Nachdem die vom Fraunhofer IFAM entwickelten Lehrinhalte der verschiedenen Ausbildungsstufen (Klebpraktiker, Klebfachkraft, Klebfachingenieur) mit der finanziellen Unterstützung des Verbands u. a. in Englisch und Chinesisch übersetzt und den verschiedenen europäischen und international geltenden Standards angepasst wurden, finden nunmehr regelmäßig Ausbildungskurse zur Klebfachkraft in Polen, Tschechien, der Türkei, den USA, China und Südafrika statt. Bis heute haben die Bremer Wissenschaftler auf nationaler, europäischer und globaler Ebene mehr als 15.500 Klebpraktiker, -fachkräfte und Klebfachingenieure ausgebildet.

Mit der Entwicklung dieser weltweit gültigen Ausbildungsstandards und der Implementierung eines adäquaten Ausbildungssystems auf einer globalen Ebene hat der Vorstand des Industrieverbands Klebstoffe ein weiteres wichtiges Zeichen zur Dokumentation der Schlüsselposition der deutschen Klebstoffindustrie im internationalen Wettbewerbsumfeld gesetzt.

Ebenso wichtig wie die solide Ausbildung bzw. die klebtechnische Qualifizierung von Klebstoffverarbeitern ist für den Vorstand auch eine fundierte Ausbildung von Schülern und Schülerinnen im Rahmen der Unterrichtsfächer Chemie, Technik oder Materialkunde. In diesem Zusammenhang wurde die Informationsserie „Die Kunst des Klebens" gemeinsam mit Experten des Industrieverbands Klebstoffe, des Fonds der Chemischen Industrie und Didaktikern fachinhaltlich und didaktisch grundlegend überarbeitet. Dieses Lehrmaterial steht deutschlandweit fast 20.000 Chemielehrer:innen zur Verfügung.

Vor dem Hintergrund der von der deutschen Bundesregierung beschlossenen und auf den Weg gebrachten Initiative „Digitalisierung des schulischen Unterrichts" hat der Vorstand beschlossen, die Unterrichtsserie „Die Kunst des Klebens" zu digitalisieren und mit anderen Informationsmaterialien des Verbandes (E-Paper Berufsbilder, Imagefilm, Klebstoff-Leitfaden, Klebstoffmagazin, etc.) zu verknüpfen. Für dieses Projekt hat der Industrieverband Klebstoffe mit dem Hagemann Bildungsmedienverlag einen fachlich kompetenten Kooperationspartner gefunden, mit dem die Digitalisierung des Unterrichtsmaterials umgesetzt wurde. Den Fachpädagog:innen steht damit ein Instrument zur Verfügung, das den neuen Vorgaben für einen digitalen, berufsbezogenen Unterricht entspricht.

Die Klebstoffindustrie ist damit eine der ersten Chemiebranchen, die ein solches „Digitalpaket" anbietet, und es erhöht die Chance, das Thema „Kleben/Klebstoff" in dieser Form in den schulischen Unterricht zu platzieren. Seit Beginn des Schuljahres 2018/2019 steht dieses Material den Schulen offiziell zur Verfügung. Das digitale Angebot wurde insbesondere auch in der ersten Phase der COVID-19-Pandemie, in der alle Schulen geschlossen waren und der Unterricht digital stattgefunden hat, vielfach heruntergeladen und von Lehrerinnen und Lehrern aber auch von Eltern fürs sogenannte „Homeschooling" genutzt. Das Material steht weiterhin zum kostenlosen Download zur Verfügung: www.klebstoffe.com/informationen/unterrichtsmaterialien/.

Über dieses Unterrichtsmaterial hinaus hat der Industrieverband Klebstoffe in Kooperation mit dem Medieninstitut der Länder (FWU) zwei Lehr-DVDs für den Einsatz im Unterricht konzipiert und realisiert. Die Lehr-DVD „Grundlagen des Klebens" wurde für den Einsatz im Unterricht an allgemeinbildenden und Berufsschulen konzipiert, „Kleben in Industrie und Handwerk" beschreibt konkrete Anwendungen von Klebstoffen für verschiedene Materialkombinationen in der Praxis und eignet sich besonders für den Einsatz im Technik- oder Materialkundeunterricht an berufsbildenden Schulen. Beide Bildungsmedien bestehen aus verschiedenen Filmen, Animationssequenzen, interaktiven Lernzielkontrollen sowie umfangreichem Informationsmaterial für Lehrer und Schüler. Die Lehr-DVDs können über die Mediathek der FWU im Internet abgerufen werden – www.fwu.de.

Das Thema „Kleben im Unterricht" wird in den regelmäßig stattfindenden Lehrerseminaren des Verbands der Chemischen Industrie vertieft. Auch auf der technischen Ebene übernimmt der Industrieverband Klebstoffe in einem immer stärkeren Maß eine europäische bzw. globale Leitfunktion.

Dies gilt sehr aktuell für die gemeinsam vom Vorstand und dem Technischen Ausschuss konzeptionell erarbeitete Normenkompetenz-Plattform im Industrieverband Klebstoffe. Hinter diesem Projekt stand und steht die Zielsetzung, über das ohnedies starke und erfolgreiche Engagement des deutschen Klebstoffverbands in der europäischen Normung (CEN) hinaus auch aktiv in das internationale Normungsgeschehen auf der ISO-Ebene einzugreifen. Die treibenden Faktoren für diese Initiative waren zum einen die zunehmende Zahl von ISO-Normen für Klebstoffe, die zunehmend mehr Beachtung im Rahmen der Globalisierung der Märkte finden. Zum anderen verfolgt der Vorstand – perspektivisch betrachtet – das Ziel, für die Klebstoffindustrie wichtige deutsche Industriestandards weltweit zu etablieren. Über die Normenkompetenz-Plattform des Verbands konnten wichtige Normenprojekte aus den Bereichen Bodenbelag- und Holzklebstoffe und für lasttragende Klebverbindungen international platziert und realisiert werden. Darüber hinaus konnten für die Mitgliedsunternehmen wichtige Informationen über zukünftige Entwicklungen in der Elektronikindustrie und das Anforderungsprofil für entsprechend benötigte Klebstoffe generiert werden.

Der Industrieverband Klebstoffe hat auch die Leitung des europäischen Normungsprojekts „Mandatierte Belagsklebstoff-Normung" sowie die des europäischen Normensekretariates „Holz- und Holzwerkstoffe" übernommen,

Letzterer sichert die spezifischen Interessen der deutschen Klebstoffindustrie im komplex geregelten Markt für Brettschichtholzprodukte für lasttragende Anwendungen.

Der „Green Deal" der Europäischen Kommission umfasst unterschiedlichste ambitionierte Klimaschutzmaßnahmen – alle mit dem Ziel, Europa bis 2050 zum ersten klimaneutralen Kontinent zu entwickeln. Konkret wirken sich momentan die Chemikalienstrategie für Nachhaltigkeit und der Aktionsplan Kreislaufwirtschaft auf die Klebstoffindustrie aus. Aus diesem Grund wurde auf Initiative des Vorstands der Beirat für Nachhaltigkeit gegründet, der diese komplexen Themenstellungen fachinhaltlich für die deutsche Klebstoffindustrie bearbeitet. Darüber hinaus wurde in enger Abstimmung mit dem Beirat für Öffentlichkeitsarbeit eine „Kommunikationsstrategie Nachhaltigkeit" entwickelt, deren Ziel es ist, die Vorteile und das Potenzial der Klebtechnik als Teil der Lösung zur Nachhaltigkeit darzustellen.

Die aktive Beteiligung des Industrieverbands Klebstoffe und seiner Mitglieder an global wichtigen Konferenzen unterstreicht die international herausragende Position der deutschen Klebstoffindustrie. Dies gilt insbesondere für die alle 4 Jahre stattfindenden Welt-Klebstoff-Konferenzen (World Adhesives Conference, WAC). Die für April 2020 geplante WAC in Chicago, USA, wurde Pandemie-bedingt um zwei Jahre verschoben und fand im April 2022 mit Rekordteilnehmerzahl statt. Das Thema Nachhaltigkeit kam in nahezu allen Sessions zur Sprache und auch der IVK war mit einem Vortrag vertreten und hat dargestellt, wie Klebstoffe die Kreislaufwirtschaft unterstützen. Die WAC2026 wird vom 16. bis 18. September in London stattfinden.

In den regelmäßig stattfindenden Dialogen mit US-amerikanischen und asiatischen Klebstofforganisationen wird immer deutlicher, dass der deutschen Klebstoffindustrie sowohl die Rolle des globalen Technologieführers als auch die einer leitenden Kompetenzplattform in punkto „Responsible Care®“ und Sustainable Development respektvoll zugesprochen wird. Die deutsche Klebstoffindustrie hat schon vor vielen Jahren in Abstimmung mit ihren Systempartnern damit begonnen, bereits im Vorfeld gesetzlicher Regelungen, praxisnahe Konzepte für einen adäquaten Umwelt-, Arbeits- und Verbraucherschutz zu entwickeln und diese – entsprechend der strategischen Vorgaben des Vorstandes – erfolgreich zu implementieren. Mit der Entkopplung des Lösemittelverbrauchs von der Klebstoffproduktion, mit der erfolgreichen Platzierung des EMICODE® und des GISCODE-Systems und mit Muster-EPDs wird die deutsche Klebstoffindustrie ihrer Verantwortung gegenüber der Umwelt und gegenüber ihren Kunden entlang der Wertschöpfungskette im vollen Umfang gerecht – und sie ist damit weltweit führend.

Mit den Initiativen zum freiwilligen Verzicht des Einsatzes von Lösungsmitteln bei Parkettklebstoffen sowie Phthalaten im Bereich Papier-/Verpackungsklebstoffe und mit der Informations-Serie „Klebstoffe im lebensmittelnahen Bereich“ hat der Industrieverband Klebstoffe zum wiederholten Mal neue Maßstäbe in den Bereichen Arbeits-, Umwelt- und Verbrauchersicherheit gesetzt.

Ein ausgewogenes Verhältnis von Technologieführerschaft und sozialer Kompetenz ist für den Vorstand des Industrieverbands Klebstoffe ein wesentlicher Schlüssel für die erfolgreiche und glaubwürdige Positionierung der Industrie. Diese Positionierung sichert dem Verband jederzeit verlässliche und wichtige Informationen, beispielsweise über zukünftige Ausrichtungen von Gesetzesvorhaben, und für die Verbandsmitglieder bietet sich – perspektivisch betrachtet – die Chance mit Produkten, die den Anforderungen von Umwelt-, Arbeits- und Verbraucherschutz gerecht werden, in Europa und darüber hinaus auch weltweit neue Märkte zu erschließen.

Die Mitglieder des Vorstands werten die stetig steigende Zahl an Teilnehmern an den verschiedenen Veranstaltungen des Industrieverbands Klebstoffe sowie die Aufnahme von vielen neuen Mitgliedsunternehmen in den letzten Jahren als einen überzeugenden Indikator dafür, dass der Industrieverband Klebstoffe e.V. richtig positioniert ist, für seine Mitglieder nutzenstiftende Arbeit mit einer ausgeprägten Praxisrelevanz leistet und damit für die Klebstoffindustrie insgesamt einen hohen Grad an Attraktivität besitzt.

Technischer Ausschuss (TA)

In seinen Sitzungen hat der Technische Ausschuss (TA) auch in den Jahren 2023/2024 die fachspezifischen Arbeiten der Technischen Kommissionen, der Unterausschüsse und der ad-hoc-Gremien aufgenommen, eingehend diskutiert und Szenarien für die gesamte Klebstoffindustrie erarbeitet. Zusätzlich wurden zahlreiche fachübergreifende Themenfelder nach Abstimmung im TA durch entsprechende Verbandsaktivitäten proaktiv mitgestaltet.

Ein besonderer Schwerpunkt der Arbeiten des TA war und ist weiterhin das Thema **Green Deal der Europäischen Kommission (EU KOM).** Im genannten Berichtszeitraum wurden Teile des Green Deal weiter vorangetrieben, wie z. B. die sog. „Packaging & Packaging Waste Regulation" (PPWR). Andere Arbeitsfelder wie die Überarbeitung von REACH wurden seitens der EU KOM zurückgestellt. Unter dem Dach des Green Deals gibt es verschiedene Maßnahmen, die dazu führen sollen, dass der Wirtschaftsraum der Europäischen Union (EU) bis im Jahr 2050 komplett klimaneutral wird.

Im Rahmen dieser Initiativen wird die Klebstoffindustrie am stärksten von zwei übergeordneten Themengebieten betroffen sein:

- Aktionsplan Kreislaufwirtschaft (Circular Economy Action Plan, CEAP)
- Chemikalienstrategie für Nachhaltigkeit (Chemical Strategy for Sustainability, CSS) den Clean Air and Water Action Plans (A zero pollution Europe)

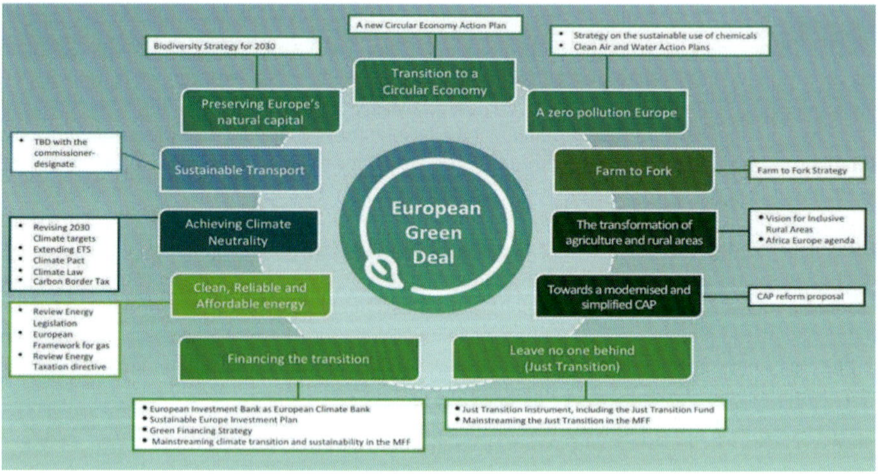

Aktionsplan Kreislaufwirtschaft – Circular Economy Action Plan (CEAP)

Bei dem **Circular Economy Action Plan (CEAP)** handelt es sich um ein Maßnahmenpaket mit dem Ziel, einen starken und kohärenten Rahmen zu schaffen, durch den nachhaltige Produkte, Dienstleistungen und Geschäftsmodelle zur Norm werden. Das Verbraucherverhalten soll in einer Weise geändert werden, dass idealerweise kein Abfall mehr erzeugt wird bzw. der Abfall nach dem Durchlaufen von Recyclingverfahren wiederverwendet werden kann. Der Schwerpunkt des CEAP liegt auf Produktgruppen „Elektronik", „Informations- und Kommunikationstechnologien", „Batterien und Fahrzeuge", „Verpackungen", „Kunststoffe", „Bauwirtschaft und Gebäude", „Lebensmittel", „Wasser und Nährstoffe" sowie „Textilien".

Darüber hinaus sollen auch „Möbel" sowie Zwischenprodukte mit hohen Umweltauswirkungen wie „Stahl", „Zement" und „Chemikalien" in Betracht gezogen werden. Der CEAP bietet auch die Grundlagen, um die seit 2009 in Kraft getretene **Ökodesign-Richtlinie** auf ein möglichst breites Produktspektrum auszuweiten.

Im März 2022 wurde von der EU KOM ein **Entwurf** für eine **neue Ökodesign-Rahmenverordnung** vorgestellt sowie ein **Arbeitsplan 2022 – 2024 „Ecodesign and Energy labelling"** veröffentlicht. Demnach würden neue Regelungen für annähernd alle physischen Produkte möglich sein. Die bisherige Beschränkung auf energieverbrauchsrelevante Massenprodukte wird ebenso entfallen wie die meisten generellen Ausnahmen, z. B. für Transportmittel. Produkte sind im Entwurf sehr allgemein definiert, auch Stoffe und Zubereitungen sowie Zwischenprodukte sind unter der zukünftigen Verordnung regelbar. Weitere Neuerungen sind die Einführung eines digitalen Produktpasses (engl. Digital Product Passport, DPP), weitreichender Informations- und Kennzeichnungspflichten sowie einer Berichtspflicht über die Entsorgung nicht verkaufter Konsumgüter. Die beabsichtigten Anforderungen an konkrete Produkte werden neben dem jetzigen Schwerpunkt Energieverbrauch vor allem die Nachhaltigkeit betreffen.

Dabei richtet sich das Augenmerk auf:
- Verbesserung der Haltbarkeit, Wiederverwendbarkeit, Nachrüstbarkeit und Reparierbarkeit, Umgang mit dem Vorhandensein gefährlicher Chemikalien sowie Steigerung der Energie- und Ressourceneffizienz
- Erhöhung des Rezyklatanteils ohne bei Produktleistungen und -sicherheit Kompromisse zu machen
- Ermöglichung der Wiederaufarbeitung und eines Recyclings hin zu höheren Wertschöpfungsstufen (sog. „Up-cycling")
- Verringerung des CO_2- und des ökologischen Fußabdrucks
- Beschränkung von Einmalprodukten und Maßnahmen gegen vorzeitige Produktalterung
- Verbot der Vernichtung unverkaufter, nicht verderblicher Waren
- „Produkte als Dienstleistung", wie z. B. Leasing von Geräten, bei denen der Hersteller Eigentümer des Produkts bleibt oder die Verantwortung für dessen Leistung während des gesamten Lebenszyklus übernimmt
- Digitalisierung von Produktinformationen, wie z. B. digitale Produktpässe, Markierungen und Wasserzeichen
- Auszeichnung von Produkten auf der Grundlage ihrer jeweiligen Nachhaltigkeitsleistung

Der Klebstoffverband hat eine Studie beim F**raunhofer-Institut für Fertigungstechnik und Angewandte Materialforschung (IFAM)** in Auftrag gegeben, um die Rolle der Klebtechnik im Kontext der Kreislaufwirtschaft und Ökobilanzierungen zu bestimmen. Dabei konnte gezeigt werden, dass der nachhaltige Umgang mit Ressourcen bei der Herstellung, Nutzung und Entsorgung eines Produktes durch die politischen Rahmenbedingungen bestimmt und auch innerhalb der Gesellschaft gefordert wird. Instrumente zur Umsetzung sind beispielsweise langlebige Konstruktionen, Instandhaltung, Sanierung, Reparaturfähigkeit, Wiederverwendung, Wiederaufarbeitung und -verwertung. In der Industrie sind deshalb Materialentwicklungen und Verbindungstechnologien zur Vermeidung einer rein linearen Wertschöpfungskette unerlässlich. Damit nehmen Verklebungen eine Schlüsselposition ein, da sie wie keine andere Fügemethode nahezu unbegrenzte Fähigkeiten bietet, unterschiedliche Materialien miteinander zu verbinden. Der Technische Ausschuss hat die **Studie „Kreislaufwirtschaft und Klebtechnik“** inhaltlich mit begleitet.

Ein besonderes Augenmerk richtete der TA auf die Frage nach der Recyclingfähigkeit von Verpackungen, die Klebstoffe enthalten und restentleert in die Abfallströme gelangen. Hierbei spielten vor allem solche Produkte eine Rolle, die nach dem Mindeststandard für die Bemessung der Recyclingfähigkeit von systembeteiligungspflichtigen Verpackungen (gemäß §21, Abs. 3 VerpackG) als „unverträglich“ gelten. Der Austausch mit Firmen der Abfallwiederverwertung und Unternehmen, die Optionen wie das „Mechanische“ oder „Chemische Recycling“ verfolgen, zeigte, dass Stand heute insbesondere Produkte in Kartuschen nahezu ausschließlich einer „Thermischen Verwertung“ zugeführt werden. In Zusammenarbeit mit dem Verband „Deutsche Bauchemie“ und Industriepartnern soll nun evaluiert werden, welche Möglichkeiten es zum Sammeln, Reinigen und Wiederverwerten solcher Kartuschen gibt. Hierbei müssen sowohl noch zahlreiche technische als auch kommerzielle Fragestellungen geklärt werden.

Chemikalienstrategie für Nachhaltigkeit – Chemical Strategy for Sustainability (CSS)

Die **Chemicals Strategy for Sustainability (CSS)** umfasst zahlreiche gesetzgeberische und andere regulative Maßnahmen. Ihre Umsetzung erfordert eine sehr hohe Transparenz an (Produkt-)Daten. Vermutlich wird die Implementierung der CSS zu einer deutlichen Einschränkung der Vielfalt an verfügbaren Chemikalien führen.

Neben der Revision von **REACH,** der Registrierung, Bewertung, Zulassung und Beschränkung von Chemikalien (engl. **R**egistration, **E**valuation, **A**uthorisation and Restriction of **Ch**emicals) ist die Überarbeitung von **CLP** ein weiterer Pfeiler des CSS. Aufgrund der Europawahl im Juni 2024 und den sich daraus möglicherweise ergebenden Änderungen in der Zusammensetzung des Europäischen Parlaments sowie der EU KOM, wurde die ursprünglich für Ende 2023 avisierte REACH-Revision verschoben. Es ist davon auszugehen, dass mit dem Zustandekommen einer neuen EU KOM im Herbst 2024 das Thema wieder aufgenommen und fortgeführt wird. Hinsichtlich der CLP hat der EU-Parlament im April 2024 seine Zustimmung erteilt. Der finale Prozess zur Erstellung des Rechtstexts wird im letzten Quartal 2024 erwartet.

Hinzu kommt die Einführung neuer Begrifflichkeiten, wie:

- **„Essential Use"**
  Die Definition des Begriffes „Essential Use" hat ihren Ursprung im „Montreal-Abkommen" zu ozonschädigenden Stoffen und beinhaltet die Verwendung von Stoffen, bei denen eine Notwendigkeit zum Erhalt der Gesundheit, der Sicherheit oder für das Funktionieren der Gesellschaft gegeben sein muss und bei denen keine Alternativen zur Verfügung stehen.
- **„Safe and Sustainable by Design" (SSbD)**
  Das Vorgehen im Rahmen des SSbD soll dafür sorgen, dass gefährliche Stoffe in Produkten und Herstellungsverfahren weitestgehend ersetzt werden.
  Gerade im Bereich der Verpackungsindustrie (Verpackung von Lebensmitteln), bei Textilien und Erzeugnissen der Elektronik bzw. Informationstechnologie kommt dem SSbD eine besondere Bedeutung zu.
- **„One Substance, One Assessment" (dt. „Ein Stoff, eine Bewertung")**
  Mit diesem Konzept soll die aktuell vorherrschende Risikobewertung und das Risikomanagement desselben Stoffes im Hinblick auf den Zeitpunkt seiner Untersuchung, den Einsatz/Verwendung des Stoffes und die zur Verfügung gestellten Daten vereinheitlicht werden. So soll ausgeschlossen werden, dass aufgrund unterschiedlicher Bewertungsparameter voneinander abweichende Risikobewertungen desselben Stoffes zustande kommen.

Insgesamt soll das gesamte Chemikalienrecht damit wesentlich gefahrenbasierter ausgerichtet werden. Die bisherige Vorgehensweise einer Risikobewertung, d.h. einer Beurteilung der Wahrscheinlichkeit, dass es bei einer Exposition eines Stoffes zu einem Schaden kommt, hin zu einer reinen Gefahrenbewertung, stellt einen Paradigmenwechsel dar.

Die auf den ersten Blick pragmatisch erscheinende Veränderung in der Bewertung von Chemikalien kann in der Praxis zu einer transformatorischen Änderung in der Verfügbarkeit von Stoffen führen. Von einer erheblichen Einschränkung ist – nach dem aktuellen Stand der Diskussionen – auszugehen.

REACH-Revision

Die **REACH-Revision** beinhaltet neue Anforderungen zur Bereitstellung von Informationen und Daten, die chemische Stoffe betreffen.

Als ausgewählte Beispiele sind hier die neue Notwendigkeit zur Registrierung von Polymeren, die Einstufung als krebserzeugender Stoff unabhängig von der Konzentration, Stoffsicherheitsberichte auch für 1-10 t/a-Stoffe sowie die Ermittlung des ökologischen Fußabdrucks von Stoffen zu nennen.

Unter der Änderung von REACH sollen nachfolgende Themen ausführlicher diskutiert werden:
- Essential Use
- **S**afe and **S**ustainable **b**y **D**esign (SSbD)
- **G**eneric Approach to **R**isk **A**ssessment (GRA)
- **M**ixture **A**llocation **F**actor (MAF)
- **P**olymers **R**equiring **R**egistration (PRR)

Essential Use

Die EU-Kommission hat im April 2024 ihre **Mitteilung: „Leitkriterien und Grundsätze für das Konzept der wesentlichen Verwendung in EU-Rechtsvorschriften, die Chemikalien betreffen“** veröffentlicht. Sie führt die folgenden Kriterien für die Identifizierung wesentlicher Verwendungen ein:

„Die Verwendung eines besonders schädlichen Stoffes ist für die Gesellschaft wesentlich, wenn die beiden folgenden Kriterien erfüllt sind:

1) Ihre Verwendung ist für die Gesundheit oder Sicherheit erforderlich oder für das Funktionieren der Gesellschaft kritisch

und

2) es gibt keine tragbaren Alternativen.

Außerdem informiert sie über ihre grundsätzlichen Überlegungen zu den Zielen und der Anwendung dieser Kriterien, ergänzt durch Erläuterungen der Kriterien-Elemente.

Die Mitteilung hat zunächst keine direkte bindende Wirkung in Bezug auf konkrete Chemikaliengesetze. Diese würde erst durch eine Bezugnahme auf die Definition in den jeweiligen Rechtssetzungen entstehen und zusätzliche Regelungen erfordern, u. a. in welchen Fällen die Definition von wem wie sowie mit welchen Rechtsfolgen angewandt werden soll.

Die Kommissionsmitteilung trifft außerdem keine konkreten Aussagen zum Zusammenwirken der Definition der wesentlichen Verwendung mit anderen Konzepten der EU-Chemikalienstrategie, wie z. B. dem generischen Ansatz für das Risikomanagement („GRA“) und möglichen Zielkonflikten mit anderen „Green Deal“-Bausteinen (z. B. Klimaschutz, strategische Autonomie).

Es bleibt damit einerseits Spielraum für Konkretisierungen des Anwendungsbereichs. Andererseits äußert sich die Kommission nicht zu Folgen/Impact und den für die Praxis entscheidenden Fragen (Verfahren, Akteure, Einrichtungen) und ebnet dennoch den Weg für eine Bezugnahme auf die Rahmenmitteilung. Besonders in Kombination mit dem „generischen Ansatz zum Risikomanagement“ (GRA) wird das „Essential Use“-Konzept eine wichtige Rolle für die weitere Verwendung von Chemikalien spielen.

Safe and Sustainable by Design (SSbD)

SSbD ist ein übergreifendes Konzept, das die Sicherheit als integralen Bestandteil der Nachhaltigkeit umfassen soll. Dabei handelt es sich um einen Steuerungsmechanismus für Innovationen mit zu erfüllenden Mindestanforderungen. Als ein auf Gefahreneigenschaften basierender Ansatz sollen so in Zukunft Chemikalien, Materialien und Produkte, die als gefährlich oder umweltschädlich eingestuft wurden, nicht länger hergestellt und in Verkehr gebracht werden.

Langfristiges Ziel ist es, das Konzept als Leitprinzip entlang der gesamten Entwicklungsketten in Schlüsselsektoren der Wirtschaft (z. B. Landwirtschaft, Fertigung, Verkehr) anzuwenden. Die SSbD-Kriterien werden sich auch auf Forschung & Entwicklung der Unternehmen der chemisch-pharmazeutischen Industrie auswirken.

SSbD könnte in Form freiwilliger Leitprinzipien mit entsprechendem Selbstmonitoring oder als Gesetz eingeführt werden. VCI und IVK plädieren für freiwillige Leitprinzipien. Welche Bedeutung SSbD und Essential Use im Kontext der Taxonomie-Verordnung haben wird, ist aktuell schwer abschätzbar.

Generic Approach to Risk Assessment (GRA)

Im bisherigen Risiko-Ansatz unter REACH werden die jeweiligen Risiken je nach Verwendung des Stoffes betrachtet.

Eine Ausnahme bildet REACH Art. 68, Absatz 2, der Verwendungsverbote allein aufgrund von CMR-Eigenschaften (CMR, Carcinogenic, Mutagenic, Toxic for Reproduction) ermöglicht. Diese Ausnahme findet allerdings nur bei CMR-Stoffen der Kategorien 1A und 1B Anwendung, da sie sich auf private Endverbraucher beziehen.

Beim **GRA** sind die intrinsischen Eigenschaften von Stoffen ausschlaggebend für regulatorische Maßnahmen, wie z. B. Verwendungsverbote. Eine Risikobewertung findet nicht statt, auch wenn unter bestimmten Bedingungen eine sichere Verwendung möglich wäre.

Im Rahmen der Chemikalienstrategie für Nachhaltigkeit (CSS) soll die Anwendung des Generischen Risikomanagements jetzt in zwei Richtungen ausgeweitet werden:

(a) Anwendung des Ansatzes von derzeit CMR Kat. 1A/1B zunächst zusätzlich auf endokrin wirkende Stoffe und Stoffe mit PBT- und vPvB-Eigenschaften (PBT = Persistent-bioakkumulativ-toxisch, vPvB = sehr persistent, sehr bioakkumulativ). In einem zweiten Schritt erfolgt eine Prüfung einer Ausweitung auf atemwegssensibilisierende, immuno- und neurotoxische Stoffe sowie auf Stoffe mit spezifischer Zielorgan-Toxizität (STOT).

(b) Ausweitung des GRA von Produkten für den privaten Endverbraucher auf Produkte für die Verwendung im gewerblichen Bereich.
Begründet wird dies von der EU KOM damit, dass gewerbliche Verwender im Vergleich zu industriellen Verwendern nicht dem gleichen Risikomanagement unterliegen, die Produkte aber im Vergleich zum privaten Verbraucher häufiger anwenden.

VCI und IVK fordern, dass sichere Verwendungen nicht verboten werden. Spezifische Risikobewertungen müssen für proportionale Entscheidungen über Beschränkungen erforderlich bleiben. Der risikobasierte Ansatz darf nicht durch einen gefahrenbasierten Ansatz ersetzt werden. Professionelle Verwendungen unterscheiden sich zudem von Verbraucherverwendungen insbesondere durch die Ausbildung der gewerblich Beschäftigten und durch umfassende Arbeitsschutzkonzepte. Pauschale Verbote sind aus Sicht des VCI und IVK dementsprechend nicht zielführend.

Der TA unterstützt bei diesen Themen sowohl auf europäischer Ebene die FEICA als auch auf nationaler Ebene den VCI durch eine intensive Mitarbeit in den jeweiligen Fachgremien und technischen Arbeitsgruppen.

Mixture Allocation Factor (MAF)

Eine weitere Maßnahme, die auch im „Chemicals Strategy for Sustainability Action Plan“ der EU KOM enthalten ist, betrifft die Einführung eines sogenannten **Mixture Allocation Factor (MAF).**

Unter REACH werden aktuell alle Stoffe in Gemischen gemäß den Expositionsabschätzungen in den Expositionsszenarien „sicher verwendet“. Eine „sichere Verwendung“ ist dann gegeben, wenn der sogenannte RCR-Wert (RCR = Risk Characterisation Ratio) kleiner 1 ist. Der RCR ist immer dann kleiner 1, wenn die zu erwartende Exposition kleiner ist, als die Konzentration, bei der gerade noch kein adverser Effekt auf den Menschen bzw. die Umwelt zu erwarten ist („Wirkschwelle“ Mensch bzw. Umwelt).

Seitens der EU KOM und verschiedener Mitgliedsstaaten besteht die Besorgnis, dass sich die Einzelsubstanzen in unbeabsichtigten Gemischen gegenseitig beeinflussen und in ihrer Wirkung verstärken können. Es wurde deshalb vorgeschlagen, REACH dahingehend zu ändern, dass bei der Bewertung des Risikos eines einzelnen Stoffes ein MAF eingeführt wird, mit dem der RCR-Wert zu multiplizieren ist.

Mit der Einführung eines allgemeinen (generischen) MAF würden insbesondere Gemische wesentlich risikoträchtiger als bislang eingestuft, da die RCR-Werte aller Stoffe im Gemisch jeweils mit dem MAF multipliziert würden. Damit das Gemisch auch weiterhin als sicher gilt, müssen alle RCR-Werte im Gemisch kleiner 1 sein.

Wenn der berechnete RCR-Wert eines Stoffes in einem Gemisch durch einen MAF größer als 1 wird, kann der Hersteller/REACH-Registrant dieses Stoffes im Rahmen des REACH-Registrierungsdossiers mittels folgender Verfahren (einzeln oder in Kombination) versuchen, den RCR-Wert wieder auf unter 1 zu bringen. So kann der Registrant entweder komplexere, verfeinerte Rechenmethoden verwenden, die zulässige Konzentration im Gemisch beschränken, die Umgangsdauer verkürzen oder zusätzliche Risikomanagementmaßnahmen einführen. Gelingt es nicht, den RCR-Wert wieder unter 1 zu bringen, muss der Hersteller von der Verwendung abraten.

Klebrohstoffe, welche unter Berücksichtigung eines MAF die REACH-Sicherheitsbewertung nicht mehr bestehen, dürfen dann möglicherweise in Klebstoffen nicht mehr verwendet werden. Das heißt, Klebstoffhersteller wären mit ihren Klebstoffformulierungen insbesondere durch Verwendungsbeschränkungen von Klebrohstoffen (seitens der Rohstoffhersteller) oder deren möglicher Wegfall in besonderer Weise betroffen.

VCI- und IVK-Position ist, dass bei dem derzeitigen Risikomanagement seltene Kombinationswirkungen bereits durch konservative Ansätze berücksichtigt werden. Außerdem ist ein Impact Assessment bezüglich der Auswirkungen eines MAF dringend notwendig.

Polymers Requiring Registration (PRR)

Ein weiteres REACH-Thema ist die **Polymerregistrierung** unter REACH. Derzeit sind unter REACH die Monomere zu registrieren – und nicht die Polymere. Gemäß Art. 138 Abs. 2 der REACH-Verordnung kann die EU KOM jedoch unter definierten Bedingungen Gesetzesvorschläge zur Registrierung bestimmter Polymertypen vorlegen.

Ende 2018 hatte die EU KOM die Beratungsfirmen Wood und Peter Fisk Associates (PFA) mit der Erstellung einer Studie beauftragt. Auf Basis der Studie erfolgt seitdem eine Diskussion im CARACAL (Competent Authorities for REACH and CLP) bzw. in der CARACAL Subgroup („CASG Polymers"), wie diese Polymerregistrierung umgesetzt werden könnte. Eine Beurteilung, welchen Einfluss die PRR haben könnte, wurde von der EU KOM noch nicht veröffentlicht.

Mit einer Polymerregistrierung werden Formulierer zu Registranten von Polymeren, wenn sie diese selbst herstellen oder chemisch modifizieren oder aus nicht EU-27 Mitgliedsstaaten importieren.

Der Gesamteindruck der aktuellen Entwicklung ist nicht sehr positiv. Es gibt viele gut ausgearbeitete, praxisorientierte Vorschläge der Industrie. Auf Behördenseite werden jedoch derzeit nahezu alle Vorschläge abgelehnt, die nicht dem Verfahren für Stoffe unter REACH entsprechen; die Mitgliedsstaaten erwarten ein „Schutzniveau" wie bei Stoffen.

Im Fokus der IVK-Aktivitäten stehen vor allem Erleichterung für „Polymeric Precursors", also polymere Vorstufen, die zur Fertigung von Erzeugnissen abreagieren und in einem industriellen Umfeld verwendet werden. Hierzu wurden zahlreiche Beispiele seitens EPDLA, VCI und IVK erarbeitet (PUR-HM, Epoxy-Amin-Addukte, nachvernetzende Acrylate). In der aktuellen Diskussion um Polymeric Precursors sieht der EU KOM-Vorschlag vor, Polymeric Precursors mit der Bedingung „strictly controlled conditions" (SCC) zu verknüpfen, wie sie bei Zwischenprodukten, wie z. B. Phosgen, eingehalten werden müssen. Die Industrieverbände schlagen stattdessen vor, für den Umgang mit Polymeric Precursors „adequately controlled conditions" zu definieren und damit die SCC zu ersetzen.

Die Polymerregistrierung soll für alle Polymere > 1 t/a gelten. Zudem sollen alle Polymere (auch jene, die nicht registriert werden müssen) einer Verpflichtung zur Notifizierung unterliegen, welche ihrerseits bereits sehr umfangreiche Informationen verlangt.

Wie der tatsächliche Gesetzesvorschlag der neuen Kommission aussehen wird, ist derzeit völlig offen.

Environmental Product Declarations (EPDs)

Ein weiteres TA-Projekt ist die Erarbeitungen von **Muster-EPDs** für Bereiche der Bauwirtschaft. Diese Arbeiten wurden notwendig, nachdem seit 2011 die EU-Bauproduktenverordnung den Einsatz „nachhaltiger" Produkte verlangt, wobei die Nachhaltigkeit der Produkte durch EPDs nachgewiesen werden muss. Diese gesetzlich geforderten EPDs umfassen eingehende Analysen und Dokumentationen, z. B. über den CO_2-Verbrauch bei der Herstellung, Energieverbräuche, Ressourcenabbau, Ökobilanzen, Lebenszyklusanalysen, etc. Die Erarbeitung solcher EPDs ist mit einem enormen Arbeits- und Kostenaufwand verbunden, so dass sich für diesen Bereich eine Branchenlösung anbietet. Die deutschen EPDs wurden fertig gestellt und im Rahmen der FEICA auch anderen europäischen Ländern zur Übernahme angeboten.

Die EPDs müssen alle 5 Jahre überarbeitet werden. Die im Rahmen der Aktualisierung entstandenen FEICA-EPDs gelten derzeit für Polyurethanklebstoffe, SMP (silanmodifizierte Polymere) und Dispersionsklebstoffe. Weitere EPDs für Epoxidharze, Silikone und modifizierte mineralische Mörtel stehen kurz vor der Veröffentlichung.

Eine Analyse der überarbeiteten Version der EN 15804 „Nachhaltigkeit von Bauwerken - Umweltproduktdeklarationen - Grundregeln für die Produktkategorie Bauprodukte" ergab folgendes Bild:

- Da die FEICA-Model-EPDs auf Gewichtseinheiten basieren, sind sie von veränderten Regeln für Funktionseinheiten nicht betroffen.
- Die FEICA-Model-EPDs erfüllen die Anforderungen der Ausnahmeregel. Das heißt, Use Phase (Modul C) und End-of-life Phase (Modul D) müssen nicht berücksichtigt werden, transport on-site und Installation (A4 und A5) sind in den aktuellen EPDs enthalten.
- Umweltindikatoren: Die FEICA-Model-EPDs basieren auf den Umweltindikatoren GWP (Global Warming Potential), ADPF (Abiotic depletion potential fossil) und POCP (photochemical ozone creation potential), die die Basis für die Einzelsubstanzbewertung bilden. Die Gültigkeit dieser pragmatischen Ableitung muss ggf. verteidigt werden, zumal im Rahmen der Überarbeitung der EN 15804 „Tox-Kriterien" zusätzlich eingeführt werden sollen.

Mikroplastik – Synthetische Polymermikropartikel (SPM)

Synthetische Polymermikropartikel (SPM) wurden mit der Verordnung (EU) 2023/2055 am 27. September 2023 in Anhang XVII der REACH-Verordnung aufgenommen und unterliegen damit einer Beschränkung. Anlass für die Beschränkung waren Bedenken hinsichtlich der allgemeinen Auswirkungen von Mikroplastik auf die Umwelt und möglicherweise auf die menschliche Gesundheit. Die Beschränkung zielt darauf ab, den Umwelt-Eintrag von primärem Mikroplastik einzugrenzen.

Die Beschränkung verbietet das Inverkehrbringen von synthetischen Polymermikropartikeln als solche und von Gemischen, in denen synthetische Polymermikropartikel in Konzentrationen von mindestens 0,01 Gew.-% vorhanden sind, um eine gewünschte Eigenschaft zu verleihen.

Synthetische Polymermikropartikel bezeichnet dabei Partikel, bei denen eine der folgenden Bedingungen erfüllt sein muss, um im Geltungsbereich der Beschränkung zu liegen:

- das Partikel beinhaltet mindestens 1 Gew.-% Polymere oder
- das Partikel besitzt eine kontinuierliche Polymer-Oberflächenbeschichtung

Zusätzlich muss bei mindestens 1 Gew.-% der oben genannten Polymerpartikel eine der folgenden Größenanforderungen erfüllt sein:

- alle Dimensionen der Partikel sind gleich oder kleiner als 5 mm
- Länge der Partikel ist höchstens 15 mm und das Verhältnis von Länge zu Durchmesser ist größer als 3

Der Industrieverband Klebstoffe e.V. (IVK) zusammen mit der Deutsche Bauchemie e.V. (DBC) und dem Verband der deutschen Lack- und Druckfarbenindustrie e.V. (VdL) hat **Hinweise und Hilfestellungen zur Umsetzung der Beschränkung von synthetischen Polymermikropartikeln** veröffentlicht (https://www.klebstoffe.com/wp-content/uploads/2023/11/DBC_IVK_VdL_Leitfaden_SPM.pdf). Der gemeinsame Leitfaden soll betroffene Hersteller von bauchemischen Produkten, Dichtstoffen, Klebstoffen und Klebebändern sowie Farben, Lacken und Druckfarben dabei unterstützen, die von der SPM-Beschränkung betroffenen Rohstoffe und Produkte zu identifizieren, notwendige Pflichten abzuleiten und deren Umsetzung rechtzeitig vorzubereiten.

Die Anwendungen in den genannten Branchen unterliegen in der Regel bestimmten Ausnahmen, so dass die Produkte, auch wenn sie der REACH-Beschränkung unterliegen, weiterhin hergestellt, vertrieben und verwendet werden können. Hersteller und nachgeschaltete industrielle Anwender haben allerdings gewisse Pflichten zu beachten. So müssen sie ihren Kunden spätestens bis zum 17. Oktober 2025 Anweisungen für die Verwendung und Entsorgung zur Verfügung stellen, in denen erläutert wird, wie die Freisetzung von Polymermikropartikel in die Umwelt verhindert werden kann. Weiterhin müssen sie spätestens bis zum 31. Mai 2027 und von da an jährlich zum 31. Mai festgelegte Informationen an die Europäische Chemikalienagentur (ECHA) übermitteln.

REACH-Beschränkung von Diisocyanaten

Die REACH-Beschränkung von Diisocyanaten, mit dem Ziel, Atemwegssensibilisierungen durch Diisocyanate zu vermeiden und somit den gewerblichen bzw. industriellen Arbeitsschutz zu verbessern, hat die EU KOM den Anhang XVII der REACH-Verordnung (EG) (neue Nr. 74) mit der Verordnung (EU) 2020/1149 geändert, welche am 24. August 2020 in Kraft getreten ist. Nach dem 24. August 2023 dürfen Diisocyanate weder als Stoff noch als Bestandteil in anderen Stoffen oder Gemischen industriell oder gewerblich verwendet werden, es sei denn, (a) die Konzentration von Diisocyanaten einzeln und in Kombination beträgt weniger als 0,1 Gewichtsprozent oder (b) der Arbeitgeber oder Selbstständige stellt sicher, dass industrielle oder gewerbliche Anwender vor der Verwendung des Stoffes oder Gemisches erfolgreich eine Schulung zur sicheren Verwendung von Diisocyanaten abgeschlossen haben. Konsumentenprodukte werden von dieser Verordnung nicht erfasst. Der Arbeitgeber dokumentiert die Bescheinigungen oder Nachweise über den erfolgreichen Abschluss einer Schulung. Die Schulung muss mindestens alle fünf Jahre wiederholt werden. Der Lieferant des Stoffes oder Gemisches ist dafür verantwortlich, dass der Arbeitgeber und Selbstständige von der Schulungsverpflichtung Kenntnis hat. Zu diesem Zweck stellt der Lieferant ab dem 24. Februar 2022 sicher, dass auf der Verpackung die folgende Erklärung deutlich von den übrigen Angaben auf dem Etikett unterscheidbar angebracht ist: „Ab dem 24. August 2023 muss vor der industriellen oder gewerblichen Verwendung eine angemessene Schulung erfolgen."

Bezüglich der Schulung hat sich FEICA einer gemeinsamen Industrieinitiative verschiedener Downstream-User-Verbände unter der Führung von ISOPA/ALIPA angeschlossen. Die Schulungsunterlagen sind entsprechend den Vorgaben in der Beschränkungsverordnung in drei Ebenen aufgebaut. Es wird empfohlen, dass Personalverantwortliche und Vorgesetzte das gleiche Trainingsmodul wie ihre Mitarbeiter durchlaufen.

Mitglieder von FEICA und nationalen Verbänden erhalten sog. Voucher-Codes (Gutscheincodes) für die internetbasierte Schulung ihrer Mitarbeitenden und Kunden. Die Voucher sind kostenfrei, wobei die FEICA-Voucher-Codes nur für durch die von der FEICA erarbeiteten Trainings gültig sind. Für unternehmenseigene Präsenzschulungen kann ein Trainer-Konto zu reduzierten Kosten erworben werden.

Darüber hinaus hat EU KOM am 28. Januar 2019 an die ECHA ein Mandat für die Ableitung/ Einführung eines harmonisierten Arbeitsplatzgrenzwertes (OEL) für Diisocyanate gegeben. Im *„Scientific Reports for Evaluation of Limit Values at the Workplace"* der ECHA wurde für Diisocyanate kein OEL vorgeschlagen und dem RAC stattdessen ein Ansatz zur Ableitung einer „exposure response" empfohlen. Eine deutliche Absenkung in den Bereich zwischen 0,1 und 1 ppb hätte einen größerer Messaufwand zur Erzielung niedrigerer Nachweisgrenzen sowie ggf. Investitionen in zusätzliche Absaugvorrichtungen an Anlagen zur Folge. Um die Folgen einer Absenkung abschätzen zu können, wurde von der EU KOM eine Beratungsfirma mit einer entsprechenden Studie beauftragt, in die sich IVK und FEICA intensiv eingebracht haben. Der entsprechende Bericht von August 2021 bescheinigt einem sehr niedrigen OEL einen nur begrenzten Nutzen, prognostiziert jedoch signifikante Kosten (insbesondere für KMUs) und einen signifikanten Wettbewerbsnachteil gegenüber Anbietern außerhalb der EU. Zudem wären Ziele des Green Deals gefährdet, da unterstützende Sektoren hart getroffen würden.

Das EU Advisory Committee on Safety and Health (ACSH) hat in seiner Sitzung am 24. November 2021 einen Kurzzeitwert (STEL, 15min) von 12 $\mu g/m^3$ NCO und einen Arbeitsplatzgrenzwert (TWA) von 6 $\mu g/m^3$ NCO beschlossen. Die „Richtlinie (EU) 2024/869 des Europäischen Parlaments und des Rates vom 13. März 2024 zur Änderung der Richtlinie 2004/37/EG des Europäischen Parlaments und des Rates und der Richtlinie 98/24/EG des Rates hinsichtlich der Grenzwerte für Blei und seine anorganischen Verbindungen sowie für Diisocyanate" wurde am 19. März 2024 im EU-Amtsblatt veröffentlicht. Die Übergangsmaßnahmen: ein Grenzwert von 10 $\mu g/m^3$ NCO bezogen auf Referenzzeitraum von 8 Stunden und ein Grenzwert für die Kurzzeitexposition von 20 $\mu g/m^3$ NCO gelten bis zum 31. Dezember 2028. Für die Klebstoffindustrie ist dieser OEL akzeptabel.

Verbrauchsminderung von Volatilen-Organischen Verbindungen (VOCs)

Aufgrund einer Initiative des Bundesumweltministeriums (BMU) zur Reduzierung von VOC im Hinblick auf die Sommersmoggefahr war der VCI zusammen mit weiteren Fachverbänden aufgerufen, die Möglichkeiten zur VOC-Minderung aufzuzeigen. Aus dieser umweltschutzgetriebenen Initiative haben die Klebstoffhersteller in den vergangenen Jahren ihren Verbrauch an Lösemittel deutlich reduziert, wie die Auswertung der **IVK-Lösemittelstatistik** zeigt. Der Technische Ausschuss konnte anhand einer Lösemittelverbrauchsumfrage darlegen, dass das gesteckte Ziel einer VOC-Reduzierung von 70% bis zum Jahr 2007 (auf Basis des Verbrauchs im Jahr 1988) schon weit früher erreicht wurde. Die Lösemittelstatistik wird in zweijährlichem Abstand weitergeführt und findet Eingang in die Diskussionen mit nationalen und europäischen Behörden und Institutionen z. B. bei der Einführung neuer Gesetzesvorhaben. Die Statistik ist ein sehr wichtiges Instrument zur Kommunikation mit Behörden und unverzichtbar zur Dokumentation des Umweltbewusstseins der deutschen Klebstoffindustrie.

Weitere Themen der Erörterung im Technischen Ausschuss waren:

- Normung
- Arbeits-, Umwelt- und Verbraucherschutz
- Begleitung verschiedener Projekte der EU-Kommission auf nationaler Ebene

Technische Kommission Bauklebstoffe (TKB)

Die Technische Kommission Bauklebstoffe (TKB) im Industrieverband Klebstoffe (IVK) vertritt die Interessen der im IVK zusammengeschlossenen Hersteller von Bauklebstoffen und Trockenmörtelsystemen. Gesprächs- und Verhandlungspartner sind dabei Behörden, Handwerksgremien, Berufsgenossenschaften, andere Industrieorganisationen und Normungsgremien.

Ziele sind das Schaffen von technischen Standards und Normen, die Einflussnahme auf chemikalienrechtliche Regelungen, die Mitbestimmung bei baurechtlichen Themen, die Förderung des technischen Fortschritts sowie des Verarbeiter- und Umweltschutzes, die technische und informative Unterstützung unserer Kunden, des verarbeitenden Bauhandwerks sowie die Förderung des Zuspruchs zu Bauklebstoffen und Mörtelsystemen durch objektive technische Information.

Themenübersicht

Die Aktivitäten der TKB lassen sich in mehrere Kategorien unterteilen:

- Technische Themen zu Bauklebstoffen/Verlegewerkstoffen und deren Anwendungsbereichen.
- Normung von Bodenbelags- und Parkettklebstoffen, Spachtelmassen, Fliesenklebstoffen, Estrichbindemitteln, Grundierungen und Spezialprodukten.

- Technische Informationsveranstaltungen für das boden- und parkettlegende Handwerk und angrenzende Gewerke.
- TKB-Publikationen zu aktuellen anwendungstechnischen und baurechtlichen Themen sowie zu Fragen der Normung und des Umwelt- und Verarbeiterschutzes.
- Baurechtliche Themen wie europäische und nationale Zulassungen.
- Chemikalienrechtliche Themen wie die nationale, europäische und internationale Gefahrstoffkennzeichnung oder REACH.
- Arbeitsschutz sowie Umwelt- und Verbraucherschutz.
- Nachhaltigkeit

Arbeitsinhalte

Mörtelsysteme

In den internationalen und nationalen Normungsgremien ISO/TC 189/WG3, CEN/TC 67/ WG 3, CEN TC 193, WG 4, CEN TC 303, WG 2, NA 062-10-01 AA, und NA 005-09-75 AA gestalten TKB-Vertreter die Normung von Boden-/Parkett-Klebstoffen, Fliesenklebstoffen, Spachtelmassen, Verbundabdichtungen und Estrichen mit.

Die bestehenden harmonisierten europäischen Normen werden erst im Rahmen des sogenannten Aquis-Prozesses (Bestandsüberarbeitung) zur Bauproduktenverordnung überarbeitet werden. Da die EN 12004 und die EN 14891 nicht prioritär behandelt werden, ist nicht mit einer baldigen Überarbeitung zu rechnen. Deshalb wurden die laufenden Projekte zur Überarbeitung dieser beiden Normen eingestellt. Gleiches gilt für die Estrichnorm EN 13813. Dieser Stand wurde bereits für 2022 beschrieben und gilt unverändert fort.

Im Rahmen von CEN TC 67 und ISO TC 189 sind in absehbarer Zeit ebenfalls keine Änderungen zu erwarten.

Produkt- und Anwendungstechnik

Feuchtemessung: Mit den Herstellern von Messtechnik für die KRL-Methode fand ein Nachfolgegespräch statt. Einer dieser Hersteller bietet bereits ein Messbecher kommerziell an, bei dem der Feuchtesensor integriert ist. Um die KRL-Methode breit in der Parkett- und Bodenbelag-Branche zu etablieren, wurde ein eigenständiger Strategieprozess zu deren Umsetzung initiiert. In diesem Rahmen wurde ein Workshop mit den anwendungstechnischen Leitern der TKB-Mitgliedsunternehmen durchgeführt. Als Ergebnis wollen alle Unternehmen zukünftig immer auch die KRL-Methode zur Feuchtemessung anbieten. Mittelfristiges Ziel ist es, die CM-Messung im Boden-/Parkettbereich vollständig durch die KRL-Messung abzulösen. Als Unterstützung für die Anwender wurde eine Internetseite erstellt (www.krl-methode.de und www.estrichfeuchtemessen.de), die Hilfsmittel und Informationen zur KRL-Methode liefert, u. a. einen Methodenüberblick als One-Pager, eine Nutzenargumentation, erläuternde Präsentationen, weiterführende Literatur und Videostatements von Branchenteilnehmern. In einer online-Pressekonferenz wurde auch die Fachpresse über diese Aktivitäten der TKB informiert.

Einige Branchenteilnehmer schlugen vor, auch für Spachtelmassen Schwindklassen auszuloben. Dieser Vorschlag wurde nicht verfolgt, weil Schwindangaben bei dünnen Verbundkonstruktionen technisch keine Aussagekraft besitzen.

Normung

Die TKB hat über die IVK-Normenkompetenzstelle in der ISO/TC 61/SC 11/WG 5, der CEN/TC 193/WG 4, im NA 062-04-54 AA und NA 005-09-75 AA internationale, europäische und deutsche Normen mitgestaltet.

Die Überarbeitung von DIN 18560-4 (Estriche auf Trennlage) wurde gestartet und die Arbeit am Teil 8 dieser Normenreihe (Sichtestriche) ist weitgehend abgeschlossen. Aus dem DIN-Arbeitsausschuss „Klebstoffe" heraus wurde der Entwurf für eine Anwendungsnorm für mineralische Spachtelmassen (E-DIN 53298-1) veröffentlicht. Dazu fand im Dezember 2022 die Einspruchssitzung statt. Von Estrichseite wurde eine Schlichtung beantragt, zu der im Mai 2023 die Schlichtungsverhandlung stattfand. Dort wurde vereinbart, einen gemeinsamen Arbeitskreis zur Überarbeitung dieses Normentwurfs, bestehend aus Mitgliedern von DIN NA 005-09-75-AA (Estriche) und DIN NA 062-10-01 AA (Klebstoffe), zu installieren. Dieser hat mittlerweile seine Arbeit an diesem Normentwurf abgeschlossen, und der überarbeitete Normentwurf ist veröffentlicht.

Die harmonisierte Normung von Bodenbelagsklebstoffen wird nicht mehr weiterverfolgt, das Thema „Flooring" hat wie der Bereich Fliesen beim Aquis-Prozess zur Bauproduktenverordnung keine Priorität.

Im Rahmen der periodischen Überprüfung wurde beschlossen, die europäischen Spachtelmassenprüfnormen DIN EN 13408, DIN EN 13409, DIN EN 13872 und DIN EN 1337 zu überarbeiten.

Der Estrichausschuss arbeitet mit an der Überarbeitung von DIN EN 13892-9 (Dimensionsstabilität von Estrichmörtel), ein entsprechender Entwurf liegt bereits vor. Mit E DIN EN 13892-10 liegt jetzt auch ein Normentwurf für die Durchführung der CM-Messung vor.

Veranstaltungen/Publikationen

Stellungnahmen der TKB zu aktuellen Themen, u. a. zu den neuen TKB-Merkblättern und TKB-Berichten, wurden unter der Rubrik „TKB informiert..." in der Fachpresse und auf der IVK-Homepage veröffentlicht.

Im September 2023 fand nach vierjähriger Pause wieder ein TKB-Branchengespräch statt. Inhaltlicher Schwerpunkt war „Nachhaltigkeit" und die damit möglicherweise verbundenen Veränderungen im Bereich Boden. Dieses TKB-Branchengespräch war eine sehr gelungene Veranstaltung und wurde insbesondere von den Pressevertretern sehr positiv aufgenommen. Das nächste TKB-Branchengespräch ist auf den 4. September 2024 terminiert.

Am 19. März 2024 fand die TKB-Fachtagung im Maternushaus in Köln statt. Mit ca. 150 Personen war die Anzahl der Teilnehmer auf dem Niveau der Vorjahresveranstaltung. Erfreulich war insbesondere, dass ca. 30 Teilnehmer zum ersten Mal teilnahmen. Thematischer Schwerpunkt waren Zementestriche, deren Trocknung und Belegreife, ausgedrückt über die beiden Vorträge zu klinkereffizienten Zementen und zum Trocknungsverhalten von Zementestrichen sowie der sich anschließenden Podiumsdiskussion „Welche Auswirkungen ergeben sich aus veränderten Zementen/Estrichen auf die Beurteilung der Belegreife?“ Darüber hinaus gab es Vorträge zu Bodenbelagsaufbauten außerhalb Deutschlands, zu dünnschichtigen elektrischen Heizsystemen und zu klebtechnischen Besonderheiten von PVC-freien Designbelägen. Insgesamt eine gelungene Veranstaltung. Die nächste TKB-Fachtagung findet am 19. März 2025 am gewohnten Ort statt.

Die TKB arbeitet permanent an der Pflege der bestehenden und der Erstellung neuer TKB-Merkblätter. Dazu ist der Bearbeitungsstand wie folgt (Juni 2024):
TKB-Merkblatt 6 (Spachtelzahnungen): Dessen Angaben werden an die von DIN ISO 6076 angeglichen.
TKB-Merkblatt 12 (Trockenkleben): Der Merkblattentwurf ist in der Verbändeabstimmung.
TKB-Merkblatt 16 (CM-Messung): Der Merkblattentwurf ist in der Verbändeabstimmung.
TKB-Merkblatt 17 (Raumklima): Die Überarbeitung wurde angestoßen.
TKB-Merkblatt 21 (Kleben von elastischen Bodenbelägen): Die Publikation dieses Merkblatts steht an, es fasst die bisherigen TKB-Merkblätter 3, 4 und 7 (Kleben von Elastomer-, Linoleum- und PVC-Bodenbelägen) zusammen; die drei „alten“ Merkblätter werden nicht mehr aktualisiert.

„TKB-Merkblatt 22 (Verlegen von Bodenbelägen/Parkett in Feuchträumen)“. Die inhaltliche Arbeit an diesem TKB-Merkblatt ist abgeschlossen. Jetzt steht die Verbändeabstimmung an.

TKB-Bericht 11 (Belegreife): Die inhaltliche Arbeit an diesem Bericht ist abgeschlossen und dessen Veröffentlichung steht an. Seine wesentlichen Inhalte sollen zudem in einer gekürzten Fassung als BVPF-Hinweisblatt publiziert werden.

Zusammenarbeit mit anderen Verbänden / Institutionen

Die TKB stimmt sich mit verschiedenen Verbänden und Organisationen zu technischen und regulatorischen Fragen ab. Zum Bundesverband Estrich und Belag (BEB) und zum Fachverband der Hersteller elastischer Bodenbeläge (FEB) wird über die Fördermitgliedschaft einiger Verlegewerkstoffhersteller ein informeller Kontakt gepflegt.

Die Zusammenarbeit mit dem Bundesverband Parkett- und Fußbodentechnik (BVPF), als wichtigstem Organ der Parkett- und Bodenleger, gestaltet sich auch dank der Mitwirkung von TKB-Mitgliedern im BVPF-Sachverständigenbeirat als sehr fruchtbar. Aktuelle thematische Schwerpunkte sind die Beschreibung der Belegreife, zu der es neben dem TKB-Bericht 11 auch ein eigenes BVPF-Hinweisblatt geben wird. Zur Beschreibung der Nachhaltigkeit von Parkettböden, die zu einem erheblichen Teil aus der handwerklichen Leistung zu diesen Böden resultiert, ist eine eigenständige Publikation in Arbeit.

Die Zusammenarbeit mit einigen Verbänden aus dem Estrichbereich im Projekt „Praxisgerechte Regelwerke im Fußbodenbau“ (PRiF) gestaltete sich so schwierig, dass die TKB ihre Mitwirkung in diesem Projekt beendete. Zukünftig konzentriert sich eine solche Zusammenarbeit nur noch auf die Verbände aus dem bodenlegenden Handwerk und der Bodenbelagsindustrie. Ähnlich ist die Situation bei der Mitarbeit in der Schnittstellenkoordination für beheizte Fußbodenkonstruktionen; die Verbände aus dem Fußbodenbereich werden die neu erschienene Ausgabe nicht mehr mittragen.

Auf europäischer Ebene begleiten TKB-Vertreter, insbesondere in der FEICA Working Group Construction, die Umsetzung der Bauproduktenverordnung und fördern die europäische Normung von Verlegewerkstoffen.

Baurechtliche Themen

Der Schlussentwurf der überarbeiteten Bauproduktenverordnung (CPR) liegt als englische Fassung vor. Inhaltliche Änderungen sind nicht mehr zu erwarten. Sie wird voraussichtlich zum Jahresende 2024 offiziell in Kraft treten.

Gefahrstoffrechtliche Themen / Arbeitsschutz

Die Überarbeitung der TRGS 610 läuft, der Abschluss erfolgt voraussichtlich zum Jahresende 2024. Der heutige Siedepunkt-Grenzwert für Lösemittel (200 °C) wird auf den der Decopaint-Richtlinie (250 °C) angehoben werden. Bei technischer Notwendigkeit werden EP-Harze weiterhin angewendet werden können.

Infolge der Verwendungsbeschränkung für diisocyanathaltige Produkte wurden bisher ca. 700.000 Schulungszertifikate vergeben (davon ca. 500.000 für den Klebstoffbereich). Die Finanzierung dieser Schulungen über die FEICA ist für die nächsten beiden Jahre gesichert.

Die Kennzeichnungsverschärfung für Li-Salze war aufgrund neu vorgelegter Unterlagen verschoben worden. Deren Überprüfung ergab allerdings keine Neubewertung. Mögliche regulatorische Folgen werden derzeit in den zuständigen Gremien noch intensiv diskutiert.

Das EIS-Projekt - das Epoxidharz-Informations-System - soll fortgesetzt werden, und die TKB wird sich weiterhin an dessen Finanzierung mit einem Förderbetrag von 3.000 €/Jahr beteiligen.

Nachhaltigkeit

Zusammen mit der GEV wurde eine gemeinsame Arbeitsgruppe „Nachhaltigkeit Bau“ gegründet. Hier werden alle speziell den Baubereich betreffenden Nachhaltigkeitsaktivitäten aus beiden Verbänden gebündelt. Wobei insbesondere auch Kontakte zu benachbarten Verbänden (u. a. VdP und FEB) gesucht und gepflegt werden. Aus dieser Gruppe heraus wurden bereits drei Publikationen veröffentlicht („Der Beitrag EMICODE-zertifizierter Produkte zum nachhaltigen Gebäude“, „Wie beeinflusst der Einsatz von Parkettklebstoffen mit EMICODE die Nachhaltigkeit von Parkett“ und „Wie beeinflusst der Einsatz von EMICODE-zertifizierten Oberflächenbehandlungsmittel für Parkett dessen Nachhaltigkeit“)

Technische Kommission Haushalt-, Hobby- und Büroklebstoffe (TKHHB)

Arbeitsgruppe und Technische Kommission Haushalt-, Hobby- und Büroklebstoffe tagen regelmäßig gemeinsam und begleiten eine Vielzahl von gesetzlichen Aktivitäten auf europäischer und nationaler Ebene. Das Hauptinteresse gilt dabei den Regelungen und Themen, die Klebstoffe in Kleinpackungen betreffen, soweit sie für den privaten Endverbraucher bestimmt sind. Wichtige Themen dieses Kreises sind:

- Kennzeichnung und Verpackung von Klebstoffen, Informationspflichten (CLP-Verordnung)
- Anforderungen aus bestimmten Anwendungsbereichen von Klebstoffen (Geräte-Produktsicherheitsgesetz/Spielzeugverordnung/Medizinproduktegesetz)
- Weitere normative/gesetzliche Beschränkungen und Anforderungen an Klebstoffe und deren Verpackungen.

Kennzeichnung und Verpackung von Klebstoffen, Informationspflichten (delegierte Verordnung (EU) Nr. 2023/707 zur Änderung der CLP-Verordnung Nr. 1272/2008)

Nach Artikel 4 der CLP-Verordnung hat der Hersteller oder Einführer Stoffe und Zubereitungen

- vor dem Inverkehrbringen einzustufen
- entsprechend der Einstufung zu verpacken und
- zu kennzeichnen.

Laut Anhang VIII der CLP gibt es das einheitliche Mitteilungsformat (PCN-Format) sowie die Möglichkeit, Mitteilungen über ein zentrales Mitteilungsportal bei der ECHA einzureichen.

Anhang VIII definiert drei verschiedene Verwendungskategorien von Gemischen und enthält Bestimmungen zu den bereitzustellenden Informationen über die Konzentration von Gemischbestandteilen (Stoffe oder Gemische in Gemischen).

Zentrales Element der harmonisierten Mitteilung ist der eindeutige Rezepturidentifikator (UFI - Unique Formula Identifier). Dieser 16-stellige alphanummerische Code wird jedem zu meldenden Gemisch zugeordnet und muss grundsätzlich auf dem Kennzeichnungsetikett oder der inneren Verpackung angebracht werden. Bei unverpackten Gemischen oder Gemischen für die industrielle Verwendung kann der UFI im Sicherheitsdatenblatt (SDS) angegeben werden.

Mitteilungen im neuen PCN-Format können in Deutschland an das BfR übermittelt oder über ein zentrales Portal der ECHA eingereicht werden.

Anforderungen aus bestimmten Anwendungsbereichen von Klebstoffen - (Medizinproduktegesetz, Geräte-Produktsicherheitsgesetz/Spielzeugverordnung)

Ein Produkt darf nur in Verkehr gebracht werden, wenn es so beschaffen ist, dass bei bestimmungsgemäßer Verwendung oder vorhersehbarer Anwendung Sicherheit und Gesundheit von Verwendern oder Dritten nicht gefährdet werden.

Betroffen sind Hersteller von verwendungsfertigen Gebrauchsgegenständen. Klebstoffe unterliegen dieser Regelung nicht unmittelbar, sondern sind über das gefertigte Endprodukt nur indirekt beteiligt, wenn die Sicherheit (und Gebrauchstauglichkeit) des Artikels von der Eignung des Klebstoffs abhängt.

Klebstoffe als Spielzeuge bzw. Bestandteile in Spielzeugen im Sinne der Spielzeugverordnung/ des Geräte- und Produktsicherheitsgesetzes - Spielzeugrichtlinie - EN 71.
Spielzeuge, d. h. Erzeugnisse, die zum Spielen für Kinder im Alter bis zu 14 Jahren bestimmt sind, müssen vor dem Inverkehrbringen sicher sein. Dies regelt die Spielzeugrichtlinie 2009/48/EG, wobei die Sicherheitsanforderungen u. a. über die harmonisierte EN 71 konkretisiert werden. Die Beachtung der in der EN 71 genannten Anforderungen wird durch die CE-Kennzeichnung dokumentiert. Dabei kann die Prüfung eigenverantwortlich oder durch eine Prüfstelle erfolgen, alternativ kann eine EU-Baumusterprufung durchgeführt werden, falls anders keine Übereinstimmung mit der EN 71 festgestellt werden kann.

Produktinformationen bei Notfallfragen (DIN EN 15178), Kennzeichnungscheckliste
Sinn der Produktinformationsnorm DIN EN 15178:2007-11 ist es, die Identifizierung der Produkte bei Notfallanfragen zu verbessern. Der Buchstabe „i" in der Nähe des Barcodes auf der Verpackung verweist auf den Handels- oder Produktnamen oder die Nummer, unter der das Produkt registriert oder amtlich zugelassen ist.

Verpackungsgesetz
Ferner befasst sich die AGHHB mit dem Verpackungsgesetz, das das Inverkehrbringen von Verpackungen sowie die Rücknahme und hochwertige Verwertung von Verpackungsabfällen regelt und meist jährlich überarbeitet wird. Hersteller, Händler und Importeure, die als Erstinverkehrbringer von systembeteiligungspflichtigen B2C-Verpackungen in Deutschland auftreten, müssen sich zur Sicherstellung der flächendeckenden Rücknahme und Verwertung der entsprechenden Verpackungsabfälle einem (dualen) System anschließen.

Im rein gewerblichen Bereich gibt es derzeit keine Systembeteiligungspflicht, hier kann also ein alternatives gewerbliches System mit der Rücknahme beauftragt oder die Verpackung durch den Lieferanten zurückgenommen werden.

Seit Januar 2021 müssen Erzeugnisse, die > 0,1 % SVHC-haltige Substanzen beinhalten, der SCIP-Datenbank gemeldet werden. Dies gilt auch für Verpackungen. Die Herstellerverbände haben gegenüber dem VCI erklärt, dass die Produkte ihrer Mitglieder SVHC-frei seien.

Gegenüber der „Zentralen Stelle Verpackungsregister" sind Vollständigkeitserklärung, Registrierung und Meldung der gebrauchten Verpackungen zu melden. Sie veröffentlicht einen Katalog, mit der nach Verpackungsgrößen festgelegt wird, ob Produkte systembeteiligungspflichtig sind (LUCID). Die ZSVR veröffentlicht ferner jährlich Details zum Mindeststandard für die Bemessung der Recyclingfähigkeit von systembeteiligungspflichtigen Verpackungen. Die besonders ökologische Gestaltung solcher Verpackungen soll in Zukunft durch finanzielle Anreizsysteme belohnt werden.

Seit der 2. Novelle VerpackG vom 3. Juli 2021 sind die Unternehmen mit neuen Pflichten konfrontiert:

- Restentleerte Verpackungen mit schadstoffhaltigen Füllgütern sind gesondert zu entsorgen, allerdings nur dann, wenn die Verpackung entsprechend kontaminiert ist.
- Auch nicht-systembeteiligungspflichtige Verpackungen (gewerblich oder industriell) müssen bei der ZSVR nun im System LUCID registriert werden.

Im Zuge der Erarbeitung der EU-Verpackungsverordnung und der Festlegung von Recycling-Zielen wird das VerpG einer Überarbeitung unterzogen werden.

Neues zum Lieferkettengesetz

Das Lieferketten-Sorgfaltspflichtengesetz (LkSG) wurde als soziale Dimension der Nachhaltigkeitsanforderungen am 16.07.2021 verabschiedet und soll menschenrechtliche Standards weltweit durch die Inpflichtnahme von Unternehmen durchsetzen, die Rohstoffe oder Vorprodukte beziehen.

Das LkSG gilt für Unternehmen ab 1.000 Beschäftigten, nimmt indirekt über Compliance-Anforderungen jedoch die gesamte Wirtschaft in die Pflicht.

Zu den Pflichten der Unternehmen gehört es, ein Risikomanagement zu errichten und einen Menschenrechtsbeauftragten zu benennen. Auf Basis einer jährlichen Risikoanalyse sind Präventionsmaßnahmen, bei Kenntnis von Verletzungen sind Abhilfemaßnahmen zu treffen. Ferner ist ein anonymes Beschwerdeverfahren einzurichten oder das Unternehmen kann sich an einem externen System beteiligen. Die Aktivitäten sind zu dokumentieren und hierüber der Öffentlichkeit zu berichten; der Bericht ist mindestens 7 Jahre aufzubewahren.

Der VCI hat als Branchenstandard für die Unternehmen Module bereitgestellt. Parallel hat die EU eine Richtlinie zur Beachtung der Menschenrechte und des Umweltschutzes entlang der Lieferkette (CSDDD) verabschiedet, die national über das LkSG umgesetzt werden wird. Bei der Pflicht der Unternehmen zur Berichterstattung über die Nachhaltigkeit sind Unternehmen ab 250 Mitarbeitern bereits nach der RICHTLINIE (EU) 2022/2464 (CSRD) betroffen.

Technische Kommission Holzklebstoffe (TKH)

Zu den wichtigsten Tätigkeitsfeldern der TKH gehören die beratende Mitarbeit bei vielen Aktivitäten im Bereich der Holzverarbeitung und Möbelproduktion, die Erstellung von Merkblättern und die Normungsarbeit. Die TKH steht im Dialog mit den einschlägigen Forschungs- und Prüfinstituten sowie Zulassungsstellen wie dem WKI (Fraunhofer-Institut für Holzforschung, Wilhelm-Klauditz-Institut), der MPA (Materialprüfungsanstalt der Universität Stuttgart) oder der Gütegemeinschaft Kunststoff-Fensterprofilsysteme e.V. Gute Kontakte bestehen auch zu einer Reihe von entsprechenden Prüfstellen im europäischen Ausland.

Die TKH beschäftigt sich in ihrer Arbeit mit aktuellen Themen der Klebstofftechnologie für die Holz- und Möbelindustrie. In Expertengruppen werden Merkblätter erarbeitet, die die Anwender mit diesen Themen vertraut machen und sie bei der technischen Auswahl von Klebstoffen und der richtigen Anwendung der Produkte unterstützen sollen. Die TKH ist bestrebt, die Merkblätter ständig zu aktualisieren, damit sie dem Stand der Technik entsprechen. Im Jahr 2024 wurden die TKH-Merkblätter TKH-3 „Dispersionsklebstoffe“ und TKH-4 „Schmelzklebstoffe“ überarbeitet. Die TKH-Expertengruppe erstellt eine neue Merkblattreihe, die sich mit der Vermeidung von Verklebungsfehlern bei verschiedenen Anwendungen/Klebstofftypen beschäftigt. Zum Thema Kleben im Massivholzbereich wurde das Merkblatt TKH-8 „Fehlervermeidung bei Massivholzverklebungen mit Dispersionsklebstoffen“ fertiggestellt. Alle Merkblätter stehen in deutscher und englischer Sprache auf der IVK-Website zum Download bereit.

Neben ihren internen Arbeiten beteiligt sich die TKH auch an branchenübergreifenden Arbeitskreisen wie der AG Profilummantelung oder dem Initiativkreis 3D-Möbelfronten.

3D-Möbelfronten haben wieder an Popularität gewonnen, und obwohl zurzeit keine Aktivitäten innerhalb des Initiativkreises stattfinden, sind die Kontakte und die Expertise durch das Netzwerk vorhanden.

Regelmäßig ist die TKH im Normenausschuss CEN TC 193 SC1 Holzklebung sowie deren Unterausschüssen vertreten. Eine wichtige Aufgabe ist dabei die Unterstützung von Aktivitäten auf europäischer Ebene und die Vertretung nationaler Interessen. Gerade in der Normungsarbeit ist es von großer Wichtigkeit, die Normen und Normungsvorschläge in Bezug auf die Praxisrelevanz im Auge zu behalten, um bei Bedarf entsprechend reagieren zu können.

Die Überarbeitung der Normen EN 204 und EN 205 wird von der CEN/TC 193/SC 1 WG 12 Holzklebstoffe für nichttragende Bereiche durchgeführt und ist zurzeit in vollem Gange. Innerhalb der WG 12 wurden bis jetzt schon zwei Rundversuche durchgeführt, welche durch einen dritten RRT ergänzt werden. Diese Ergebnisse werden bei der nächsten Sitzung im Herbst 2024 besprochen werden.

Das umstrittene Normungsprojekt „Offene Zeit von Schmelzklebstoffen“, welches die TKH nicht unterstützt hat, steht nicht mehr auf der Tagesordnung der WG 12. Es scheint so, dass diese Norm als UNI-Norm entwickelt worden ist.

Die Normen DIN EN 14256 und DIN EN 14257 (WATT 91) sind als ISO DIS 34256 und ISO DIS 34257veröffentlicht worden.

Die Norm DIN EN 12608-2 „Profile aus weichmacherfreiem Polyvinylchlorid (PVC-U) zur Herstellung von Fenstern und Türen - Klassifizierung, Anforderungen und Prüfverfahren - Teil 2: PVC-U Profile beschichtet mit Folien, die mit Klebstoffen befestigt sind“ ist mit Ausgabedatum Februar 2024 veröffentlicht worden. Diese Norm wurde im Gremium NA 054-04-07 AA „Kunststoffprofile für Fenster und Türen“ im DIN-Normenausschuss Kunststoffe (FNK) erstellt.

Der Aktionsplan zur Kreislaufwirtschaft der Europäischen Kommission wurde im März 2020 veröffentlicht. Darin werden Möbel als ein zu priorisierendes Endprodukt genannt, dessen lineare Wertschöpfungskette zukünftig in ein zirkuläres Wertschöpfungsmodell überführt werden soll. In diesem Zusammenhang wurde im Jahr 2021 der Arbeitsausschuss NA 042-05-20 AA „Kreislauffähigkeit von Möbeln“ im DIN-Normenausschuss Holzindustrie und Möbel (NHM) gegründet, in dem die TKH aktiv mitarbeitet. Dieser nationale Ausschuss spiegelt die Arbeit der europäischen Arbeitsgruppe CEN/TC 207/WG 10 „Anforderungen und Werkzeuge für die Kreislauffähigkeit von Möbeln“ wider.

Als erste Norm zum Thema Kreislaufwirtschaft und Möbel wurde im Mai 2024 die DIN EN 17902, „Möbel-Zirkularität-Bewertungsmethode für die Demontier-/Remontierbarkeit“ veröffentlicht. Dieses Dokument soll Möbelhersteller dabei unterstützen, ihre Produkt- und Entwicklungsprozesse auf die Kreislaufwirtschaft (CE) auszurichten, indem die Fähigkeit zur Demontage/Remontage eines Produkts mehrere CE-Aspekte wie Austauschbarkeit, Aufrüstbarkeit, Wiederverwendung, Reparatur, Aufarbeitung, Aufbereitung und Recycling ermöglicht. Dies ist die erste Norm einer Normenreihe, deren Veröffentlichung vom CEN/TC 207 „Möbel“ vorgesehen ist. Weitere Norm-Projekte zu den Themen Product lifetime/Durability, Repair/Refurbishment sowie Remanufacturing für zirkuläre Möbel sind auf europäischer Ebene in Planung. Diese werden in einzelnen Projektgruppen der CEN/TC 207/WG 10 unter Beteiligung deutscher Experten erarbeitet.

Das Umweltzeichen Blauer Engel für Emissionsarme Möbel und Lattenroste aus Holz und Holzwerkstoffen (DE-ZU 38) wurde im März 2022 veröffentlicht. Hier gilt eine Laufzeit bis 31.12.2026.

Technische Kommission Klebebänder (TKK)

Die Förderung und Begleitung öffentlich geförderter Forschungsprojekte ist ein wichtiger Aspekt der Arbeit der Technischen Kommission Klebebänder (TKK); leider hat sich im Berichtszeitraum hinsichtlich dieser Projekte kein wesentlicher Fortschritt ergeben. Das lag vor allem an Verzögerungen bei den Begutachtungs- und Bewilligungsprozessen aufgrund von Unklarheiten über die Fördersituation für diese öffentlichen Forschungsprojekte.

Die beiden Projekte, die sich in der Pipeline befinden, sind immer noch in der Phase vor der finalen Bewilligung. Der vom IFAM Bremen ausgearbeitete Projektvorschlag „Dämpfung mechanischer Schwingungen durch Haftklebstoffe und Haftklebeprodukte – VIBROSTOPP“ ist mittlerweile immerhin zu einem Vollantrag ausgearbeitet, der zur Einreichung ansteht. Inhaltlich geht es darum, das Dämpfungsverhalten von Haftklebesystemen weiter zu optimieren und über einen möglichst weiten Temperatur- und Frequenzbereich auszudehnen. Erste Recherchen zeigen, dass die Vibrationsdämpfung u. a. im Fahrzugbau, im Baugewerbe und bei Hausgeräten von großem Interesse ist. Es gibt schon eine Reihe von Produkten, die bei Raumtemperatur hervorragende Dämpfungseigenschaften aufweisen und sich möglicherweise als Referenz eignen.

Die Dämpfung ist beim Maximum von tan δ am höchsten, dies entspricht dem Tg. Um eine Dämpfung über einen breiten Temperaturbereich zu realisieren, bedarf es eines Multiphasensystems (kommt Haftklebeprodukten ganz besonders entgegen) mit Polymeren mit jeweils unterschiedlichem Tg, welche so gewählt sind, dass der gesamte tan δ über den gewünschten Temperatur- und Frequenzbereich möglichst hoch ist. Der Verlauf des tan δ hängt dabei auch von der Morphologie ab. Wie die Vorarbeit des IFAM ergeben hat, gibt es zu diesen Fragestellungen bezogen auf Haftklebeprodukte kaum Literatur, das Projekt wird also hier einen deutlich besseren Stand der Technik liefern.

Der Arbeitsplan beinhaltet zunächst die Materialauswahl und Basischarakterisierung des Dämpfungsverhaltens, die Festlegung des Referenzsystems sowie Temperatur- und Frequenzbereich für alle Folgeversuche. Unterschiedliche Kombinationen, die das Prinzip des Multiphasensystems in der Klebschicht oder/und im Trägersystem umsetzen, sind angedacht.

Es sollen die Dämpfungskapazität des besten Systems in Abhängigkeit von der Dicke bestimmt und ein einfacher Demonstrator (z. B. Fußbodenbelag, Lagerung eines Elektromotors oder Pumpe, Prüfung mit Schwing- oder Klopftest) gebaut werden.

Aus den Ergebnissen des im Jahre 2022 abgeschlossenen Projekts „Klebeb(r)and" wurde der Bedarf für ein weiteres Projekt herausgearbeitet, das sich mit dem Feuerwiderstand geklebter Konstruktionen beschäftigen soll. Es zielt weniger auf Haftklebebänder, sondern mehr auf reaktive Klebebänder oder/und reaktive Klebstoffe, die ein signifikant höheres Festigkeitsniveau erreichen können. Die entsprechende Projektskizze, wiederum eingereicht vom IFAM Bremen und der BAM, wurde vom GAK zur Ausarbeitung eines Vollantrags empfohlen, der sich in der Begutachtung befindet. Das Projekt kann erst nach einem positiven Ergebnis dieser Begutachtung gestartet werden.

Die Problemstellung ergibt sich daraus, dass es kaum Wissen dazu gibt, wie der Feuerwiderstand einer geklebten Konstruktion und die Natur des dabei eingesetzten Klebstoffs zusammenhängen. Das ist auch bedingt durch den sehr großen Aufwand, der für die entsprechenden Versuche getrieben werden muss. Ein Ziel des Projekts ist deshalb die Entwicklung eines aussagekräftigen Bench-Scale Tests, mit dem auf einfachem Wege Abschätzungen über die Ergebnisse späterer Bauteiltests gemacht werden können.

Traditionell gibt es eine sehr enge Zusammenarbeit der TKK mit der Afera im Bereich technischer Normung. Diese Zusammenarbeit wird mehr und mehr ergänzt durch Aktivitäten, die sich um Nachhaltigkeit und Kreislaufwirtschaft drehen. Im letzten Bericht wurde kurz angedeutet, dass ein gemeinsames Projekt von IVK und Afera in Planung sei, dass eine standardisierte und vergleichbare Berechnung des CO_2-Fußabdrucks von Produkten, Klebstoffen und Klebebändern ermöglichen wird. Das Projekt, den Mitgliedsfirmen solch ein Tool zur Berechnung des sog. Product Carbon Footprint (PCF) zur Verfügung zu stellen, ist inzwischen in voller Entwicklung und eines der Schwerpunktthemen sowohl in der Afera als auch im IVK und damit auch in der TKK. Das Projekt wurde eingeleitet mit einer Serie von Workshops mit den Verbänden, Mitgliedsfirmen und dem externen Dienstleister, der das Tool entwickelt. Grundsätzliche Ziele, Leitlinien (z. B. DIN ISO 14067, tfs Guideline) und die Struktur wurden definiert, aber auch spezifische Festlegungen für das Modul, das die Klebebänder abbilden soll, getroffen (z. B. die funktionelle Einheit: m^2). Im zweiten Schritt wurden über Fragenkataloge an die Mitgliedsfirmen die relevanten Einsatzmaterialien, Energieträger und sonstige Hilfsstoffe identifiziert und die eingegangenen Rückmeldungen analysiert und konsolidiert. Aktuell ist das Data Mapping durch den Dienstleister angelaufen. Nach einer Evaluierungs- und ggf. Optimierungsphase ist die Fertigstellung des Tools für Anfang 2025 vorgesehen.

Ein weiteres Thema aus den Bereichen Kreislaufwirtschaft und Nachhaltigkeit ist eine spezielle Laborprüfmethode der CEPI zur Bewertung der Recyclingfähigkeit von faserbasierten Verpackungen, also Kartonverpackungen. Wie schon im letzten Bericht erwähnt, arbeiten Afera und FINAT gemeinsam an Beiträgen zur besseren Anwendbarkeit der Methode für Verpackungskomponenten wie Tapes und Labels und leisten damit einen Beitrag zur Weiterentwicklung der Methode. Es geht um die Frage nach einem repräsentativen Masseverhältnis von Klebeband zu Gesamtverpackung als Vorgabe für einen Komponententest. Hierzu wurde ein Vorschlag erarbeitet und an das Konsortium 4evergreen, das die Methode betreut, übermittelt. Der Vorschlag beruht auf einer quantitativen Analyse von über 100 Kartonverpackungen mit unterschiedlichen Klebebändern (typischen „Carton Sealing Tapes"), Kartongrößen und -stärken. Die Daten wurden von Afera-Mitgliedsfirmen bereitgestellt. Die Entscheidung über die Annahme dieses Vorschlags steht aktuell noch aus.

Im Bereich der technischen Normung ist die im letzten Jahr angeschobene Überarbeitung der ISO 29862 „Self adhesive tapes – determination of peel adhesion properties" das wichtigste Thema. Die Norm beschreibt die Schälkraftprüfung (Peel Adhesion) für Selbstklebebänder, die resultierenden Werte sind zentral für die Beurteilung von Klebebändern, sei es in der Qualitätskontrolle, in der Produktentwicklung oder für anwendungstechnische Fragestellungen. Die ISO 29862 stand im Jahr 2023 zur regelmäßigen Überprüfung an. Die entsprechende Afera-Prüfnorm 5001 ist mit dieser Norm harmonisiert, d.h. das inhaltliche Änderungen an der einen auch in der anderen entsprechend vorgenommen werden müssen. Dies gilt im Übrigen auch für die Peel Test-Normen der anderen Mitglieder das Global Tape Forums, also den Verbänden der Klebebandindustrie in Nordamerika, China, Japan und Taiwan. In der der Testmethoden-Arbeitsgruppe der Afera war eine Reihe von Vorschlägen erarbeitet worden, die Prüfnorm an aktuelle Gegebenheiten in den Laboren anzupassen bzw. präziser zu formulieren. Diese Vorschläge wurden über die TKK an den DIN weitergegeben, der bei ISO für eine Revision der Norm votierte. Der Vorschlag fand bei dem zuständigen ISO-Gremium Zustimmung, und ein entsprechendes Work Item wurde gestartet. Auf der Basis der oben erwähnten Vorschläge wurde eine revidierte Entwurfsfassung für die ISO 29862 erarbeitet, die sich zurzeit bei ISO in der Kommentierungsphase befindet. Ziel ist es, eine endgültige revidierte Fassung der Norm bis Ende 2024 zu veröffentlichen.

Die Entwicklung einer Prüfmethode zur statischen Scherfestigkeit von doppelseitigen und Transfer Tapes ist weiter vorangekommen. Eine Entwurfsfassung wurde im Rahmen eines Round Robin auf Praxistauglichkeit getestet. An dem Round Robin waren sieben Labore beteiligt, die Erkenntnisse aus dem Versuch werden in die Optimierung der Methodenbeschreibung und eines die Methode unterstützenden Guidance Dokuments einfließen. Der eigentliche Wert der Methode liegt nicht so sehr auf dem Testaufbau an sich, sondern in dem Gedanken, den Aussagewert von statischen Schertests durch systematische Variation der aufgebrachten Last zu erhöhen.

Weiterhin begleitet die TKK die Aktivitäten des VCI und der FEICA zu der kommenden Registrierungspflicht für bestimmte Polymere (Polymers Requiring Registration = PRR) unter REACH. Derzeit sind unter REACH nur die Monomere zu registrieren - nicht jedoch die Polymere. Gemäß Art. 138 Abs.2 der REACH-Verordnung kann die Europäische Kommission jedoch unter definierten Bedingungen Legislativvorschläge zur Registrierung bestimmter Polymertypen vorlegen. Das Vorhaben ist wiederum ein Teilaspekt eines größeren Vorhabens, der REACH-Revision, die wiederum eingebettet ist in die EU Chemicals Strategy for Sustainability. Die Erarbeitung der REACH-Revision hat sich deutlich verzögert und wurde schließlich vom Arbeitsplan 2024 der EU-Kommission genommen. Entsprechend sind die Aktivitäten zu „REACH for Polymers" in den letzten Monaten sehr deutlich zurückgefahren worden und werden wohl frühestens in der zweiten Jahreshälfte 2024 wieder an Fahrt gewinnen, wenn sich nach den Parlamentswahlen wieder ein klareres Bild über die weitere Ausrichtung der EU-Chemikalienpolitik ergeben hat.

Technische Kommission Papier- und Verpackungsklebstoffe (TKPV)

Klebstoffe für Lebensmittelbedarfsgegenstände:

Das Thema „Klebstoffe für Lebensmittelbedarfsgegenstände" stand auch im Zeitraum 2023/2024 im Mittelpunkt der Aktivitäten der Technischen Kommission Papier- und Verpackungsklebstoffe. Nach wie vor gilt, dass Klebstoffe zur Herstellung von Lebensmittelbedarfsgegenständen in den EU-Verordnungen nicht speziell geregelt sind. Klebstoffe unterliegen als Teil von Bedarfsgegenständen dennoch der Verpflichtung einer lebensmittelrechtlichen Beurteilung (Rahmenverordnung (EG) Nr.1935/2004). Wenn Klebstoffe für Lebensmittelbedarfsgegenstände auf Basis von Stoffen formuliert sind, die zur Herstellung von Kunststoffen für Lebensmittelbedarfsgegenstände Verwendung finden, können für eine auf Artikel 3 der Verordnung (EU) Nr. 1935/2004 basierende Risikobewertung die Informationen aus der entsprechenden EU-Regelung herangezogen werden. Seit Januar 2011 gilt hier die Verordnung (EU) Nr. 10/2011, welche die Richtlinie 2002/72/EG vom 6. August 2002 ablöst und alle Stofflisten der Anhänge aller Änderungen und Ergänzungen in einer Verordnung zusammenführte. Diese wird seit ihrem Erscheinen etwa zweimal pro Jahr ergänzt und/oder korrigiert.

Für Stoffe, die dort nicht genannt werden, können nach wie vor die nationalen europäischen Regelungen, wie z.B. die Empfehlungen des Bundesinstitutes für Risikobewertung (BfR) oder das königliche Dekret RD 847/2011, herangezogen werden. Die Verordnung (EU) Nr. 10/2011 verweist darauf, dass Klebstoffe auch aus Stoffen zusammengesetzt sein dürfen, die nicht in der EU für die Produktion von Kunststoffen zugelassen sind.

Mit der Verordnung (EG) Nr. 2023/2006 „über gute Herstellpraxis für Materialien und Gegenständen" wird die „Good Manufacturing Practice - GMP", wie sie im Artikel 3 der Verordnung (EU) Nr.1935/2004 (EU-Rahmenverordnung für Lebensmittelkontaktmaterialien und Gegenstände) gefordert wird, konkretisiert. Diese Verordnung gilt für alle im Anhang 1 genannten Gegenstände und Materialien, also auch für Klebstoffe. Für Rohstoffe, die in den entsprechenden Klebstoffen eingesetzt werden, gilt die GMP-Verordnung streng genommen nicht, sehr wohl müssen diese Rohstoffe Spezifikationen erfüllen, die den Klebstoffhersteller in die Lage versetzen, nach GMP zu arbeiten. Zur Umsetzung der Verordnung in Klebstoff produzierenden Betrieben steht der Leitfaden „Gute Herstellungspraxis“ zur Verfügung.

Der Union Guidance on Regulation (EU) No 10/2011 wurde am 28.11.2013 vom services of the Directorate-General for Health and Consumers herausgegeben. Er soll bei der Interpretation und Umsetzung von Fragestellungen bezüglich der Konformitätserklärungen, der Konformitätsarbeit und der Informationsweitergabe entlang der Lieferkette „Lebensmittelbedarfsgegenstände“ helfen. Klebstoffe zur Herstellung von Lebensmittelbedarfsgegenständen aus Kunststoff/Kunststoffverbunden werden in diesem EU-Leitfaden als “non plastic intermediate material” bezeichnet. Punkt 4.3.2 führt alle relevanten Punkte auf, die ein Hersteller von „non plastic intermediate materials“ innerhalb der Lieferkette weitergeben soll. Die TKPV-Merkblätter 1 bis 4 wurden diesbezüglich überarbeitet. Inhaltlich deckten die Leitfäden bereits alle Aspekte des Union Guidance on Regulation (EU) No 10/2011 im Hinblick auf Klebstoffe ab. Eine formelle Überarbeitung unter Einbeziehung des Union Guidance und allen neuen Verordnungen und Richtlinien war dennoch unumgänglich. Auf der Homepage des Verbandes werden jeweils eine deutsche und eine englische Version bereitgestellt.

Aktuell beschäftigt sich die Kommission mit der Revision der Rahmenverordnung (EG) Nr.1935/2004. Aktuell beabsichtigt man eine vollständige Umstrukturierung der bisherigen Risikobewertung von Lebensmittelbedarfsgegenständen.

Das Thema Mineralöle in Lebensmitteln beschäftigte viele Jahre den deutschen Gesetzgeber, der Lebensmittelverpackungen aus Recyclingkarton neu regeln wollte. Als Haupteintragsquelle wurden die mineralölbasierenden Druckfarben aus dem Zeitungsdruck identifiziert. Der vierte Entwurf einer „Mineralölverordnung“ des Bundesministeriums für Ernährung, Landwirtschaft und Verbraucherschutz für Recyclingkarton wurde fertiggestellt und mit der letzten Entwurfsänderung mit Stand 24.02.2017 im Bundesrat am 16.12.2022 abgelehnt. Eine Nachfolgeregulierung wird nicht erarbeitet.

Frankreich geht einen anderen Weg und versucht den Eintrag von Mineralöl in den Papierrecyclingkreislauf zu verringern. Zu diesem Zweck wurde ein Gesetz erlassen, dass den Gehalt an MOSH/MOAH aus Mineralölen in Druckfarben für graphische Produkte und Papierverpackungen limitiert.

Zur Jahreswende 2023/24 hat die EU-Kommission einen europäischen Regulierungsvorschlag zu MOSH/MOAH in Lebensmitteln veröffentlicht. Dieser Vorschlag basiert auf der jüngsten Risikobewertung von aliphatischen Mineralölkohlenwasserstoffen (MOSH) und aromatischen Mineralölkohlenwasserstoffen (MOAH) durch die Europäische Behörde für Lebensmittelsicherheit (EFSA) im Jahr 2023. Dabei wurden neue wissenschaftliche Informationen und Daten zum Vorkommen von MOSH und MOAH in Lebensmitteln berücksichtigt. Zuvor hatte die EFSA MOSH als toxikologisch unbedenklich eingestuft, jedoch eine weitere Beobachtung vorgeschlagen. So soll nun die Kontaminantenverordnung (EU) 2023/915 mit verbindlichen Grenzwerten für MOAH in Lebensmitteln und für ein Monitoring zur Ableitung von Indikationswerten für MOSH ergänzt werden.

Besonders hervorzuheben ist, dass das vorgelegte europäische Regelungskonzept unabhängig von der Quelle auf die Kontamination von Lebensmitteln mit MOSH und MOAH abzielt. Das bedeutet, dass sämtliche Eintragspfade von Mineralölkohlenwasserstoffen in Lebensmitteln im Hinblick auf die quantitativen Grenzwerte berücksichtigt werden müssen. Bisher wurde insbesondere in Deutschland ein Regulierungsansatz verfolgt, der sich auf die Migration von Mineralölkohlenwasserstoffen aus Lebensmittelverpackungen in das Lebensmittel konzentrierte.

Das TKPV-Merkblatt 7 „Niedermolekulare Kohlenwasserstoffverbindungen in Papier- und Verpackungsklebstoffen" informiert umfassend über Einsatzstoffe in Klebstoffen, die bei Migrationsanalysen als MOSH/MOAH detektiert werden könnten, aber für Lebensmittelverpackungen dennoch ausreichend bewertet sind und gibt Hinweise für die Auswahl geeigneter Rohstoffe. Im März 2023 wurde das Merkblatt überarbeitet und steht auf der Homepage des Verbandes zum Abruf zur Verfügung.

Der Lebensmittelverband Deutschland veröffentlicht unregelmäßig Daten über üblicherweise zu findende MOSH/MOAH-Gehalte in verschiedenen Lebensmittelgruppen (Orientierungswerte). Dies hilft bei der Bewertung von MOSH/MOAH-Befunden und zeigt, ob die Belastung der Lebensmittel unüblich hoch ist.

Klebstoffe im Papierrecycling:

Ein weiteres wichtiges Thema der Arbeiten der TKPV war nach wie vor, wie die Einflüsse von Klebstoffapplikationen auf das Papierrecycling zu bewerten sind. Die aktuellen Forderungen der EU-Kommission in Form der PPWR (packaging and packaging waste regulation) und des Bundesumweltministeriums nach höheren Recyclingquoten im Papierbereich und der Wegfall des Exports von Altpapier „schlechter Qualität" nach China bedingen neue Anstrengungen, den Recyclingprozess zu verbessern. Die TKPV steht in diesem Zusammenhang in einem intensiven Dialog mit der Papierindustrie und wissenschaftlichen Einrichtungen. Die internationale Forschungsgemeinschaft Deinking-Technik (INGEDE) hat mit Unterstützung der TKPV die Prüfmethode „INGEDE Methode 12 – Bewertung der Rezyklierbarkeit von Druckerzeugnissen – Prüfung des Fragmentierverhaltens von Klebstoffapplikationen" entwickelt, die Einzug in alle relevanten Öko-Labels auf nationalen und europäischen Ebenen gehalten hat. Diese Testmethode bewertet die Entfernbarkeit einer Klebstoffapplikation mittels eines Siebes aus dem Recyclingprozess. Anwendbar ist die Methode für alle Klebstoffapplikationen unter Verwendung von nicht wasserlöslichen und nicht reemulgierbaren Klebstoffen.

In einem weiteren Schritt hat die TKPV in Zusammenarbeit mit der INGEDE ein Clusterprojekt erfolgreich abgeschlossen. Die Prüfung der Klebstoffapplikation nach INGEDE Methode 12 kann nun entfallen, sofern der Klebstoff einen Mindesterweichungspunkt besitzt und die Applikation eine Mindestfilmstärke und eine horizontale Mindestausdehnung berücksichtigt. Die Scorecard des EPRC (European Paper Recycling Council), die Vergaberichtlinien für den „Blauen Engel" RAL DE-UZ 195 und des EU Ecolabels wurden entsprechend angepasst. Über die AFERA ist die TKPV-Vertretung im EPRC sichergestellt.

Die neu geschaffene Behörde Stiftung Zentrale Stelle Verpackungsregister veröffentlicht jährlich eine überarbeitete Version des Mindeststandards recyclinggerechtes Design. Dieser beschreibt, wie Verpackungen zu gestalten sind, damit eine möglichst hohe Recyclingquote erreicht werden kann. Dabei werden nur bestehende Recyclingprozesse betrachtet. Alle Zulieferer der Verpackungsindustrie im BtoB-Geschäft mussten sich mit einer natürlichen Person im Verpackungsregister anmelden. Weitere Pflichten bestehen aktuell noch nicht.

Die CEPI hat bereits eine europaweit harmonisierte Testmethode für die Prüfung von Papierprodukten hinsichtlich ihres Verhaltens im Recyclingprozess veröffentlicht. Diese soll in Zukunft alle nationalen Methoden ersetzen. Die Methode wurde in einer zweiten Version um eine CSB-Messung des Kreislaufwassers erweitert und eine Bewertungsmethode zur Testmethode.

Die TKPV hat 2024 ein langjähriges Clusterprojekt in Zusammenarbeit mit dem Institut PMV (Papierfabrikation und Mechanische Verfahrenstechnik) der technischen Unsiversität Darmstadt zu wässrigen Dispersionsklebstoffen auf Basis Ethylenvinylacetatpolymeren und Vinylacetat-Homopolymeren abgeschlossen. Eine Veröffentlichung der Versuchsergebnisse und ein Merkblatt der TKPV sind in 2024 zu erwarten.

4evergreen erarbeitet für alle Recyclingströme Regeln für ein recyclinggerechtes Design von Verpackungen. Ein Katalog von Anwendungen mit Bewertungen hinsichtlich der Rezyklierbarkeit und Störstoffen entsteht.

Vernetzung:
Der IVK hat für die TKPV ein BfR-Abo abgeschlossen, so dass Änderungen an Empfehlungen für Lebensmittelbedarfsgegenstände direkt an die TKPV gehen. Darüber hinaus ist der IVK nunmehr auf Wunsch der TKPV Mitglied im Lebensmittelverband Deutschland (früher BLL). Dies ermöglicht den schnellen Zugang zu einer Vielzahl an Informationsquellen. Die TKPV ist mit einer ständigen Vertretung im Gesprächskreis Lebensmittelbedarfsgegenstände aktiv. Die TKPV entsendet einen ständigen Vertreter in die SCRAPPA der TWG PP / FEICA.

FEICA:
Der europaweiten Bedeutung wegen werden die Themenkreise „Klebstoffe für Lebensmittelbedarfsgegenstände” und „Klebstoffapplikationen im Recyclingprozess (Papier & Kunststoff) auch weiterhin sehr intensiv mit den FEICA-Arbeitsgruppen „Technical Working Group Paper and Packaging (TWG PP)“ und „Technical Task Force on the Sustainability & Recycling of Adhesives in Paper and Packaging Applications (TF SRAPPA)“ erörtert. Ziel ist es, eine gesamteuropäische Position der Klebstoffindustrie sowie Lösungen zu diesen wichtigen Fragen zu finden. Auch die TWG PP beschäftigt sich mit dem Thema Mineralöle in Lebensmitteln und hat zu dem Thema entsprechende Merkblätter veröffentlicht.

Weitere Themen der Bearbeitung waren:
- Arbeiten des Technischen Ausschusses Druckweiterverarbeitung der FOGRA
- Mikroplastik
- PPWR
- PFAS, BPA, Ethanol, cyclische Siloxane, 1,4-Dioxan
- EUDR

Technische Kommission Schuhklebstoffe (TKS)

Die TKS koordiniert die technische Öffentlichkeitsarbeit der deutschen Schuhklebstoffhersteller, unterstützt nationale und internationale Normungsaktivitäten und ist Ansprechpartner für marktsegmentspezifische technische Bewertungen und Informationen im Rahmen der Aktivitäten von IVK und VCI bzgl. regulativer Angelegenheiten.

Normung

Der wesentliche Schwerpunkt der Arbeit liegt in der Mitarbeit bei der Entwicklung nationaler und europäischer Normen zur Erfassung grundlegender Eigenschaften von Schuhklebstoffen.

Die Aktivitäten umfassen Normen zur

- Mindestanforderung von Schuhklebungen (Anforderung und Werkstoffe)
- Prüfungen zur Festigkeit von Schuhklebungen (Schälfestigkeitsprüfungen)
- Verarbeitung (Bestimmung der optimalen Aktivierbedingungen, Bestimmung des Sohlen-Setz-Tacks)
- Beständigkeit (Farbänderung durch Migration, Wärmebeständigkeit von Zwickklebstoff)
- Charakterisierung von standardisierten Prüfwerkstoffen und Referenz-Prüfklebstoffen

Diese Normen werden turnusmäßig darauf überprüft, ob sie noch dem Stand der Technik entsprechen und weiterhin relevant sind, dabei wird erforderlichenfalls eine Überarbeitung angestoßen.

Hilfestellung und Tipps bei auftretenden Not- und Servicefällen während des Einsatzes von Klebstoffen gibt das von der TKS erarbeitete Merkblatt „Problemlösung bei Fehlern in der Schuhherstellung". Diese Prüfliste kann auf der IVK-Website heruntergeladen werden.

Technische Kommission Strukturelles Kleben und Dichten (TKSKD)

Die Technische Kommission Strukturelles Kleben und Dichten (TKSKD) beschäftigt sich mit verschiedenen aktuellen technischen Fragestellungen zu strukturellen Kleb- und Dichtstoffen und unterstützt somit die dem korrespondierenden Arbeitskreis (AKSKD) angehörenden Hersteller struktureller Kleb- und Dichtstoffe, Rohstoffhersteller und in diesem Bereich tätigen Forschungseinrichtungen mit wertvollen Informationen.

Aufgrund der vielfältigen Anwendungsgebiete von Strukturklebstoffen in den verschiedensten Industrien (z. B. Automobil-, Schienenfahrzeug-, Flugzeug-, Boots- und Schiffbau, Elektro- und Elektronikindustrie, Hausgeräteindustrie, Medizintechnik, optische Industrie, Maschinen-, Anlagen- und Gerätebau und Wind- und Solarenergie) werden neben technischen Themen von allgemeinem Interesse auch solche, die sich auf spezielle Marksegmente beziehen, bearbeitet.

Schwerpunkte der bisherigen Arbeiten waren u. a.:

- *Chemikalienrecht:* Wie schon in den vorherigen Berichtszeiträumen waren die Neuerungen im Chemikalienrecht mit den daraus resultierenden Anforderungen an die Hersteller von Klebstoffen und deren Kunden ein wesentlicher Themenschwerpunkt.

  Beispiele sind:
  - Substances of Very High Concern/SVHCs:
    Die regelmäßigen Informationen über geplante und erfolgte Neuaufnahmen in die Liste der besonders Besorgnis erregenden Stoffe.

  - Beschränkung der Verwendung von Diisocyanaten:
    Mit dem Ziel, Atemwegssensibilisierungen durch Diisocyanate zu vermeiden und somit den gewerblichen bzw. industriellen Arbeitsschutz zu verbessern, wurde der Anhang XVII der REACH-Verordnung geändert, sodass seit August 2023 Diisocyanate weder als Stoff noch als Bestandteil in Gemischen industriell oder gewerblich nur dann verwendet werden dürfen (Konsumentenprodukte werden von dieser Verordnung nicht erfasst) wenn, (a) die Konzentration an Diisocyanaten einzeln und in Kombination weniger beträgt als 0,1 Gewichtsprozent oder (b) der Arbeitgeber oder Selbstständige sicherstellt, dass industrielle oder gewerbliche Anwender vor der Verwendung des Stoffes oder Gemisches erfolgreich eine Schulung zur sicheren Verwendung von Diisocyanaten abgeschlossen haben. Ab dem 24. Februar 2022 muss auf der Verpackung ein entsprechender Hinweis angebracht sein.
    Bezüglich der Schulung hat sich der IVK mit der FEICA einer gemeinsamen Industrieinitiative verschiedener Verbände angeschlossen. Es wurde eine digitale Schulungsplattform aufgebaut und online-Lernprogramme entwickelt. Die Basisinhalte wurden von den Diisocynatherstellern und die darüber hinausgehenden branchenspezifischen Lehrinhalte von den jeweiligen Branchen erstellt. Das Schulungsangebot wird von der FEICA finanziell unterstützt, sodass die web-basierte Schulung für die Mitarbeiter und Kunden von IVK-Mitgliedern kostenfrei angeboten wird.

  - Europaweit harmonisierter Arbeitsplatzgrenzwert für Diisocyanate.
    Anfang 2019 hat die Europäische Kommission der ECHA ein Mandat für die Erstellung eines harmonisierten Arbeitsplatzgrenzwerts für Diisocyanate gegeben. Anfang 2024 stimmte das europäische Parlament einem Kommissionsvorschlag zu, mit dem erstmals Grenzwerte für Diisocyanate eingeführt werden sollen. Konkret wurde der Grenzwert bei der Verarbeitung von Diisocyanaten wie z.B. MDI, TDI auf 6 µg NCO/m^3 für einen achtstündigen Arbeitstag festgelegt. Bei kurzfristigem Kontakt von bis zu 15 Minuten sollen es 12 µg NCO/m^3 sein. Diese Werte wird die EU-Kommission 2029 einer Überprüfung unterziehen. Mit 10 µg NCO/m^3 für den Arbeitstag in Erzeugung oder Verarbeitung und 20 µg NCO/m^3 für den Kurzzeitkontakt gelten in einer Übergangszeit bis Ende 2028 zunächst noch etwas höhere Werte.
    Die Einhaltung dieser Werte wird Investitionen in eine Messtechnik mit einer deutlich niedrigeren Nachweisgrenze zur Überwachung der Grenzwerte und ggf. weitere Investitionen in Anlagen (z. B. zusätzliche Absaugvorrichtungen) sowohl seitens der Klebstoffhersteller aber auch bei deren Kunden erfordern. Im Endeffekt bedeutet dies einen Wettbewerbsnachteil gegenüber Anbietern und Verwendern im außereuropäischen Raum.

- Geplante Revision der REACH-Verordnung/European Green Deal
  Die REACH-Revision beinhaltet insbesondere:
  - neue Informations-/Datenanforderungen (u. a. Polymerregistrierung, Identifizierung der Kanzerogenität unabhängig vom Mengenband, Stoffsicherheitsbericht auch für 1 – 10 t/a-Stoffe, gesamter ökologischer Fußabdruck von Stoffen, soweit möglich),
  - neue SVHC-Kriterien (zusätzlich zu PBT/vPvB: ED, PMT, vPvM),
  - die Einführung eines MAF (Mixture Allocation Factor),
  - eine Neuregelung des Zulassungsverfahrens unter Einbeziehung des Essential Use und
  - die Anwendung des Generic Risk Approach (GRA)

  Es ist davon auszugehen, dass die Konzepte und Maßnahmen der KOM in eine starke Einschränkung der Chemikalienvielfalt münden werden. Nachdem die politische Entwicklung seit dem letzten Jahr in Europa in verschiedenen Mitgliedsstaaten zu einer zunehmenden Kritik geführt hat, wurde die REACH-Revision zunächst ausgesetzt und ist im Arbeitsprogramm der Kommission für 2024 nicht mehr enthalten. Dies bedeutet jedoch nicht, dass diese gänzlich vom Tisch ist.

- Mikroplastik
  Am 27. September 2023 wurde die REACH-Beschränkung zur Regulierung des Inverkehrbringens von primärem Mikroplastik (Verordnung (EU) 2023/2055) im EU-Amtsblatt veröffentlicht und trat am 17. Oktober 2023 in Kraft. Über die damit verbundenen Auswirkungen auf die Informations- und Kennzeichnungspflichten gegenüber den Kunden sowie die Berichtspflichten gegenüber der ECHA wurde in der TKSKD berichtet.

• *Klebtechnische Ausbildung:* Eine gute klebtechnische Ausbildung der Anwender von Klebstoffen und daraus resultierend ein gutes klebtechnisches Verständnis unterstützt eine erfolgreiche, korrekte und bedarfsgerechte Umsetzung der Klebtechnik und liegt somit im Interesse der Klebstoffhersteller. Die Anfang 2016 veröffentlichte und 2020 überarbeitete DIN 2304-1 unterstreicht dies, indem sie für sicherheitsrelevante, lastübertragende Klebungen entsprechend qualifiziertes Personal sowohl für die Planung als auch für die Durchführung von Klebungen fordert. Mittlerweile wurde die DIN 2304-1 internationalisiert und als DIN EN ISO 21368 veröffentlicht.
  Das der Norm gerecht werdende dreistufige, auch international etablierte, Ausbildungskonzept des DVS/EWF wurde genauso wie die Erstellung des auf der IVK-Internetseite aufrufbaren Leitfadens „Kleben – aber richtig" durch den IVK und insbesondere die TKSKD unterstützt.
  Betrachtet man das klebtechnische Weiterbildungsangebot, so ist zu beobachten, dass die Weiterbildung internationaler geworden ist. So wurden, um der gestiegenen Nachfrage gerecht zu werden, das internationale Kursangebot ausgeweitet, und im November 2023 fand erstmalig die internationale Veranstaltung „Bremen Bonding Days" mit 86 Teilnehmern aus 17 Nationen statt.
  Der Blick auf die Teilnehmerverteilung der Weitebildungskurse nach Branchen zeigt bei steigender Teilnehmerzahl einen starken prozentualen Anstieg an Teilnehmern aus der Automobilbranche, die in dieser Hinsicht den Schienenfahrzeugbau als Treiber ablöst.

• *Forschungsförderung:* Die TKSKD versteht sich ebenfalls als Brücke zwischen Industrie und außerindustriellen, wissenschaftlichen Forschungsaktivitäten und informiert regelmäßig über

strukturklebstoffrelevante, im Rahmen einer vorwettbewerblichen Klebstoffforschung laufende, bewilligte und geplante Forschungsprojekte. Bei einem entsprechenden Forschungsbedarf werden in enger Zusammenarbeit mit Forschungsstellen neue Projekt beantragt und nach deren Bewilligung aktiv durch Mitarbeit in dem jeweiligen projektbegleitenden Ausschuss unterstützt.
So wurde zum Beispiel das durch das Fraunhofer IFAM und dem SKZ bearbeitete Projekt zum Thema „Wetting Envelope" durch die Mitwirkung mehrerer Mitgliedsunternehmen begleitet und in der TKSKD regelmäßig über den aktuellen Stand der Projektarbeit berichtet. Ziel des mittlerweile abgeschlossenen Projektes war es, die Übertragung des unter anderen in der Beschichtungstechnik bereits mit Erfolg angewendeten Verfahrens auf Klebstoffe zu erweitern und somit eine bessere Vorhersage des Benetzungsverhaltens von Oberflächen (Fügeteile) durch Klebstoffe und somit auch der Ausbildung von Adhäsionskräften zu ermöglichen. Da sich Klebstoffe jedoch in vielen ihrer Eigenschaften von üblichen Beschichtungsmaterialien unterscheiden, wurden die bestehenden Methoden zur Ermittlung der benötigten Kennwerte auf ihre Anwendbarkeit auf Klebstoffe überprüft. Dabei stellte sich heraus, dass die Benetzungseigenschaften neben der Oberflächenenergie auch von der Rheologie und der Aushärtung des Klebstoffs beeinflusst werden. Auf Basis dieser beiden Einflussgrößen lässt sich eine ganzheitliche Betrachtung des Benetzungsverhaltens ableiten, die wesentlich über das ursprüngliche Modell der Wetting Envelope hinausgeht. Insgesamt betrachtet existiert demnach kein einfacher funktionaler Zusammenhang zwischen den Oberflächenenergien von Klebstoff und Fügeteiloberfläche einerseits und dem Benetzungsverhalten andererseits, so dass sich die Wetting Envelope-Theorie nicht direkt auf die Klebtechnik übertragen lässt.

- *Normungsarbeit:* Die in den verschiedenen nationalen und internationalen Normenausschüssen tätigen Fachleute der IVK-Mitgliedsfirmen berichteten regelmäßig über strukturklebstoff-relevante Aktivitäten aus den folgenden nationalen und internationalen Arbeitsgruppen:
  - CEN/TC 193 „Adhesives"
  - CEN/TC 193/WG 1 General Terminology – General Physical and Chemical Tests
  - ISO/TC 61/SC 1 "General Terminology"
  - ISO/TC 61/SC 1/WG 1 "Terms and Definitions"
  - ISO/TC 61/SC 11/WG5 „Polymeric Adhesives"
  - DIN NA 054-BR-03 SO „Strategieausschuss FNK"
  - DIN NA 054-01-01 AA „Terminologie (Kunststoffe)"
  - DIN NA 054-04-06 AA „Klebstoffe Terminologie, chem.-techn. Prüfungen"
  - DIN NA 062 BR „Beirat NMP"
  - DIN NA 62-10 FBR Fachbereichsbeirat Klebstoffe
  - DIN NA 062-10-02 AA „Prüfmetoden in der konstruktiven Klebtechnik"
  - NA 062-10-03 AA „Klebstoffe für elektronische Anwendungen"
  - DIN NA 087-05-06 AA „Klebtechnik im Schienenfahrzeugbau"
  - DIN/DVS NAS 092-00-28 AA „Arbeitsausschuss Klebtechnik"
  - DVS AG V 8 „Klebtechnik"

Der Schwerpunkt der letzten Jahre war die Information über den aktuellen Stand der Internationalisierung sowohl der Schienenfahrzeugnorm (DIN 6701 „Kleben von Schienenfahrzeugen und

-fahrzeugteilen"), als auch der allgemeinen klebtechnischen Qualitätsnorm DIN 2304-1 (Klebtechnik - Qualitätsanforderungen an Klebprozesse, Teil 1: Prozesskette Kleben).

Beide Projekte sind mittlerweile mit der Veröffentlichung der DIN EN 17460 „Bahnanwendungen - Schienenfahrzeuge - Kleben von Schienenfahrzeugen und Schienenfahrzeugteilen" als Ersatz für die DIN 6701 und der DIN EN ISO 21368 „Klebstoffe - Richtlinien für die Herstellung von vernetzten Klebstrukturen und Berichtsverfahren für deren Risikobewertung" als Ersatz für die DIN 2304-1 abgeschlossen. Die beiden nationalen DIN-Normen bleiben vorerst für eine dreijährige Übergangsfrist neben den internationalisierten Normen bestehen.

Der Bedeutung der Normung in Bezug auf die Transformation in eine Kreislaufwirtschaft werden die diesbezüglichen nationalen, europäischen und internationalen Normungsaktivitäten u.a. durch eine Mitarbeit im „DIN/DKE Fachbeirat Circular Economy in der Koordinierungsstelle Umweltschutz" beobachtet, um eventuelle in Normen auftretende, dem Fügeverfahren Kleben nicht gerecht werdenden Formulierungen entgegenwirken zu können.

Beirat für Öffentlichkeitsarbeit (BeifÖ)

Die zentrale Aufgabe des Beirats für Öffentlichkeitsarbeit ist, den Industrieverband Klebstoffe und die Schlüsseltechnologie Kleben in seiner großen Vielschichtigkeit bzw. Anwendungstiefe positiv in der Öffentlichkeit und in den Medien darzustellen.

Die kontinuierliche Kommunikation des Industrieverbands Klebstoffe ist erfolgreich: Das Thema Kleben hat zwischenzeitlich einen festen Platz in klassischen Print- und Online-Medien gefunden. Entsprechend hoch ist die Medienresonanz. Im Jahresdurchschnitt generiert die Pressearbeit des Industrieverband Klebstoffe Auflagenzahlen von rund 120 Millionen im Jahr.

Aber auch in den einschlägigen Social-Media-Kanälen wie Facebook, Instagram, LinkedIn, Twitter oder YouTube ist der IVK präsent - auf allen Kanälen wird geklebt.

Das Printmagazin „Kleben fürs Leben" hat sich in der PR-Arbeit des Industrieverbands Klebstoffe etabliert. Einmal jährlich herausgegeben, ist es ein wichtiger Baustein der Kommunikationsstrategie der deutschen Klebstoffindustrie und ein Multiplikator von großem Wert. Frei von jeder Art von Produkt- bzw. Firmenwerbung zielt das Medium darauf ab, das positive Image der Klebstoffindustrie weiter zu stärken und die vielseitigen Vorteile der Verbindungstechnologie insbesondere im Bereich Nachhaltigkeit zu dokumentieren. In der diesjährigen Ausgabe werden wieder zahlreiche Klebstoffanwendungen aus den verschiedensten Bereichen unseres täglichen Lebens beleuchtet. Das Magazin wurde im Hinblick auf die Wahl des Papiers, das Druckverfahren und die Klebung erneut nachhaltig gestaltet und produziert.

Dass Klebstoffe in Haushalt, Handwerk und Industrie unverzichtbar sind und warum viele Zukunftstechnologien und die Produktion von Alltagsgegenständen nur mit Klebstoffen möglich sind, zeigt der IVK-Imagefilm „Faszination Kleben". In fünf Minuten erfährt der Zuschauer nicht nur Wissenswertes über die Chemie von Klebstoffen und wie sie funktionieren, sondern auch in welchen unterschiedlichen Bereichen Klebstoffe erfolgreich eingesetzt werden. Von der Automobil- über die Elektro- bis hin zur Textil- und Bekleidungsbranche – nahezu jeder Industriezweig setzt heute auf die Klebtechnik, um Produkte zu verbessern und Innovationen zu entwickeln. In Kooperation mit dem europäischen Kleb- und Dichtstoffverband (FEICA) wurde darüber hinaus der Videofilm „Was die Welt zusammenhält" produziert.

Vor dem Hintergrund der Digitalisierungsstrategie der deutschen Bundesregierung entwickelt der Verband gemeinsam mit dem Fonds der Chemischen Industrie (FCI) digitale Unterrichtsmaterialien. Gerade zu Zeiten des Homeschoolings wurde dieses innovative Lernmedium von Lehrern und Eltern gerne genutzt. Diverse interaktive Tafelbilder, die speziell für den Einsatz an Schulen auf Whiteboard, PC und Tablet konzipiert sind, sollen den Schülern das Thema Klebstoffe zeitgemäß mit modernen Lernmethoden vermitteln.

Zusätzlich wurde das Institut für Didaktik der Chemie der Universität Frankfurt damit beauftragt, ein Lehrerfortbildungsprogramm zum Thema „Kleben im Unterricht" zu entwickeln, um vertiefende Einblicke in die Klebchemie zu geben und Anknüpfungspunkte zum Lehrplan aufzuzeigen.

Das neue Material wurde zum Schuljahresbeginn 2018/2019 fertiggestellt und steht Lehrkräften in ganz Deutschland unter https://www.klebstoffe.com/informationen/unterrichtsmaterialien/ kostenfrei zur Verfügung.

Geschäftsführung

Die Mitarbeiterinnen und Mitarbeiter der Geschäftsstelle des Industrieverbands Klebstoffe stellen innerhalb der Organisation die Koordinierung, die Bearbeitung und die Nachverfolgung der sich aus den verschiedenen Gremiensitzungen resultierenden vielfältigen Aufgaben sicher. Die Geschäftsstelle garantiert einen zeitnahen Informationsfluss im Hinblick auf die für die Industrie und seine Fachgremien wichtigen Themen. Die Geschäftsstelle dient u. a. als Informationsplattform und Anlaufstelle für die Mitglieder des Verbands in Bezug auf technische bzw. rechtlich relevante Informationen u. a. in den Bereichen Arbeits-, Umwelt- und Verbraucherschutz, Wettbewerbs-, Chemikalien-, Umwelt- und Lebensmittelrecht sowie Nachhaltigkeit.

Nach außen versteht sich die Geschäftsführung des IVK als Repräsentant und kompetenter Partner der Klebstoffindustrie. Im Rahmen ihres Aufgabenprofils vertritt die Geschäftsführung die technischen und wirtschaftspolitischen Interessen der Industrie gegenüber nationalen, europäischen und internationalen Institutionen. Darüber hinaus stehen die Mitarbeiterinnen und Mitarbeiter des Verbands im engen und pro-aktiven Dialog mit Kunden-, Handwerker- und Verbraucherverbänden, Systempartnern, wissenschaftlichen Einrichtungen und der Öffentlichkeit. Durch eine aktive Mitarbeit in Beiräten wichtiger Leitmessen und Fachmagazinen sowie Fachgremien verschiedener Bundes- und EU-Ministerien stellt die Geschäftsführung eine fachlich und inhaltlich adäquate Begleitung von klebstoffrelevanten Themen und Projekten auf allen Ebenen und entlang der Wertschöpfungskette „Kleben" sicher.

Dies gilt für auch für den Bereich der Forschung: als Mitglied des Beirats der ProcessNet-Fachgruppe Klebtechnik bzw. des Gemeinschaftsausschuss Kleben (GAK) begleitet die Geschäftsführung den wissenschaftlichen Forschungsbedarf sowie die Koordinierung öffentlich geförderter wissenschaftlicher Forschungsprojekte im Bereich der Klebtechnik.

In zahlreichen Publikationen, in Gesprächen mit fachinteressierten Kreisen und durch Fachvorträge kommuniziert die Geschäftsführung das hohe Leistungsspektrum und Innovationspotenzial der Klebstoffindustrie sowie das vorbildliche arbeits-, umwelt- und verbraucherschutzorientierte Bewusstsein seiner Mitglieder.

PERSONALIA

Ehrenmitgliedschaften & Ehrenvorsitz

Arnd Picker wurde im Rahmen der Mitgliederversammlung 2012 zum Ehrenmitglied und gleichzeitig zum Ehrenvorsitzenden des Industrieverband Klebstoffe ernannt. Der Verband und seine Mitglieder würdigten damit die Verdienste von Arnd Picker um eine erfolgreiche Positionierung des Industrieverband Klebstoffe während seiner 16-jährigen Amtszeit als Vorsitzender des Vorstandes. Der Industrieverband Klebstoffe ist heute der weltweit größte und im Hinblick auf das für seine Mitglieder angebotene Service-Portfolio ebenfalls der weltweit führende nationale Verband im Bereich Klebtechnik.

Ehrenmitglieder
Arnd Picker, Ehrenvorsitzender
Dr. Johannes Dahs
Dr. Hannes Frank
Ansgar van Halteren
Dr. Rainer Vogel

Verdienstmedaille der deutschen Klebstoffindustrie

Personen, die sich im besonderen Maße um die Klebstoffindustrie und die Klebtechnik verdient gemacht haben, werden vom Industrieverband Klebstoffe mit der Verdienstmedaille der deutschen Klebstoffindustrie ausgezeichnet.

Verliehen wurde diese Auszeichnung an

Ansgar van Halteren – Juni 2022
für sein jahrzehntelanges Engagement für die deutsche Klebstoffindustrie. Als Geschäftsführer und späterer Hauptgeschäftsführer des Industrieverbands Klebstoffe e. V. hat er sich mehr als 30 Jahre unermüdlich im Interesse der Mitgliedsfirmen eingesetzt und mit höchstem persönlichem Engagement die Zukunft der Klebstoffbranche mitgestaltet. Er hat den Verband maßgeblich geprägt und mit Leidenschaft und persönlichem Einsatz zur Stimme der deutschen Klebstoffindustrie gemacht. Mit viel Weitblick ist es ihm gelungen, ein 360°-Netzwerk aufzubauen und die Services des Verbands stetig anzupassen und zu erweitern. Dadurch hat er maßgeblich dazu beigetragen, dass die deutsche Klebstoffindustrie eine große Gemeinschaft aus Mitgliedsfirmen, Institutionen und anderen Verbänden im In- und Ausland geworden ist.

Dr. Joachim Schulz – Juni 2022
für die Vertretung und Vernetzung kleiner und mittelständischer Unternehmen im Industrieverband Klebstoffe. Als Vorsitzender der Technischen Kommission Papier- und Verpackungsklebstoffe von 1992 bis 2000 und des gleichnamigen Arbeitskreises von 2002 bis 2006 hat er mit viel persönlichem Engagement die Vernetzung des Industrieverbands Klebstoffe mit nachgeschalteten Anwendern aus dem Schlüsselmarktsegment vorangetrieben. Kompetent und nachhaltig hat er in seiner Funktion als stellvertretender Verbandsvorsitzender von 2008 bis 2020 die Interessen der kleinen und mittelständischen Unternehmen im Vorstand des Industrieverbands Klebstoffe vertreten.

Dr. H. Werner Utz – Juni 2022
für seinen jahrzehntelangen erfolgreichen Einsatz, die Akteure der Bauindustrie im konstruktiven Dialog auf Augenhöhe zu vereinen.
Als Vorsitzender des Arbeitskreises Bauklebstoffe von 1986 bis 2006 hat er zwei Jahrzehnte Firmenvertreter auf Verbandsebene an einen Tisch gebracht und hat durch seine offene, faire und wertschätzende Art maßgeblich dazu beigetragen, dass Branchenlösungen gemeinschaftlich erarbeitet wurden, die dem Schlüsselmarktsegment Bauklebstoffe bis heute positiv zugutekommen. Dr. Utz hat als gewähltes Mitglied des Vorstands von 2008 bis 2020 die Interessen der Bauklebstoffindustrie kompetent, nachhaltig und stets mit hohem persönlichem Engagement vertreten.

Peter Rambusch – Mai 2018
für seinen maßgeblichen Beitrag, dass die bis in die 1990er Jahre hinein bestehende organisatorische Trennung zwischen Klebstoffherstellern und Herstellern von Selbstklebebändern überwunden wurde. Auf seine Initiative hin wurden 1995 die deutschen Klebebandhersteller mit einer eigenen kaufmännischen und technischen Repräsentanz in den Industrieverband Klebstoffe aufgenommen. Bis zum heutigen Tag hat Peter Rambusch die Interessen der Klebebandindustrie kompetent, nachhaltig und stets engagiert im Vorstand des Industrieverband Klebstoffe vertreten. Peter Rambusch hat sich damit nicht nur um die Förderung der Zusammenarbeit zweier eng miteinander verwandter Industrien verdient gemacht, sondern gleichzeitig das Kompetenzprofil des Industrieverband Klebstoffe in Fragen aller klebtechnischen Angelegenheiten maßgeblich erweitert.

Marlene Doobe – Juni 2017
für ihren jahrzehntelangen Einsatz für die deutsche Klebstoffindustrie. Als Chefredakteurin der Zeitschrift adhäsion KLEBEN + DICHTEN hat sie über 20 Jahre lang diese für die Klebstoffindustrie wichtige Fachzeitschrift mit Professionalität, höchstem persönlichen Engagement und sehr viel Herzblut erfolgreich geleitet und gemeinsam mit dem Industrieverband Klebstoffe zu einer interdisziplinären 360°-Kommunikationsplattform der Klebtechnik ausgebaut.
Marlene Doobe hat sich damit um die Förderung einer engen Zusammenarbeit von Forschung und Industrie auf dem Gebiet der Klebtechnik sehr verdient gemacht und das Image der Klebstoffindustrie in entscheidenden Dimensionen gefördert und geprägt.

Dr. Manfred Dollhausen - Mai 2010

für sein erfolgreiches Engagement im Bereich Normung, mit dem er im erheblichen Maße dazu beigetragen hat, Klebstofftechnologie „made in Germany" in nationalen, europäischen und internationalen Standards zu dokumentieren und zu manifestieren. Darüber hinaus hat Dr. Dollhausen bereits in den 60er-Jahren des 20. Jahrhunderts den unschätzbaren Wert der technischen Zusammenarbeit zwischen der Klebstoffindustrie und der Rohstoffindustrie erkannt, diese aktiv forciert und damit das Fundament für die bis heute gültige erfolgreiche Systempartnerschaft beider Industrien gelegt.

Dr. Hannes Frank - September 2007

für sein jahrzehntelanges Engagement für die deutsche Klebstoffindustrie. Als Mitglied des Technischen Ausschusses hat er sowohl die Klebtechnik als auch das Image der Klebstoffindustrie in entscheidenden Dimensionen gefördert und geprägt. Hierzu zählt insbesondere sein Engagement für den Mittelstand und dessen - für die technische und wirtschaftliche Entwicklung - unverzichtbaren Innovationspotenzials. Auf dem Gebiet der Polyurethanklebstoff-Technologie gilt Dr. Frank als erfolgreicher Pionier. Darüber hinaus hat er als Forderer und Förderer einer branchenübergreifenden Kommunikations- und Ausbildungsstrategie maßgeblich dazu beigetragen, die Klebtechnik als Schlüsseltechnologie des 21. Jahrhunderts zu positionieren.

Prof. Dr. Otto-Diedrich Hennemann - Mai 2007

für seine wissenschaftlichen Arbeiten, durch die er vor allem das „System Kleben" in entscheidenden Dimensionen gefördert und geprägt hat. Hierzu zählen insbesondere die Erforschung der Langzeitbeständigkeit von Klebverbindungen und die Implementierung geeigneter Simulationsprozesse in der Automobil- und Luftfahrtindustrie. Die konkrete Anwendungsorientierung und Nutzenentwicklung bei den Systempartnern stand dabei stets im Mittelpunkt seiner Arbeiten.

Gremien des Industrieverband Klebstoffe e. V. (IVK)

Die jeweils aktuelle Zusammensetzung der Gremien finden Sie unter www.klebstoffe.com/organisation-und-struktur/

Vorstand	
Vorsitzende: Dr. Kathrin Hein	Henkel AG & Co. KGaA D-40191 Düsseldorf
Stellvertretender Vorsitzender: Dr. René Rambusch	certoplast Technische Klebebänder GmbH D-42285 Wuppertal
Weitere Mitglieder:	
Ilaria Brillarelli	Wacker Chemie AG D-81737 München
Mark Eslamlooy	ARDEX GmbH D-58453 Witten
Dr. Michael Frank	Henkel AG & Co. KGaA D-40191 Düsseldorf
Stephan Frischmuth	tesa SE D-22848 Norderstedt
Dr. Gert Heckmann	H.B. Fuller / Kömmerling Chemische Fabrik GmbH D-66954 Pirmasens
Frank Holzäpfel	Sika Deutschland GmbH D-72574 Bad Urach
Timm Koepchen	EUKALIN Spezial-Klebstoff Fabrik GmbH D-52249 Eschweiler
Klaus Kullmann	Jowat SE D-32758 Detmold

Olaf Memmen	Bostik GmbH D-33829 Borgholzhausen
Dr. Thomas Pfeiffer	Türmerleim GmbH D-67061 Ludwigshafen
Philipp Utz	Uzin Utz SE D-89079 Ulm

Technischer Ausschuss

Vorsitzender: Dr. Michael Frank	Henkel AG & Co. KGaA D-40191 Düsseldorf
Weitere Mitglieder:	
Dr. Norbert Arnold	Uzin Utz SE D-89079 Ulm
Dr. Rainer Buchholz	RENIA-Gesellschaft mbH D-51076 Köln
Dr. Torsten Funk	Sika Technology AG CH-8048 Zürich
Seda Gellings	UHU GmbH & Co. KG D-77815 Bühl
Prof. Dr. Andreas Groß	Fraunhofer-Institut für Fertigungstechnik und Angewandte Materialforschung (IFAM) D-28359 Bremen
Daniela Hardt	Celanese Services Germany GmbH D-65844 Sulzbach
Christoph Küsters	3M Deutschland GmbH D-41453 Neuss
Dr. Annett Linemann	H.B. Fuller Deutschland GmbH D-21335 Lüneburg

Dr. Hartwig Lohse	Klebtechnik Dr. Hartwig Lohse e. K. D-25524 Itzehoe
Dr. Michael Nitsche	Bostik GmbH D-33829 Borgholzhausen
Matthias Pfeiffer	Türmerleim GmbH D-67061 Ludwigshafen
Arno Prumbach	EUKALIN Spezial-Klebstoff Fabrik GmbH D-52249 Eschweiler
Dr. Karsten Seitz	tesa SE D-22848 Norderstedt
Dr. Christian Terfloth	Jowat SE D-32758 Detmold
Dr. Christoph Thiebes	Covestro Deutschland AG D-51365 Leverkusen
Dr. Axel Weiss	BASF SE D-67063 Ludwigshafen

Technische Kommission Bauklebstoffe

Vorsitzender: Dr. Norbert Arnold	Uzin Utz SE D-89079 Ulm
Weitere Mitglieder:	
Dr. Tobias Benighaus	Sika Deutschland GmbH D-48720 Rosendahl
Dr. Thomas Brokamp	Bona GmbH Deutschland D-65549 Limburg
Dr. Frank Gahlmann	Stauf Klebstoffwerk GmbH D-57234 Wilnsdorf
Stefan Großmann	Sopro Bauchemie GmbH D-65203 Wiesbaden

Dr. Jan-Niklas Keil	Bostik GmbH D-33829 Borgholzhausen
Bernd Lesker	Mapei GmbH D-63762 Großostheim
Sven Neukirch	Wakol GmbH D-66954 Pirmasens
Elisabeth Reinhardt	Forbo Eurocol Deutschland GmbH D-99091 Erfurt
Dr. Maximilian Rüllmann	BASF SE D-67063 Ludwigshafen
Dr. Jörg Sieksmeier	ARDEX GmbH D-58453 Witten
Anna Thomé	Celanese Services Germany GmbH D-65843 Sulzbach
Christian Westermann	Wulff GmbH u. Co. KG D-49504 Lotte
Dr. Steffen Wunderlich	Kleiberit SE & Co. KG D-76356 Weingarten

Technische Kommission Holzklebstoffe

Vorsitzende: Daniela Hardt	Celanese Services Germany GmbH D-65844 Sulzbach
Weitere Mitglieder:	
Wolfgang Arndt	Covestro Deutschland AG D-51365 Leverkusen
Holger Brandt	Follmann GmbH & Co. KG D-32423 Minden
Christoph Funke	Jowat SE D-32758 Detmold

Oliver Hartz	BASF SE D-67063 Ludwigshafen
Dr. Stephan Kaiser	Wacker Chemie AG 84489 Burghausen
Dr. Thomas Kotre	Planatol GmbH D-83101 Rohrdorf-Thansau
Dr. Sebastian Mailänder	Henkel AG & Co. KGaA D-40191 Düsseldorf
Martin Sauerland	H.B. Fuller Deutschland GmbH D-21335 Lüneburg
Holger Scherrenbacher	Kleiberit SE & Co. KG D-76356 Weingarten

Technische Kommission Haushalt-, Hobby- & Büroklebstoffe

Vorsitzende: Seda Gellings	UHU GmbH & Co. KG D-77815 Bühl
Weitere Mitglieder:	
Frank Avemaria	3M Deutschland GmbH D-41453 Neuss
Dr. Marc Bollmann	tesa SE D-22848 Norderstedt
Dr. Rainer M. Buchholz	RENIA-Gesellschaft mbH D-51109 Köln
Dr. Markus Halbherr	Henkel AG & Co. KGaA D-40191 Düsseldorf
Henning Voß	WEICON GmbH & Co. KG D-48157 Münster

Technische Kommission Klebebänder

Vorsitzender: Dr. Karsten Seitz	tesa SE D-22848 Norderstedt
Weitere Mitglieder:	
Dr. Achim Böhme	3M Deutschland GmbH D-41453 Neuss
Dr. Thomas Christ	BASF SE D-67063 Ludwigshafen
Dr. Ruben Friedland	Lohmann GmbH & Co. KG D-56567 Neuwied
Dr. Thomas Hanhörster	Sika Automotive Deutschland GmbH D-22525 Hamburg
Prof. Dr. Andreas Hartwig	Fraunhofer-Institut für Fertigungstechnik und Angewandte Materialforschung (IFAM) D-28359 Bremen
Lutz Jacob	RJ Consulting GbR D-87527 Altstaedten
Dr. Thorsten Meier	certoplast Technische Klebebänder GmbH D-42285 Wuppertal
Melanie Ott	artimelt AG CH-6210 Sursee
Dr. Ralf Rönisch	COROPLAST Fritz Müller GmbH & Co. KG D-42279 Wuppertal
Michael Schürmann	Henkel AG & Co. KGaA D-40191 Düsseldorf

Technische Kommission Papier-/Verpackungsklebstoffe

Vorsitzender: Arno Prumbach	EUKALIN Spezial-Klebstoff Fabrik GmbH D-52249 Eschweiler
Weitere Mitglieder:	
Dr. Elke Andresen	Bostik GmbH D-33829 Borgholzhausen
Jonas Breitsameter	Wacker Chemie AG D-84489 Burghausen
Dr. Olga Dulachyk	Gludan (Deutschland) GmbH D-21514 Büchen
Holger Hartmann	Celanese Services Germany GmbH D-65843 Sulzbach
Dr. Thomas Kotre	Planatol GmbH D-83101 Rohrdorf-Thansau
Matthias Pfeiffer	Türmerleim GmbH D-67061 Ludwigshafen
Dr. Peter Preishuber-Pflügl	BASF SE D-67063 Ludwigshafen
Alexandra Ross	H.B. Fuller Deutschland GmbH D-21335 Lüneburg
Dr. Christian Schmidt	Jowat SE D-32758 Detmold
Iulia Szincsak	Follmann Chemie GmbH D-32423 Minden
Dr. Monika Tönnießen	Henkel AG & Co. KGaA D-40191 Düsseldorf

Technische Kommission Schuhklebstoffe

Vorsitzender: Dr. Rainer Buchholz	RENIA-Gesellschaft mbH D-51076 Köln
Weitere Mitglieder:	
Wolfgang Arndt	Covestro Deutschland AG D-51368 Leverkusen
Martin Breiner	H.B. Fuller/ Kömmerling Chemische Fabrik GmbH D-66929 Pirmasens
Andreas Ecker	H.B. FULLER Austria GmbH A-4600 Wels
Dr. Martin Schneider	ARLANXEO Deutschland GmbH D-41538 Dormagen

Technische Kommission Strukturelles Kleben & Dichten

Vorsitzender: Dr. Hartwig Lohse	Klebtechnik Dr. Hartwig Lohse e. K. D-25524 Itzehoe
Weitere Mitglieder:	
Jürgen Fritz	Evonik Industries AG D-79618 Rheinfelden
Rosto Iosif	3M Deutschland GmbH D-41453 Neuss
Michael Klotz	Henkel AG & Co. KGaA D-40191 Düsseldorf
Dr. Erik Meiß	Fraunhofer Institut für Fertigungstechnik und Angewandte Materialforschung (IFAM) D-28359 Bremen
Bernhard Schuck	Bostik GmbH D-33829 Borgholzhausen

Frank Steegmanns	Stockmeier Urethanes GmbH & Co. KG D-32657 Lemgo
Artur Zanotti	Sika Deutschland GmbH D-72574 Bad Urach
Beirat für Nachhaltigkeit	
Sprecher: Jürgen Germann	3M Deutschland GmbH D-41453 Neuss
Weitere Mitglieder:	
Uwe Düsterwald	BASF SE D-67063 Ludwigshafen
Dr. Ruben Friedland	Lohmann GmbH & Co. KG D-56567 Neuwied
Jürgen Fritz	Evonik Industries AG D-79618 Rheinfelden
Prof. Dr. Andreas Hartwig	Fraunhofer-Institut für Fertigungstechnik und Angewandte Materialforschung (IFAM) D-28359 Bremen
Ulla Hüppe	Henkel AG & Co. KGaA D-40191 Düsseldorf
Dr. Heinz Küppers	IMCD Deutschland GmbH D-50668 Köln
Bernd Lesker	MAPEI GmbH D-63762 Großostheim
Dr. Mathias Matner	Covestro Deutschland AG D-51373 Leverkusen
Linn Mehnert	Wacker Chemie AG D-84489 Burghausen

Hesam Ostovari	Henkel AG & Co. KGaA D-40191 Düsseldorf
Dr. Christian Schmidt	Jowat SE D-32758 Detmold
Dr. Thomas Schubert	tesa SE D-22848 Norderstedt
Dr. Evert Smit	LOHMANN GmbH & Co KG D-56567 Neuwied
Dr. Julia Soldat	ARDEX GmbH D-58453 Witten
Dr. Martin Weller	H.B. Fuller Deutschland GmbH D-21335 Lüneburg
Dr. Michael Zieger	Uzin Utz SE D-89079 Ulm

Beirat für Öffentlichkeitsarbeit

Sprecher: Thorsten Krimphove	WEICON GmbH & Co. KG D-48157 Münster
Weitere Mitglieder:	
Holger Best	ISGATEC GmbH D-68167 Mannheim
Holger Bleich	Privat
Sebastian Hinz	Henkel AG & Co. KGaA D-40191 Düsseldorf
Denise Horn	Innotech Marketing und Konfektion Rot GmbH D-69242 Mühlhausen
Oliver Jüntgen	Henkel AG & Co. KGaA D-40191 Düsseldorf
Jens Ruderer	RUDERER KLEBETECHNIK GmbH D-85600 Zorneding
Jan Schulz-Wachler	EUKALIN Spezial-Klebstoff Fabrik GmbH D-52249 Eschweiler
Dr. Christine Wagner	Wacker Chemie AG D-84489 Burghausen

Arbeitskreis Bauklebstoffe

Vorsitzender:
Olaf Memmen

Bostik GmbH
D-33829 Borgholzhausen

Arbeitskreis Holzklebstoffe

Vorsitzender:
Klaus Kullmann

Jowat SE
D-32758 Detmold

Arbeitskreis Industrieklebstoffe

Vorsitzende:
Dr. Kathrin Hein

Henkel AG & Co. KGaA
D-40191 Düsseldorf

Arbeitskreis Klebebänder

Vorsitzender:
Dr. René Rambusch

certoplast Technische Klebebänder GmbH
D-42285 Wuppertal

Arbeitskreis Papier-/Verpackungsklebstoffe

Vorsitzender:
Dr. Thomas Pfeiffer

Türmerleim GmbH
D-67014 Ludwigshafen

Arbeitskreis Rohstoffe

Vorsitzende:
Ilaria Brillarelli

Wacker Chemie AG
D-81737 München

Arbeitskreis Strukturelles Kleben & Dichten

Vorsitzender:
Frank Holzäpfel

Sika Deutschland GmbH
D-72574 Bad Urach

Arbeitsgruppe Haushalt-, Hobby- & Büroklebstoffe

Vorsitzende: Seda Gellings	UHU GmbH & Co. KG D-77815 Bühl

Arbeitsgruppe Schaumklebstoffe

Vorsitzender: Frank Steegmanns	Stockmeier Urethanes GmbH & Co. KG D-32657 Lemgo

Arbeitsgruppe Schuhklebstoffe

Vorsitzender: Dr. Rainer Buchholz	RENIA-Gesellschaft mbH D-51076 Köln

Geschäftsstelle

Dr. Vera Haye	Hauptgeschäftsführerin
Dr. Axel Heßland	Geschäftsführer „Technik“
Klaus Winkels	Geschäftsführer „Recht“
Michaela Szkudlarek	Assistentin der Hauptgeschäftsführung/Finanzen
Janik Bollé	Referent Nachhaltigkeit
Danuta Dworaczek	Referentin Technik & Recherche
Nathalie Schlößer	PR-Redakteurin
Martina Weinberg	Veranstaltungsmanagerin
Natascha Zapolowski	Referentin Umwelt & Technik

Ehrenvorsitzender

Arnd Picker	Rommerskirchen

Ehrenmitglieder

Dr. Johannes Dahs	Königswinter
Dr. Hannes Frank	Detmold
Ansgar van Halteren	Ratingen
Arnd Picker	Rommerskirchen
Dr. Rainer Vogel	Langenfeld

Träger der Verdienstmedaille der deutschen Klebstoffindustrie

Ansgar van Halteren	Ratingen
Dr. Joachim Schulz	Eschweiler
Dr. H. Werner Utz	Ulm
Peter Rambusch	Wuppertal
Marlene Doobe	Eltville
Dr. Manfred Dollhausen	Odenthal
Dr. Hannes Frank	Detmold
Prof. Dr. Otto-D. Hennemann	Osterholz-Scharmbeck

BERUFSGRUPPE
BAUKLEBSTOFFE

REPORT 2023/2024

FCIO – Österreich

FCIO – Österreich

Die Berufsgruppe Bauklebstoffe im Fachverband der Chemischen Industrie wurde 2008 als Nachfolger des aufgelösten Vereins „VÖK – Vereinigung österreichischer Klebstoffhersteller" gegründet. Die Berufsgruppe Bauklebstoffe arbeitet im Rahmen des Fachverbands der Chemischen Industrie – FCIO – als selbstständige Berufsgruppe.

Die Berufsgruppe Bauklebstoffe hat derzeit 12 Mitglieder.

Mission und Service-Leistungen

Die FCIO-Berufsgruppe Bauklebstoffe mit ihren 12 Mitgliedern ist eine auf dem Wirtschaftskammergesetz basierende Berufsgruppe innerhalb des Fachverbands der Chemischen Industrie. Hauptaufgabe der Berufsgruppe ist die Interessensvertretung und Mitgestaltung der wirtschaftspolitischen Rahmenbedingungen für unsere Industrie in Österreich. Als Körperschaft öffentlichen Rechts hat die Berufsgruppe Bauklebstoffe den gesetzlichen Auftrag, die Interessen der Industrie in allen Bereichen zu wahren und die Mitgliedsunternehmen in allen rechtlichen Belangen, insbesondere Umwelt- und Arbeitsrecht zu beraten. Die Berufsgruppe steht in permanentem Kontakt mit den zuständigen Behörden und auch den Gewerkschaften und arbeitet in vielen Arbeitsgruppen von wissenschaftlichen Institutionen und Ministerien, sowie nationalen Normen-Komitees mit. Aufgabe der Berufsgruppe ist es, die Mitgliedsunternehmen bei der Erfüllung der gesetzlich vorgeschriebenen Verpflichtungen, insbesondere im Bereich Sicherheit, Gesundheit und Umweltschutz zu beraten und zu unterstützen. Weiter engagiert sich die Berufsgruppe bei Ausbildungsprogrammen für Lehrlinge für das Fliesenleger- und Bodenleger-Handwerk in Österreich.

Organisation und Struktur

Die Berufsgruppe Bauklebstoffe ist Teil des Fachverbands der Chemischen Industrie – FCIO, der wiederum unter dem Dach der Wirtschaftskammer-Organisation – WKO organisiert ist.

Präsident: Mag. Bernhard Mucherl/Murexin GmbH
Geschäftsführer: Dr. Klaus Schaubmayr/FCIO

Fachverband Klebstoff-Industrie Schweiz

REPORT 2023/2024

FKS – Schweiz

FKS – Schweiz

Unsere Aufgabe

Der Verband fördert die Mitglieder bezüglich der Kleb- und Dichtstoff-Herstellung, insbesondere durch:

- Vertretung der Interessen der schweizerischen Kleb- und Dichtstoff-Industrie bei Behörden und Verbänden, einschließlich der Mitwirkung bei gesetzgeberischen Aufgaben
- Mitarbeit in Fachgremien, um die Zusammenarbeit mit Behörden, nationalen und internationalen Verbänden zu stärken
- Statistiken und Basisinformationen zum Klebstoffmarkt Schweiz, welche den Schweizer und europäischen Behörden für ihre Entscheidungsprozesse Grundlageninformationen liefern
- Technische Abklärungen und Expertisen, um das Vertrauen der Kunden zu Mitgliedern des Fachverbandes zu fördern
- Regelmäßiger Informations- und Erfahrungsaustausch der Mitglieder, mit dem Ziel, die Qualität der Produkte weiterzuentwickeln
- Organisieren von fachspezifischen Vorträgen

Marktentwicklungen, Richtlinien und Maßnahmen

Die Beobachtung von Marktentwicklungen und die bestehenden Richtlinien sind die Basis für die Umsetzung von Maßnahmen bezüglich Umweltschutz und Sicherheit bei der Herstellung, Verpackung, Transport, Anwendung und Entsorgung. Die Maßnahmen tragen dazu bei, mit den erbrachten Dienstleistungen jederzeit den höchsten Ansprüchen des Marktes zu genügen.

Mitglied der FEICA

(Féderation Européenne des Industries de Colles et Adhésifs)

Der Fachverband ist Mitglied der FEICA. FEICA vertritt auf internationaler Ebene in Zusammenarbeit mit internationalen Organisationen die Interessen ihrer Landesverbände. Informationen über die Entwicklung im europäischen Raum werden durch FEICA regelmäßig den Landesverbänden zur Verfügung gestellt.

Dienstleistungen

- Statistiken und Basisinformationen
- Nationale Normen
- Technische Abklärungen und Expertisen
- Informations- und Erfahrungsaustausch
- Informationen über regulatorische Entwicklungen
- Frühling- und Herbsttagung
- Zugang zu FKS-Informationen im Internet Memberbereich

Organisation & Struktur

- Präsident
  Toni Rüegg
- Vize-Präsident
  Dr. Michael Lang
- Sekretär
  Christian Fischer

Mitglieder

Alfa Klebstoffe AG
APM Technica AG
Artimelt AG
ASTORtec AG
Avery Dennison Materials Europe GmbH
BFH Architektur, Holz und Bau
Collano AG
Distona AG
DuPont Transportation & Industrial
EMS-CHEMIE AG
ETH Zürich
FHNW University of Applied Sciences Northwestern Switzerland
GYSO AG
H.B. Fuller Europe GmbH
Henkel & Cie. AG
Jowat Swiss AG
Kisling AG
KDT AG
merz+benteli ag
Pontacol AG
Sika Schweiz AG
Uzin Utz Schweiz AG
Wakol GmbH
ZHAW – Zurich University of Applied Sciences

Kontaktinformationen

Präsident	Vize-Präsident	Sekretär	Sekretariat
Toni Rüegg JOWAT Swiss AG Schiltwaldstrasse 33 6033 Buchrain Tel.: +41 (0) 41 445 11 11 E-Mail: toni.rueegg@jowat.ch	Dr. Michael Lang Collano AG Neulandstrasse 3 6203 Sempach Station Tel.: +41 (0) 41 469 91 00 E-Mail: michael.lang@collano.com	Christian Fischer artimelt AG Wassermatte 1 6210 Sursee Tel.: +41 (0)41 926 05 35 E-Mail: christian.fischer@artimelt.com	Fachverband Klebstoff-Industrie Schweiz Dieter Bleisch Zeughausstrasse 14 b 8853 Lachen Tel.: +41 (0)55 451 18 80 E-Mail: info@fks.ch http://www.fks.ch

vereniging lijmen en kitten

REPORT 2023/2024

VLK – Niederlande

VLK – Niederlande

Industrielle Organisation

Die Vereinigung Lijmen en Kitten (VLK) vertritt die Kleb- und Dichtstoffindustrie in den Niederlanden und ist dank ihrer technischen und wirtschaftlichen Interessen als wichtiger Spieler im europäischen *level playing field* bekannt.

Die Kleb- und Dichtstoffindustrie der Niederlande geht vor allem dem Business to Business Ansatz nach. Kleb- und Dichtstoffe werden vor allem im industriellen Sektor und für den Bau genutzt. Es wird geschätzt, dass der VLK ungefähr 80 % des Umsatzes mit Kleb- und Dichtstoffen in den Niederlanden ausmacht.

Für die verbundenen Betriebe ist die VLK:

- *Ansprechpartner* für die Regierung und staatliche Stellen wie die zuständigen Behörden, die Arbeitsaufsichtsbehörde, die Verbraucher im Markt, die Partner in der Lieferkette und andere Interessengruppen
- *Sprecher* der Industrie für eine umsetzbare Gesetzgebung auf nationaler und europäischer Ebene;
- *Quelle für Informationen* und Help-Desk für Gesetz- und Regelgebungen für Stoffe (z. B. REACH, CLP, Biozide etc.) sowie Verordnungen und Regelungen in Bauangelegenheiten (wie CPR und die CE-Kennzeichnung);
- *Schützer* des Images der Kleb- und Dichtstoffe sowie der Kleb- und Dichtstoffindustrie;
- *Facilitator* von Wissensaustausch und Networking.

Die VLK ist Mitglied der FEICA (Association of the European Adhesive & Sealant Industry), die die Anliegen des Sektors auf europäischem Level vertritt.

Leistungen

Was können Mitglieder der VLK erwarten?

- Lobby

Die VLK strebt nach praktischen und realistischen Gesetz- und Regelgebungen bezüglich der Entwicklung, Produktion und des Verkaufs von Kleb- und Dichtstoffen in den Niederlanden. Der Verband fördert die Interessen des Sektors in seinen Kontakten mit der Regierung, den Dachverbänden, den Käuferorganisationen und den Partnern der Lieferkette. Viele neue Entwicklungen und Initiativen kommen von europäischen Zusammenschlüssen aus Brüssel. Hierfür ist die VLK Mitglied der FEICA.

- Vollständiges Netzwerk

Der VLK bringt die Mitglieder untereinander und mit einer Vielzahl von Akteuren der Kleb- und Dichtstoffindustrie in Kontakt. Dies geht über die eigene Branche hinaus; der VLK fördert den

Erfahrungsaustausch mit anderen Partnern in der Wertschöpfungskette und mit Wissensinstituten.

- Wissen teilen

Die VLK filtert relevante Informationen und verbreitet diese unter den Mitgliedern via der Webseite und digitalen Newslettern. Die Mitglieder können auch aktuelle Leitfäden und Veröffentlichungen auf der Website der Mitglieder einsehen. Der VLK hat drei Branchengruppen und zwei Fachausschüsse, in denen sich die Mitglieder gegenseitig über neue Entwicklungen informieren, zum Beispiel in Bezug auf neue Rechtsvorschriften, Gesundheit und Sicherheit, Umwelt und Normen.

- Einsicht in die Marktentwicklung

Die Bereiche Bodenkleber und Fliesenkleber haben eine Benchmark für die Entwicklungen in den verschiedenen Märkten, in denen diese aktiv sind, gesetzt. Für Jedes Quartal erhalten Sie einen Bericht über die Marktentwicklungen.

- Helpdesk

Die VLK verfügt über ein Helpdesk für die Gesetz- und Regelgebung bezüglich Kleb- und Dichtstoffen. Zum Beispiel über Rechtsvorschriften, die den Sektor betreffen. Der VLK bietet maßgeschneiderte Beratung oder verweist die Mitglieder an eine Organisation, die ihnen weiterhelfen kann.

- Positives Image und Vertrauen

Aufgrund der unabhängigen Position des VLK ist der Branchenverband VLK in der Lage, eine objektive Sichtweise und allgemeine Informationen nach außen zu vermitteln. Der VLK kommuniziert über den (oft unsichtbaren) Beitrag von Kleb- und Dichtstoffen zum Komfort in unserem Leben.

Mitglieder

Die Mitglieder sind es, die die VLK ausmachen. Die industrielle Organisation besteht aus Direktoren, Managern und Experten, die Arbeiten im Namen des VLK Büros ausführen. Die Kontaktdaten von allen Mitgliedern, können auf der Webseite www.vlk.nu/leden aufgerufen werden. Die VLK ist nicht an kommerziellen Aktivitäten von individuellen Betrieben beteiligt.

Organisation

Die Mitgliederversammlung wählt den Vorstand, der die VLK leitet. Der VLK hat die folgenden Vorstandsmitglieder:

- Wybren de Zwart (Saba Dinxperlo BV) – Vorsitzender
- Gerrit Jonker (Omnicol BV)
- Rob de Kruijff (Sika Nederland BV)
- Gertjan van Dinther (Soudal BV)

Die VLK besteht aus den folgenden Abteilungen:
- Bodenkleber und Ausgleichsmassen
- Fliesenkleber
- Dichtstoffe

Die VLK besteht aus den folgenden Arbeitsgruppen:
- Technische Kommission Chemikalien-Gesetzgebung
- Technische Kommission Baugewerbe und Industrie

Büro

Wie Farben und Druckfarben sind auch Klebstoffe und Dichtstoffe zusammengesetzte Produkte. Der VLK arbeitet eng mit dem niederländischen Verband der Farben- und Druckfarbenhersteller (VVVF) zusammen, mit dem er sich ein Büro teilt. Der VVVF hat eine Reihe von sektorweiten Themen festgelegt, um seinen Aktivitäten Struktur und Priorität zu verleihen. Wo immer möglich, schließt sich der VLK diesen Themengruppen an, um Synergieeffekte aus der Zusammenarbeit mit dem VVVF zu erzielen.

Weitere Informationen?

Nehmen Sie für weitere Informationen mit der VLK unter www.vlk.nu Kontakt auf.

VLK

Loire 150, 2491 AK Den Haag Niederlande
Telefon: + 31 70 444 06 80
E-Mail: info@vlk.nu
www.vlk.nu

EMICODE®

Sicherheit vor Raumluftbelastungen

Das Thema „Sicherheit vor Raumluftbelastungen" und die Forderungen kritischer Verbraucher, emissionsarme Produkte bereitzustellen, haben im Februar 1997 zur Einrichtung des Kennzeichnungssystems EMICODE® geführt. Getragen wurde diese Initiative von den führenden Herstellern von Verlegewerkstoffen des Industrieverband Klebstoffe. Von diesen wurde die Gemeinschaft Emissionskontrollierte Verlegewerkstoffe, Klebstoffe und Bauprodukte e.V. (GEV) gegründet.

Zunächst entwickelte die deutsche Klebstoffindustrie Anfang der 90er Jahre gemeinsam mit den Bauberufsgenossenschaften den sog. GISCODE, um Verarbeiter in der Auswahl des Verlegewerkstoffes zu unterstützen. Mit dem Kennzeichnungssystem GISCODE wird dem Verarbeiter der schnelle Überblick über arbeitsschutzrechtlich geeignete Produkte gegeben.

Nach dem Gefahrstoffrecht dürfen sich Parkett- und Fußbodenleger heute nur in Ausnahmefällen und unter Beachtung besonderer Schutzmaßnahmen hohen Konzentrationen flüchtiger Lösemittel aussetzen (TRGS 610). Die Verwendung von Ersatzstoffen mit weit geringerem Gefährdungspotential ist die Regel geworden.
Dies trug zu einem erheblichen Rückzug lösemittelhaltiger Produkte in den vergangenen 27 Jahren bei.

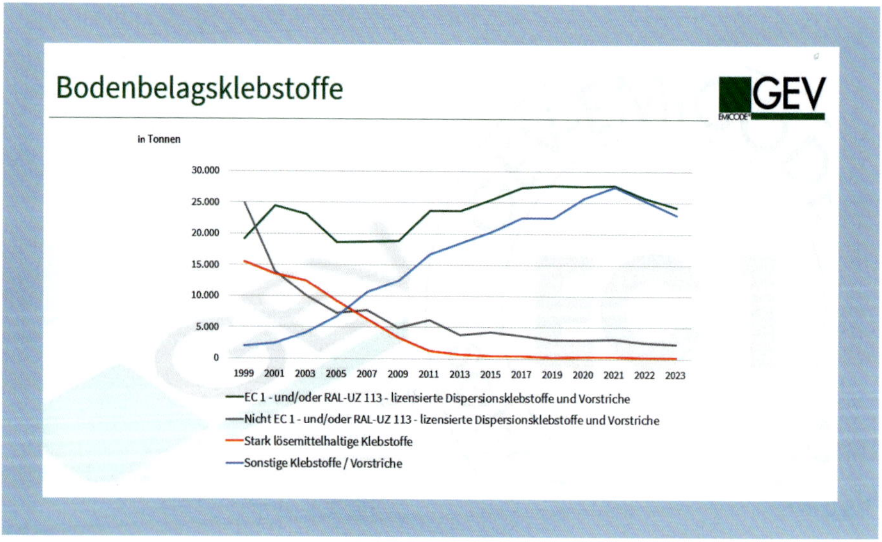

Einsatz Dispersionsklebstoffe

Neben Lösemitteln gibt es noch weitere organische Verbindungen. Es handelt sich dabei um technisch bedingte Verunreinigungen von Rohstoffen oder um schwerflüchtige Verbindungen. Diese werden zwar nur in geringer Konzentration, dafür jedoch über längere Zeit aus den Produkten an die Raumluft abgegeben. Eine neue Generation lösemittelfreier und sehr emissionsarmer Verlegewerkstoffe wurde deshalb entwickelt, die aus raumlufthygienischer Sicht besonders empfehlenswert sind.

Um in der Vielzahl unterschiedlicher Messverfahren Verarbeitern und Verbrauchern eine verlässliche Orientierung zu geben, wurde das wettbewerbsneutrale Prüf- und Kennzeichnungssystem **EMICODE®** entwickelt. Durch EMICODE® wurde die Möglichkeit geschaffen, Verlegewerkstoffe und andere chemische Bauprodukte nach ihrem Emissionsverhalten einheitlich zu bewerten. Zugleich wurde ein starker Anreiz dafür gegeben, die Produkte zu verbessern.

Der Klasseneinteilung nach dem System EMICODE® liegen eine exakt definierte Prüfkammerun tersuchung und anspruchsvolle Einstufungskriterien zugrunde. Klebstoffe, Spachtelmassen, Grundierungen und andere Bauprodukte, die mit dem GEV-Zeichen EMICODE® EC 1 als „sehr emissionsarm" gekennzeichnet sind, bieten dabei größtmögliche Sicherheit vor Raumluftbelastungen.

Im Unterschied zu anderen Systemen erfolgt die Kennzeichnung eigenverantwortlich durch den Hersteller, während die GEV zur Kontrolle Stichproben am Markt durch unabhängige Institute durchführen lässt. Ein weiterer Unterschied ist, dass die GEV keine Qualitätskompromisse zulässt; technisch fragwürdige Öko-Kriterien werden im Sinne der Nachhaltigkeit nicht angewendet.

Diese freiwillige Initiative ist eine konsequente Fortführung der Bemühungen um den Gesundheitsschutz von Verarbeitern und Verbrauchern. EMICODE® gibt ausschreibenden Stellen, Architekten, Planern, Handwerkern, Bauherren und Endverbrauchern eine transparente, wettbewerbsneutrale Orientierungshilfe bei der Auswahl „emissionsarmer" Verlegewerkstoffe. Videos in vielen Sprachen, Broschüren und technische Dokumente sowie weitere Unterlagen sind unter der Homepage www.emicode.com einsehbar.

Mit der Erweiterung der EMICODE®-Produkte um den Produktbereich der Fugendichtstoffe, Parkettlacke und -öle, Montageschäume, Estriche, reaktive Beschichtungen und Fensterfolien, Innenraumputze, etc. hat die GEV auf Marktanforderungen reagiert, weitere Produkte zu klassifizieren, die nicht den klassischen Verlegewerkstoffen zugehören. Hierdurch wird auf weitere Markt- und Industrieanforderungen reagiert, Produkte ökologisch zu differenzieren.
Mittlerweile hat die GEV über 200 Mitglieder aus 23 Ländern und wächst stetig - vor allem in Deutschland und dem europäischen Ausland.

Vorsitzender des Vorstands	Stefan Neuberger, Pallmann GmbH
Vorsitzender des Technischen Beirats	Hartmut Urbath, PCI GmbH
Geschäftsführer GEV	RA Klaus Winkels

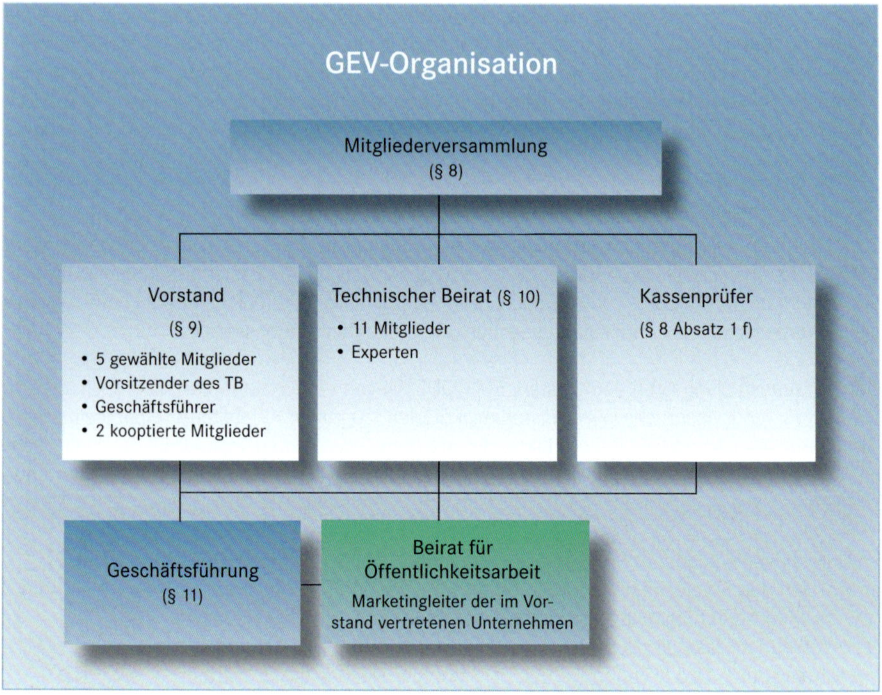

Gemeinschaft Emissionskontrollierte Verlegewerkstoffe, Klebstoffe und Bauprodukte (GEV)
RWI4-Haus
Völklinger Straße 4
D-40219 Düsseldorf
Telefon +49 (0) 2 11-6 79 31-20
E-Mail: info@emicode.com
www.emicode.com

FEICA

Verband der europäischen Klebstoffindustrien

Seit 1972 vertritt der europäische Klebstoffverband FEICA - **F**édération **E**uropéenne des **I**ndustries de **C**olles et **A**dhésifs - die Interessen der europäischen Kleb- und Dichtstoffindustrie. Die FEICA ist der Dachverband für 16 nationale Klebstoffverbände in Europa, und sie repräsentiert darüber hinaus die Interessen von derzeit 25 Einzelunternehmen – im Wesentlichen multinational operierende Klebstoffhersteller bzw. Produzenten von Montageschäumen sowie 24 angeschlossener Mitglieder.

Die Geschäftsstelle der FEICA hat ihren Sitz in Brüssel.

Die Leitung des europäischen Verbands obliegt Kristel Ons.

Die Ziele der FEICA

In Zusammenarbeit mit ihren Mitgliedern nimmt die FEICA die gemeinsamen europäischen Interessen der Klebstoffindustrie wahr. Ihr obliegt die Vertretung der Interessen ihrer Mitglieder gegenüber den Institutionen der Europäischen Union.

Außenkontakte

Um auf schnellstmöglichem Wege Informationen über die Vorhaben und Erlässe der Europäischen Institutionen (Europäisches Parlament, Europäischer Rat, Europäische Kommission, Generaldirektorate) zu erhalten, unterhält die FEICA u. a. einen engen Kontakt zum europäischen Chemieverband **CEFIC** (Europäischer Chemieverband) und zu anderen europäischen Verbänden, von denen sich viele der sogenannten DUCC-Gruppe (**D**ownstream **U**ser of **C**hemicals **C**o-ordination Group) angeschlossen haben.

Service für IVK-Mitglieder

Als National Association Mitglied (NAM) der FEICA vertritt der Industrieverband Klebstoffe die Interessen der deutschen Klebstoffhersteller im Direktorium, im technischen Vorstand sowie in zahlreichen Fachgremien des europäischen Verbands. Diese Konstellation sichert den Mitgliedern des Industrieverbands Klebstoffe einen entsprechenden, kostenfreien Service sowie alle notwendigen Informationen und regelmäßige Kontakte auf europäischer Ebene.

Kontaktadresse

FEICA – Rue Belliard 40 – 1040 Brussels – Belgium– www.feica.eu

DEUTSCHE UND EUROPÄISCHE GESETZGEBUNG UND VORSCHRIFTEN

Klebstoffrelevante Auflistung

Gefahrstoffrecht

Nationale Gesetze, Verordnungen und Verwaltungsvorschriften

- **Chemikaliengesetz** (ChemG) - Gesetz zum Schutz vor gefährlichen Stoffen
- **Gefahrstoffverordnung** (GefStoffV) - Verordnung zum Schutz vor Gefahrstoffen
- **Chemikalien-Verbotsverordnung** (ChemVerbotsV) - Verordnung über Verbote und Beschränkungen des Inverkehrbringens gefährlicher Stoffe, Zubereitungen und Erzeugnisse nach dem Chemikaliengesetz
- **Chemikalien-Sanktionsverordnung** (ChemSanktionsV) - Verordnung zur Sanktionsbewehrung gemeinschafts- oder unionsrechtlicher Verordnungen auf dem Gebiet der Chemikaliensicherheit
- **Giftinformationsverordnung** (ChemGiftinfoV) - Verordnung über die Mitteilungspflichten nach § 16 e des Chemikaliengesetzes zur Vorbeugung und Information bei Vergiftungen
- **Chemikalien-Klimaschutzverordnung** (ChemKlimaschutzV) - Verordnung zum Schutz des Klimas vor Veränderungen durch den Eintrag bestimmter fluorierter Treibhausgase
- **Chemikalien-Ozonschichtverordnung** - (ChemOzonSchichtV) - Verordnung über Stoffe, die die Ozonschicht schädigen
- **Lösemittelhaltige Farben- und Lack-Verordnung** (ChemVOCFarbV) – Chemikalienrechtliche Verordnung zur Begrenzung der Emissionen flüchtiger organischer Verbindungen (VOC) durch Beschränkung des Inverkehrbringens lösemittelhaltiger Farben und Lacke
- **Biozidrechts-Durchführungsverordnung** (ChemBiozidDV) - Verordnung über die Meldung und die Abgabe von Biozid-Produkten sowie zur Durchführung der Verordnung (EU) Nr. 528/2012 (Biozidrechts-Durchführungsverordnung - ChemBiozidDV)
- **Betriebssicherheitsverordnung** (BetrSichV) - Verordnung über Sicherheit und Gesundheitsschutz bei der Verwendung von Arbeitsmitteln
- **Technische Regeln für Gefahrstoffe TGRS**
  - TRGS 201, Einstufung und Kennzeichnung von Abfällen zur Beseitigung beim Umgang
  - TRGS 220, Nationale Aspekte beim Erstellen von Sicherheitsdatenblättern
  - TRGS 400, Gefährdungsbeurteilung für Tätigkeiten mit Gefahrstoffen
  - TRGS 401, Gefährdung durch Hautkontakt - Ermittlung, Beurteilung, Maßnahmen
  - TRGS 402, Ermitteln und Beurteilen der Gefährdungen bei Tätigkeiten mit Gefahrstoffen: Inhalative Exposition
  - TRBA/TRGS 406, Sensibilisierende Stoffe für die Atemwege
  - BekGS 409, Bekanntmachungen zu Gefahrstoffen - Nutzung der REACH-Informationen für den Arbeitsschutz
  - TRGS 410, Expositionsverzeichnis bei Gefährdung gegenüber krebserzeugenden oder keimzellmutagenen Gefahrstoffen der Kategorien 1A oder 1B
  - TRGS 420, Verfahrens- und stoffspezifische Kriterien (VSK) für die Ermittlung und Beurteilung der inhalativen Exposition
  - TRGS 430, Isocyanate – Exposition und Überwachung
  - TRGS 460, Handlungsempfehlung zur Ermittlung des Standes der Technik
  - TRGS 500, Schutzmaßnahmen
  - TRGS 507, Oberflächenbehandlung in Räumen und Behältern
  - TRGS 509 Lagern von flüssigen und festen Gefahrstoffen in ortsfesten Behältern sowie Füll- und Entleerstellen für ortsbewegliche Behälter

- TRGS 510, Lagerung von Gefahrstoffen in ortsbeweglichen Behältern
- TRGS 519, Asbest: Abbruch-, Sanierungs- oder Instandhaltungsarbeiten
- TRGS 520, Errichtung und Betrieb von Sammelstellen und zugehörigen Zwischenlagern für Kleinmengen gefährlicher Abfälle
- TRGS 526, Laboratorien
- TRGS 527 Tätigkeiten mit Nanomaterialien
- TRGS 555, Betriebsanweisung und Information der Beschäftigten
- TRGS 559, Quarzhaltiger Staub
- TRGS 600, Substitution
- TRGS 610, Ersatzstoffe und Ersatzverfahren für stark lösemittelhaltige Vorstriche und Klebstoffe für den Bodenbereich
- TRGS 617, Ersatzstoffe und Ersatzverfahren für stark lösemittelhaltige Oberflächenbehandlungsmittel für Parkett und andere Holzfußböden
- TRGS 800, Brandschutzmaßnahmen
- TRGS 900, Arbeitsplatzgrenzwerte
- BekGS 901 Kriterien zur Ableitung von Arbeitsplatzgrenzwerten
- TRGS 903, Biologische Grenzwerte
- TRGS 905, Verzeichnis krebserzeugender, erbgutverändernder und fortpflanzungsgefährdender Stoffe
- TRGS 906, Verzeichnis krebserzeugender Tätigkeiten oder Verfahren nach § 3 Abs. 2 Nr. 3 GefStoffV
- TRGS 907, Verzeichnis sensibilisierender Stoffe und von Tätigkeiten mit sensibilisierenden Stoffen
- TRGS 910, Risikobezogenes Maßnahmenkonzept für Tätigkeiten mit krebserzeugenden Gefahrstoffen

- **Merkblätter der Berufsgenossenschaften**
  - A 002 – Gefahrgutbeauftragte
  - A 004 – Informationen für Sicherheitsbeauftragte
  - A 005 – Sicher arbeiten - Leitfaden für neue Mitarbeiter und Mitarbeiterinnen
  - A 006 – Verantwortung im Arbeitsschutz – Rechtspflichten, Rechtsfolgen, Rechtsgrundlagen
  - A 008 – Persönliche Schutzausrüstungen
  - A 008-1 – Chemikalienschutzhandschuhe
  - A 008-2 – Gehörschutz
  - A 010 – Betriebsanweisungen für Tätigkeiten mit Gefahrstoffen
  - A 013 – Beförderung gefährlicher Güter
  - A 014 – Gefahrgutbeförderung im PKW und in Kleintransportern
  - A 016 – Gefährdungsbeurteilung
  - A 017 – Gefährdungsbeurteilung – Gefährdungskatalog
  - A 023 – Hand- und Hautschutz
  - A 040 - Sichere Lüftung in Zeiten der Corona-Pandemie -Stoßlüftung, Technische Lüftung, Luftreinigung
  - M 004 – Säuren und Laugen
  - M 017 – Lösemittel
  - M 044 – Polyurethane / Isocyanate
  - M 050 – Tätigkeiten mit Gefahrstoffen

- M 053 – Arbeitsschutzmaßnahmen bei Tätigkeiten mit Gefahrstoffen
- M 054 – Styrol - Polyesterharze und andere styrolhaltige Gemische
- M 060 – Gefahrstoffe mit GHS-Kennzeichnung
- M 062 – Lagerung von Gefahrstoffen
- T 025 – Umfüllen von Flüssigkeiten – vom Kleingebinde bis zum Container
- T 053 – Entzündbare Flüssigkeiten
- FBRCI-024: Verpflichtende Schulungen bei Tätigkeiten mit Diisocyanat-haltigen Produkten – Handlungshilfe

Europäisches Gemeinschaftsrecht

- **REACH-Verordnung** (EG) Nr. 1907/2006 des Europäischen Parlaments und des Rates vom 18. Dezember 2006 zur Registrierung, Zulassung und Beschränkung chemischer Stoffe (REACH), zur Schaffung einer Europäischen Agentur für chemische Stoffe, zur Änderung der RL 1999/45/EG und zur Aufhebung der Verordnung (EWG) Nr. 793/93 des Rates, der Verordnung (EG) Nr. 1488/94 der Kommission, der RL 76/769/EWG des Rates sowie der Richtlinien 91/155/EWG, 93/67/EWG, 93/105/EWG und 2000/21/EG der Kommission
- **CLP-Verordnung** - Verordnung (EG) Nr. 1272/2008 des Europäischen Parlaments und des Rates vom 16. Dezember 2008 über die Einstufung, Kennzeichnung und Verpackung von Stoffen und Gemischen, zur Änderung und Aufhebung der Richtlinien 67/548/EWG und 1999/45/EG und zur Änderung der Verordnung (EG) Nr. 1907/2006
- **ECHA-Gebührenverordnung REACH** - Verordnung (EG) Nr. 340/2008 der Kommission vom 16. April 2008 über die an die Europäische Chemikalienagentur zu entrichtenden Gebühren und Entgelte gemäß der Verordnung (EG) Nr. 1907/2006 des Europäischen Parlaments und des Rates zur Registrierung, Bewertung, Zulassung und Beschränkung chemischer Stoffe (REACH)
- **ECHA-Gebührenverordnung CLP** - Verordnung (EU) Nr. 440/2010 der Kommission vom 21. Mai 2010 über die an die Europäische Chemikalienagentur zu entrichtenden Gebühren gemäß der Verordnung (EG) Nr. 1272/2008 des Europäischen Parlaments und des Rates über die Einstufung, Kennzeichnung und Verpackung von Stoffen und Gemischen
- **Chemikalien-Prüfmethodenverordnung Verordnung** (EG) Nr. 440/2008 der Kommission vom 30. Mai 2008 zur Festlegung von Prüfmethoden gemäß der Verordnung (EG) Nr. 1907/2006 des Europäischen Parlaments und des Rates zur Registrierung, Bewertung, Zulassung und Beschränkung chemischer Stoffe (REACH)
- **Biozidverordnung** (EU) Nr. 528/2012 (...) über die Bereitstellung auf dem Markt und die Verwendung von Biozidprodukten
- **Gebührenverordnung Biozide** - (EU) Nr. 564/2013 (...) über die an die Europäische Chemikalienagentur zu entrichtenden Gebühren und Abgaben gemäß der Verordnung (EU) Nr. 528/2012 des Europäischen Parlaments und des Rates über die Bereitstellung auf dem Markt und die Verwendung von Biozidprodukten
- **PIC-Verordnung** - Verordnung (EG) Nr. 649/2012 des Europäischen Parlaments und des Rates über die Aus- und Einfuhr gefährlicher Chemikalien
- **POP-Verordnung** - Verordnung (EU) 2019/1021 des Europäischen Parlaments und des Rates vom 20. Juni 2019 über persistente organische Schadstoffe

Abfallrecht

Nationale Gesetze, Verordnungen und Verwaltungsvorschriften

- **Kreislaufwirtschafts- und Abfallgesetz** – (KrW-/AbfG) Gesetz zur Förderung der Kreislaufwirtschaft und Sicherung der umweltverträglichen Beseitigung von Abfällen
- **Abfallbeauftragter** (AbfBetrBV) Verordnung über Betriebsbeauftragte für Abfall
- **Verpackungsgesetz** (VerpackG) – Gesetz über das Inverkehrbringen, die Rücknahme und die hochwertige Verwertung von Verpackungen
- **Gewerbeabfallverordnung** - (GewAbfV) Verordnung über die Entsorgung von gewerblichen Siedlungsabfällen und von bestimmten Bau- und Abbruchabfällen
- **Gewinnungsabfallverordnung** (GewinnungsAbfV) Verordnung zur Umsetzung der Richtlinie 2006/21/EG des Europäischen Parlaments und des Rates vom 15. März 2006 über die Bewirtschaftung von Abfällen aus der mineralgewinnenden Industrie und zur Änderung der Richtlinie 2004/35/EG
- **Nachweisverordnung** - (NachwV) - Verordnung über Verwertungs- und Beseitigungsnachweise
- **Abfallverzeichnis-Verordnung** (AVV) Verordnung über das Europäische Abfallverzeichnis
- **Altholzverordnung** - (AltholzV) Verordnung über Anforderungen an die Verwertung und Beseitigung von Altholz
- **Technische Regeln** für Gefahrstoffe
    - TRGS 520 Errichtung und Betrieb von Sammelstellen und zugehörigen Zwischenlagern für Kleinmengen gefährlicher Abfälle

Europäisches Gemeinschaftsrecht

- **Abfallrahmenrichtlinie** – Richtlinie 2008/98/EG des Europäischen Parlaments und des Rates vom 19. November 2008 über Abfälle und zur Aufhebung bestimmter Richtlinien
- **Abfallverzeichnis** – Entscheidung 2000/532/EG der Kommission vom 3. Mai 2000 zur Ersetzung der Entscheidung 94/3/EG über ein Abfallverzeichnis gemäß Artikel 1 Buchstabe a) der Richtlinie 75/442/EWG des Rates über Abfälle und der Entscheidung 94/904/EG des Rates über ein Verzeichnis gefährlicher Abfälle im Sinne von Artikel 1 Absatz 4 der Richtlinie 91/689/EWG über gefährliche Abfälle
- **Verpackungs-Richtlinie** Richtlinie 94/62/EG des Europäischen Parlaments und des Rates vom 20. Dezember 1994 über Verpackungen und Verpackungsabfälle

Circular Economy

- **Der europäische Grüne Deal** - Mitteilung der Kommission an das Europäische Parlament, den Europäischen Rat, den Rat, den Europäischen Wirtschafts- und Sozialausschuss und den Ausschuss der Regionen COM/2019/640 final
- **Ein neuer Aktionsplan für die Kreislaufwirtschaft Für ein saubereres und wettbewerbsfähigeres Europa** Mitteilung der Kommission an das Europäische Parlament, den Rat, den Europäischen Wirtschafts- und Sozialausschuss und den Ausschuss der Regionen COM/ 2020/98 final

- **Chemikalienstrategie für Nachhaltigkeit für eine schadstofffreie Umwelt** Mitteilung der Kommission an das Europäische Parlament, den Europäischen Rat, den Rat, den Europäischen Wirtschafts- und Sozialausschuss und den Ausschuss der Regionen COM /2020/ 667 final
- **Eine europäische Strategie für Kunststoffe in der Kreislaufwirtschaft** - Mitteilung der Kommission an das Europäische Parlament, den Europäischen Rat, den Rat, den Europäischen Wirtschafts- und Sozialausschuss und den Ausschuss der Regionen - COM /2018/ 28 final
- **Ökodesign-Verordnung** - Verordnung (EU) 2024/1781 des Europäischen Parlaments und des Rates vom 13. Juni 2024 zur Schaffung eines Rahmens für die Festlegung von Ökodesign-Anforderungen für nachhaltige Produkte, zur Änderung der Richtlinie (EU) 2020/1828 und der Verordnung (EU) 2023/1542 und zur Aufhebung der Richtlinie 2009/125/EG Immissionsschutzrecht

Immissionsschutzrecht

Nationale Gesetze, Verordnungen und Verwaltungsvorschriften

- **Bundes-Immissionsschutzgesetz** (BImSchG) Gesetz zum Schutz vor schädlichen Umwelteinwirkungen durch Luftverunreinigungen, Geräusche, Erschütterungen und ähnliche Vorgänge
  - 1. BImSchV - Erste Verordnung zur Durchführung des Bundes-Immissionsschutzgesetzes (Verordnung über kleine und mittlere Feuerungsanlagen)
  - 2. BImSchV - Zweite Verordnung zur Durchführung des Bundes-Immissionsschutzgesetzes, (Verordnung zur Emissionsbegrenzung von leichtflüchtigen halogenierten organischen Verbindungen)
  - 4. BImSchV - Vierte Verordnung zur Durchführung des Bundes-Immissionsschutzgesetzes (Verordnung über genehmigungsbedürftige Anlagen)
  - 5. BImSchV - Fünfte Verordnung zur Durchführung des Bundes-Immissionsschutzgesetzes (Verordnung über Immissionsschutz- und Störfallbeauftragte)
  - 9. BImSchV - Neunte Verordnung zur Durchführung des Bundes-Immissionsschutzgesetzes (Verordnung über das Genehmigungsverfahren).
  - 11. BImSchV - Elfte Verordnung zur Durchführung des Bundes-Immissionsschutzgesetzes (Emissionserklärungsverordnung)
  - 12. BImSchV - Zwölfte Verordnung zur Durchführung des Bundes-Immissionsschutzgesetzes (Störfallverordnung)
  - 13. BImSchV - Dreizehnte Verordnung zur Durchführung des Bundes-Immissionsschutzgesetzes (Verordnung über Großfeuerungs-, Gasturbinen- und Verbrennungsmotoranlagen)
  - 17. BImSchV - Siebzehnte Verordnung zur Durchführung des Bundes-Immissionsschutzgesetzes (Verordnung über Verbrennungsanlagen für Abfälle und ähnliche brennbare Stoffe)
  - 31. BImSchV - Einunddreißigste Verordnung zur Durchführung des Bundes-Immissionsschutzgesetzes (Verordnung zur Begrenzung der Emissionen flüchtiger organischer Verbindungen bei der Verwendung organischer Lösemittel in bestimmten Anlagen)
  - 39. BImSchV - Neununddreißigste Verordnung zur Durchführung des Bundes-Immissionsschutzgesetzes (Verordnung über Luftqualitätsstandards und Emissionshöchstmengen)
  - 42. BImSchV - Zweiundvierzigste Verordnung zur Durchführung des Bundes-Immissionsschutzgesetzes (Verordnung über Verdunstungskühlanlagen, Kühltürme und Nassabscheider)

- **Lösemittelhaltige Farben- und Lack-Verordnung** – (ChemVOCFarbV) Chemikalienrechtliche Verordnung zur Begrenzung der Emissionen flüchtiger organischer Verbindungen (VOC) durch Beschränkung des Inverkehrbringens lösemittelhaltiger Farben und Lacke
- **TA Luft** - Technische Anleitung zur Reinhaltung der Luft - Erste Allgemeine Verwaltungsvorschrift zum Bundes-Immissionsschutzgesetz

Europäisches Gemeinschaftsrecht

- **Luftqualitätsrichtlinie** – Richtlinie 2008/50/EG des Europäischen Parlaments und des Rates vom 21. Mai 2008 über Luftqualität und saubere Luft für Europa
- **Industrieemissionen-Richtlinie** - Richtlinie 2010/75/EU des Europäischen Parlaments und des Rates vom 24. November 2010 über Industrieemissionen (integrierte Vermeidung und Verminderung der Umweltverschmutzung)
- **VOC-Emissionen, Farben und Lacke** - Richtlinie 2004/42/EG des Europäischen Parlaments und des Rates vom 21. April 2004 über die Begrenzung der Emissionen flüchtiger organischer Verbindungen aufgrund Verwendung organischer Lösemittel in bestimmten Farben und Lacken und in Produkten der Fahrzeugreparaturlackierung sowie zur Änderung der Richtlinie 1999/13/EG
- **Emissionshandelsrichtlinie** - Richtlinie 2003/87/EG des Europäischen Parlaments und des Rates vom 13. Oktober 2003 über ein System für den Handel mit Treibhausgasemissionszertifikaten in der Gemeinschaft und zur Änderung der Richtlinie 96/61/EG des Rates
- **PRTR-Verordnung** - Verordnung (EG) Nr. 166/2006 des Europäischen Parlaments und des Rates vom 18. Januar 2006 über die Schaffung eines Europäischen Schadstofffreisetzungs- und -verbringungsregisters und zur Änderung der Richtlinien 91/689/EWG und 96/61/EG des Rates
- **F-Gase-Verordnung** - Verordnung (EU) Nr. 517/2014 des Europäischen Parlaments und des Rates vom 16. April 2014 über fluorierte Treibhausgase und zur Aufhebung der Verordnung (EG) Nr. 842/2006

Wasserrecht

Nationale Gesetze, Verordnungen und Verwaltungsvorschriften

- **Wasserhaushaltsgesetz** (WHG) – Gesetz zur Ordnung des Wasserhaushalts
- **Abwasserabgabengesetz** (AbwAG) – Gesetz über Abgaben für das Einleiten von Abwasser in Gewässer
- **Wassergefährdende Stoffe** (AwSV) - Verordnung über Anlagen zum Umgang mit wassergefährdenden Stoffen (AwSV)
- **Abwasserverordnung** (AbwV) – Verordnung über Anforderungen an das Einleiten von Abwasser in Gewässer
  - Anhang 15 – Herstellung von Hautleim, Gelatine und Knochenleim
  - Anhang 22 – Chemische Industrie

Europäisches Gemeinschaftsrecht

- **Wasser-Rahmenrichtlinie** Richtlinie 2000/60/EG des Europäischen Parlaments und des Rates vom 23. Oktober 2000 zur Schaffung eines Ordnungsrahmens für Maßnahmen der Gemeinschaft im Bereich der Wasserpolitik
- **Industrieemissionen-Richtlinie** – Richtlinie 2010/75/EU des Europäischen Parlaments und des Rates vom 24. November 2010 über Industrieemissionen (integrierte Vermeidung und Verminderung der Umweltverschmutzung)

Produktsicherheitsrecht

Nationale Gesetze, Verordnungen und Verwaltungsvorschriften

- **Produktsicherheitsgesetz** (ProdSG) – Gesetz über die Bereitstellung von Produkten auf dem Markt
- **Verordnung über die Sicherheit von Spielzeug** (2. ProdSV) – Zweite Verordnung zum Produktsicherheitsgesetz
- **Betriebssicherheitsverordnung** (BetrSichV) – Verordnung über Sicherheit und Gesundheitsschutz bei der Verwendung von Arbeitsmitteln
- **Produkthaftungsgesetz** (ProdHaftG) – Gesetz über die Haftung für fehlerhafte Produkte
- **Arbeitsstättenverordnung** (ArbStättV) – Verordnung über Arbeitsstätten
- **TRGS 509** „Lagern von flüssigen und festen Gefahrstoffen in ortsfesten Behältern sowie Füll- und Entleerstellen für ortsbewegliche Behälter“

Europäisches Gemeinschaftsrecht

- **Richtlinie 2001/95/EG** des Europäischen Parlaments und des Rates über die allgemeine Produktsicherheit
- **Verordnung (EU) 2016/426** des Europäischen Parlaments und des Rates über Geräte zur Verbrennung gasförmiger Brennstoffe und zur Aufhebung der Richtlinie 2009/142/EG
- **Verordnung (EU) 2016/425** des Europäischen Parlaments und des Rates über persönliche Schutzausrüstungen und zur Aufhebung der Richtlinie 89/686/EWG des Rates

Gefahrgut-Transportrecht

Nationale Gesetze, Verordnungen und Verwaltungsvorschriften

- **Gefahrgutbeförderungsgesetz** (GGbefG) – Gesetz über die Beförderung gefährlicher Güter
- **Gefahrgutverordnung See** (GGVSee) – Verordnung über die Beförderung gefährlicher Güter mit Seeschiffen
- **Gefahrgut-Kostenverordnung** (GGKostV) – Kostenverordnung für Maßnahmen bei der Beförderung gefährlicher Güter
- **Gefahrgutbeauftragtenverordnung** (GbV) – Verordnung über die Bestellung von Gefahrgutbeauftragten in Unternehmen

- **Gefahrgutverordnung Straße, Eisenbahn und Binnenschifffahrt** - (GGVSEB) Verordnung über die innerstaatliche und grenzüberschreitende Beförderung gefährlicher Güter auf der Straße, mit Eisenbahnen und auf Binnengewässern
- **Gefahrgut-Ausnahmeverordnung** (GGAV) - Verordnung über Ausnahmen von den Vorschriften über die Beförderung gefährlicher Güter

Europäisches Gemeinschaftsrecht

- **Verordnung (EU) Nr. 530/2012** des Europäischen Parlaments und des Rates vom 13. Juni 2012 zur beschleunigten Einführung von Doppelhüllen oder gleichwertigen Konstruktionsanforderungen für Einhüllen-Öltankschiffe
- **Richtlinie 2008/68/EG** des Europäischen Parlaments und des Rates vom 24. September 2008 über die Beförderung gefährlicher Güter im Binnenland
- **Richtlinie 2014/103/EU** der Kommission vom 21. November 2014 zur dritten Anpassung der Anhänge der Richtlinie 2008/68/EG des Europäischen Parlaments und des Rates über die Beförderung gefährlicher Güter im Binnenland an den wissenschaftlichen und technischen Fortschritt

Internationale Übereinkommen

- **GHS** - Globally Harmonized System of Classification and Labelling of Chemicals
- **ADR** - Gesetz - Europäisches Übereinkommen über die internationale Beförderung gefährlicher Güter auf der Straße
- **ADN** - Gesetz - Europäisches Übereinkommen über die Beförderung gefährlicher Güter auf Binnenwasserstraßen
- **RID** - Ordnung für die internationale Eisenbahnbeförderung gefährlicher Güter

Sonstige Rechtsbereiche

- **Bauproduktenverordnung** - Die Verordnung (EU) Nr. 305/2011 des Europäischen Parlaments und des Rates vom 9. März 2011 zur Festlegung harmonisierter Bedingungen für die Vermarktung von Bauprodukten (EU-BauPVO)
- **Lebensmittel-, Bedarfsgegenstände- und Futtermittelgesetzbuch** (Lebensmittel- und Futtermittelgesetzbuch - LFGB)
- **Verordnung über Fertigpackungen** (Fertigpackungsverordnung - FertigPackV)
- **Gesetz über die Umwelthaftung** (UmweltHG)
- **Strafgesetzbuch** (StGB) - Neunundzwanzigster Abschnitt. Straftaten gegen die Umwelt
- **Gesetz zur Regelung des Rechts der Allgemeinen Geschäftsbedingungen** (AGB-Gesetz)
- **Bürgerliches Gesetzbuch** (BGB)
- **Handelsgesetzbuch** (HGB)
- **Gesetz über das Mess- und Eichwesen** (Eichgesetz)
- **Gesetz gegen Wettbewerbsbeschränkungen**
- **Warenzeichengesetz** (WZG)
- **Gesetz gegen den unlauteren Wettbewerb** (UWG)

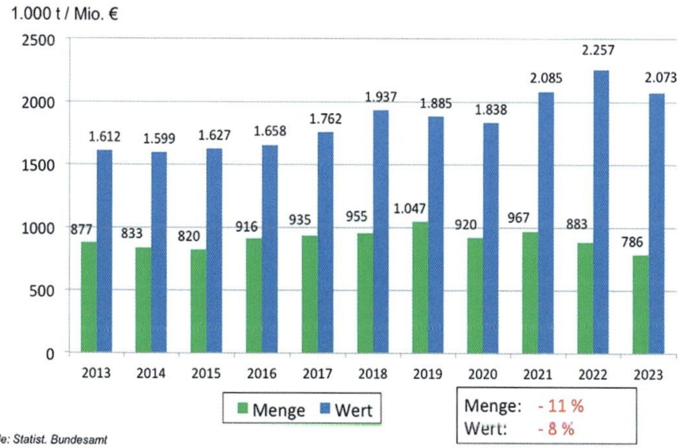

Quelle: Statist. Bundesamt

Industrieverband Klebstoffe e.V.

Die deutsche Klebstoffindustrie im Frühjahr 2024
Rahmenbedingungen

Geopolitische Risiken

- Verstärkte geopolitische Lagerbildungen
- Ukraine-Krieg und Gaza-Konflikt
- Regulierungsdruck, mit Hoffnung auf mehr Pragmatismus nach Europa-Wahlen
- Anhaltender Fachkräftemangel und Talentabfluss
- Verstärkung der Effekte speziell in Deutschland

Rohstoffe

- Weitgehend gute Versorgungslage
- Tendenz zu leicht erhöhten Preisen bei wichtigen Klebstoff-Rohstoffen
- Ölpreise relativ unbeeindruckt von Nahost-Lage
- Energiekosten in Deutschland im internationalen Vergleich weiter hoch

Erholende Industriekonjunktur, aber weniger dynamisch als Gesamtmarkt

- Abnehmende Inflation, aber anhaltend hohe Investitionskosten durch weiterhin hohe Zinsen
- Unterschiedliche Wachstums-Dynamik in den Regionen
- Indien stark, USA und China moderat,
- Deutschland mehr als nur „verkatert“ und Nullwachstum beim IPX
- Segmentprognosen für Deutschland mit späterer Erholung als zunächst erwartet

STATISTISCHE ÜBERSICHTEN

Die deutsche Wirtschaft stagniert, befindet sich aber nicht mehr in der Rezession Umfeld bleibt volatil

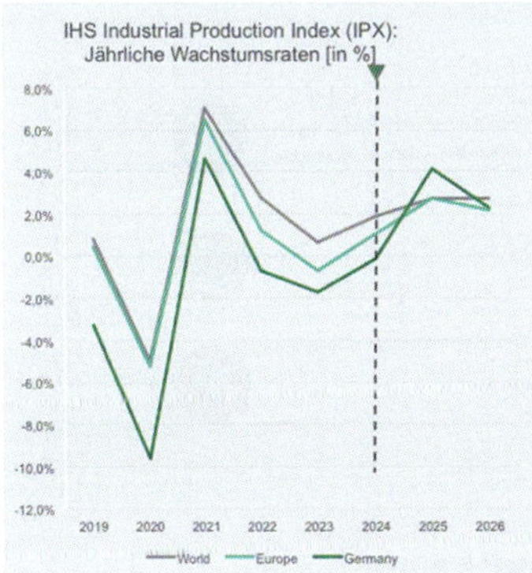

- **Der weltweite Wirtschaftsaufschwung gewinnt an Fahrt.**
  - Schwellenländer wie Indien treiben das Wachstum an
- **Trotz Verbesserungen hinkt Europa immer noch hinterher**
  - Die Konjunktur in Europa bleibt gedämpft, da verschiedene Gegenwinde, einschließlich der verzögerten Auswirkungen höherer Zinssätze, ihren Tribut fordern.
- **Die Lage in Deutschland verbessert sich, ist aber fragil**
- **Der Ifo-Geschäftsklimaindex verbessert sich leicht**

Quellen: S&P Global Market Intelligence - World Economic Service April 2024

Industrieverband Klebstoffe e.V.

Die deutsche Klebstoffindustrie – Entwicklung der Abnehmerbranchen –

Entwicklung ausgewählter Branchen in Deutschland

(Veränderung zum Vorjahr in %)

	Anteil der Produktion in %	2023	Prognose 2024	Prognose 2025
Verarbeitendes Gewerbe	**100**	**1,8**	**0,3**	**2,3**
Transportmittel	21,9	15,4	3,5	6,3
Lebensmittel, Getränke & Tabak	10,3	6,6	2,3	3,3
Papier (inkl. Druck)	3,0	-12,7	- 4,4	1,3
Metalle & Metall-Produkte	12,1	- 6,6	- 6,9	- 3,8
Maschinen & Anlagen	14,6	6,1	1,5	2,1
Elektronische, Elektrische & Optische Anlagen	6,5	0,0	1,7	- 0,8
Chemie	7,3	- 16,3	3,5	- 0,6
Holz (ohne Möbel)	1,4	- 24,1	- 10,1	1,6
Bauhauptgewerbe	--	**-1,4**	**0,0**	**4,8**

Quellen: S&P Global Market Intelligence - World Industry Service, April 2024, vci

Industrieverband Klebstoffe e.V.

Die deutsche Klebstoffindustrie
– Stimmungsbarometer –
Regelmäßige Befragung der Verbandsmitglieder
• Gegenwärtige Entwicklung
• Marktlage
• Geschäftslage
• Umsatzentwicklung
• Erwartungen & Pläne
• Marktlage
• Umsatzentwicklung
• Export
Quelle: IVK
Aktuelle Beteiligung: 44 %
Industrieverband Klebstoffe e.V.

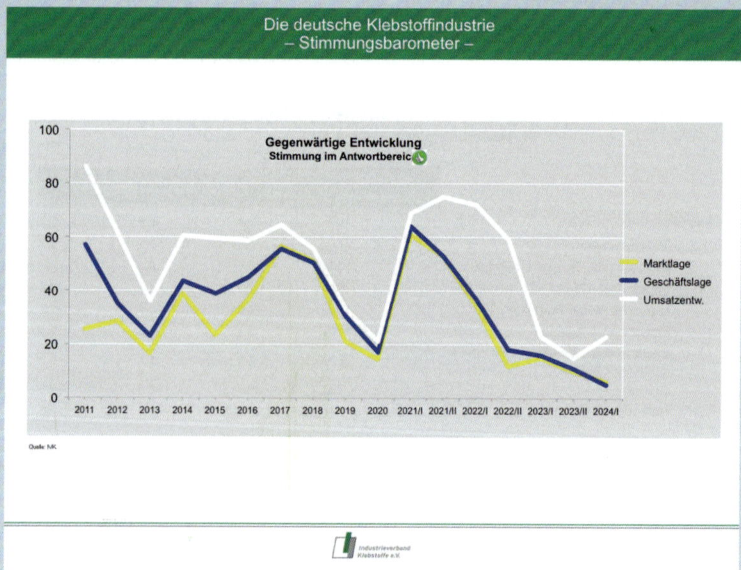
Die deutsche Klebstoffindustrie
– Stimmungsbarometer –
Gegenwärtige Entwicklung
Stimmung im Antwortbereich
100
80
60
40
20
0
2011 2012 2013 2014 2015 2016 2017 2018 2019 2020 2021/I 2021/II 2022/I 2022/II 2023/I 2023/II 2024/I
Marktlage
Geschäftslage
Umsatzentw.
Quelle: IVK
Industrieverband Klebstoffe e.V.

Die deutsche Klebstoffindustrie – Stimmungsbarometer –

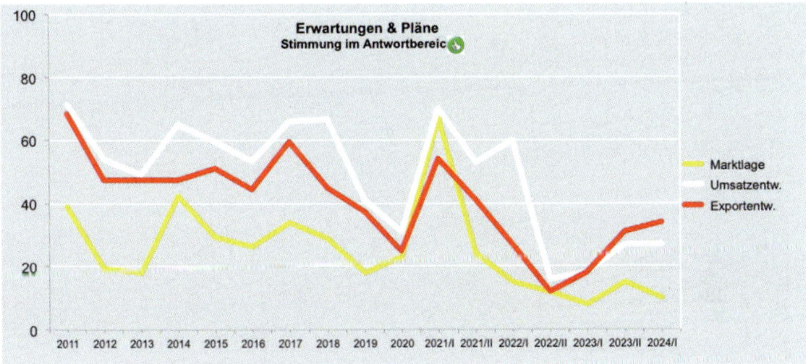

Quelle: IVK

Industrieverband Klebstoffe e.V.

Klebstoff-Rohstoffe Trends - Verfügbarkeit und Preisentwicklung

Niedriger*	stabil *	höher*	deutlich höher*
Tallharz	APAO	Balsamharz	
	Ataktische Polyolefine	Aliph. KW Harze	
	EVA	Aceton	
	Met-Cat	Acrylat-Disp	
	VAE	Acrylester	
	PVAC	Acrylsäure	
		Butadien	
		Calciumcarbonat	
		Ethylacetat	
		Isocyanate	
		MEK	
		mPO	
		PU Disp	
		Polyole	
		Propylen	
		SBS	
		SIS	
		Styrol	
		Wachse	
		Vinylacetat	

*Preisentwicklung letztes Halbjahr Verfügbarkeit: Aktuell | Trend

Industrieverband Klebstoffe e.V.

NORMEN

Standards/Normen

Die fachgerechte Prüfung von Klebstoffen und Klebverbindungen ist eine wichtige Voraussetzung für erfolgreiche Klebungen. Um Anwender dabei zu unterstützen, hat der Industrieverband Klebstoffe e. V. (IVK) ein Online-Tool entwickelt, das auf www.klebstoffe.com zur Verfügung steht. Diese 2022 komplett überarbeitete Liste ist jetzt noch strukturierter, schneller und intuitiver.

Bei dem Tool handelt es sich um eine Datenbank, die klebtechnisch relevante Normen, Richtlinien und weitere wichtige Bestimmungen auf einen Blick zusammenfasst. Die Liste besteht derzeit aus mehr als 900 einzelnen Dokumenten. Aufgeführt werden nicht nur die einschlägigen deutschen, europäischen und internationalen Normen (DIN, EN, ISO), sondern auch solche, die nicht oder nicht allein für die Verwendung im Bereich Kleben erstellt wurden, sich aber mittlerweile hierfür etabliert haben.

Sämtliche Dokumente werden hinsichtlich der jeweiligen Klebstoffart, dem Anwendungsgebiet und der Aussage der Dokumente kategorisiert. So kann beispielsweise nach Marktsegmenten wie Bau, Medizin oder Papier- und Verpackung gefiltert werden, aber auch nach Klebstoffarten wie Schmelzklebstoffe, chemisch härtende Klebstoffe und viele andere. Alternativ kann mit Hilfe der Volltextsuche gezielt nach Stichworten oder einer konkreten Dokumentennummer gesucht werden. Eine Kurzbeschreibung des Dokumenteninhalts gibt erste wertvolle Hinweise zu der Relevanz für die jeweilige Fragestellung bzw. den konkreten Prüfanforderungen. Soweit das Dokument frei verfügbar ist, verweist ein Link zum Originaldokument. Bei kostenpflichtigen Dokumenten ist ein Link zu der entsprechenden Bezugsquelle angegeben.

Damit die Normentabelle stets auf dem neuesten Stand bleibt, wird sie vom Industrieverband Klebstoffe in Zusammenarbeit mit der DIN Software GmbH und dem Beratungsunternehmen KLEBTECHNIK Dr. Hartwig Lohse e.K. kontinuierlich aktualisiert. So wurde die Liste im Jahr 2024 um 23 Dokumente aus dem Bereich Nachhaltigkeit/Kreislaufwirtschaft erweitert.
Die Anwender haben stets einen Überblick über die Methoden, die sie zur Prüfung von Klebstoffen und Klebeverbindungen einsetzen können.
https://normenliste.klebstoffe.com/

BEZUGSQUELLEN

- Rohstoffe
- Klebstoffe nach Typen
- Dichtstoffe
- Klebstoffe nach Abnehmerbranchen
- Geräte, Anlagen und Komponenten
- Klebtechnische Beratungsunternehmen
- Forschung und Entwicklung

Rohstoffe

Alberdingk Boley
ARLANXEO
Arakawa Europe
ASTORtec
Avebe Adhesives
BASF
BCD Chemie
Biesterfeld Spezialchemie
Bodo Möller Chemie
Brenntag
BYK
CHT Germany
CnP Polymer
Coim
Collall
Collano
Covestro
CSC JÄKLECHEMIE
CTA GmbH
Dunlop Tech GmbH
EMS-Chemie
Evonik
Gustav Grolman
Hansetack
IMCD
KANEKA Belgium
Keyser & Mackay
Krahn Chemie
Kraton
LANXESS
Morchem
Nordmann, Rassmann
Möller Chemie
Münzing
ORGANIK KIMYA
Poly-Chem
PolyU GmbH
Rain Carbon
Röhm
Schill+Seilacher
SKZ - KFE
Synthopol Chemie
Ter Hell
Wacker Chemie
Worlée-Chemie

Klebstoffe

Schmelzklebstoffe

Adtracon
ALFA Klebstoffe AG
ARDEX
Artimelt
ASTORtec
Avery Dennison
BCD Chemie
Beardow Adams
Biesterfeld Spezialchemie
Bilgram Chemie
Bodo Möller Chemie
Bostik
BÜHNEN
CHT Germany
Collano
CSC JÄKLECHEMIE
Dupont
Drei Bond
Eluid Adhesive
EMS-Chemie
EUKALIN
Evonik
Follmann
Gludan
Gyso
H.B. Fuller
Henkel
Jowat
Kleiberit
Kömmerling
Kraton
L&L Products Europe
Morchem
Paramelt
Planatol
Poly-Chem
PRHO-CHEM
Rampf
Röhm
Ruderer Klebtechnik
SABA Dinxperlo
Sika Automotive
Sika Deutschland
SKZ - KFE

Tremco illbruck
TSRC (Lux.) Corporation
Türmerleim
VITO Irmen
Weiss Chemie + Technik
Zelu

Reaktionsklebstoffe
Adtracon
ARDEX
ASTORtec
BCD Chemie
Biesterfeld Spezialchemie
Bona
Bodo Möller Chemie
Bostik
BÜHNEN
COIM Deutschland
Collano
CSC JÄKLECHEMIE
Cyberbond
DELO
Drei Bond
Dupont
Dymax Europe
Epoxonic
fischerwerke
H.B. Fuller
Henkel
Jowat
Kiesel Bauchemie
Kleiberit
Kömmerling
L&L Products Europe
Morchem
LORD
LOOP
LUGATO CHEMIE
Mapei
merz+benteli
Minova CarboTech
Otto-Chemie
Panacol-Elosol
Paramelt
PCI
Planatol
PolyU GmbH
Rampf
Ramsauer GmbH
Ruderer Klebtechnik
SABA Dinxperlo
Sika Automotive
Sika Deutschland
SKZ - KFE
Sonderhoff
STAUF
Stockmeier
Synthopol Chemie
Tremco illbruck
Uzin Tyro
Uzin Utz SE
Vinavil
Wakol
Weicon
Weiss Chemie + Technik
Wöllner
ZELU CHEMIE

Dispersionsklebstoffe
ALFA Klebstoffe AG
ASTORtec
Avery Dennison
BCD Chemie
Beardow Adams
Biesterfeld Spezialchemie
Bilgram Chemie
Bison International
Bodo Möller Chemie
Bona
Bostik
BÜHNEN
CHT Germany
Coim
Collall
Collano
CSC JÄKLECHEMIE
CTA GmbH
Drei Bond
Fluid Adhesive
EUKALIN
fischerwerke
Follmann

H.B. Fuller
GLUDAN
Grünig KG
Gyso
Henkel
IMCD
Jowat
Kiesel Bauchemie
Kissel + Wolf
Kleiberit
Kömmerling
LORD
LUGATO CHEMIE
Mapei
Morchem
Murexin
ORGANIK KIMYA
Paramelt
PCI
Planatol
PRHO-CHEM
Ramsauer GmbH
Renia-Gesellschaft
Rilit Coatings
Ruderer Klebtechnik
Sika Automotive
SKZ - KFE
Sopro Bauchemie
STAUF
Synthopol Chemie
Tremco illbruck
Türmerleim
UHU
VITO Irmen
Wakol
Weiss Chemie & Technik
Wulff
ZELU CHEMIE

Pflanzliche Klebstoffe,
Dextrin- und Stärkeklebstoffe
BCD Chemie
Beardow Adams
Biesterfeld Spezialchemie
Bodo Möller Chemie
Collall
Distona AG
Eluid
EUKALIN
Grünig KG
H.B. Fuller
Henkel
Paramelt
Planatol
PRHO-CHEM
Ruderer Klebtechnik
SKZ - KFE
Türmerleim
Wöllner

Glutinleime
H.B. Fuller
Henkel
PRHO-CHEM

Lösemittelhaltige Klebstoffe
Adtracon
ASTORtec
Avery Dennison
BCD Chemie
Biesterfeld Spezialchemie
Bilgram Chemie
Bison International
Bodo Möller Chemie
Bona
Bostik
CHT Germany
COIM Deutschland
Collall
CSC JÄKLECHEMIE
CTA GmbH
Distona AG
Fermit
fischerwerke
Gyso
H.B. Fuller
IMCD
Jowat
Kiesel Bauchemie
Kissel + Wolf

Kleiberit
Kömmerling
Kraton
LANXESS
LORD
Mapei
Otto-Chemie
Paramelt
Planatol
Poly-Chem
Ramsauer GmbH
Renia-Gesellschaft
Rilit Coatings
Rohm
Ruderer Klebtechnik
SABA Dinxperlo
Sika Automotive
STAUF
Synthopol Chemie
Tremco illbruck
TSRC (Lux.) Corporation
UHU
versalis S.p.A.
VITO Irmen
Wakol
Weiss Chemie + Technik
ZELU CHEMIE

Haftklebstoffe

ALFA Klebstoffe AG
ASTORtec
Avery Dennison
BCD Chemie
Beardow Adams
Biesterfeld Spezialchemie
Bostik
BÜHNEN
Collano
CSC JÄKLECHEMIE
CTA GmbH
Dymax Europe
Eluid Adhesive
EUKALIN
H.B. Fuller
GLUDAN
Henkel
IMCD
Kissel + Wolf
Kleiberit
Kraton
L&L Products Europe
LANXESS
ORGANIK KIMYA
Paramelt
Planatol
Poly-Chem
PRHO-CHEM
Ruderer Klebtechnik
Sika Automotive

Dichtstoffe

ARDEX
Bodo Möller Chemie
Bison International
Bostik
Botament
CTA GmbH
Drei Bond
EMS-Chemie
Epoxonic
Fermit
fischerwerke
Henkel
L&L Products Europe
Mapei
merz+benteli
Murexin
ORGANIK KIMYA
OTTO-Chemie
Paramelt
PCI
PolyU GmbH
Rampf
Ramsauer GmbH
Ruderer Klebtechnik
Sika Automotive
SKZ - KFE
Sonderhoff
Stockmeier

Synthopol Chemie
Tremco illbruck
UHU
Wulff

Abnehmerbranchen

Klebebänder

Alberdingk Boley
Artimelt
Avebe Adhesives
Bodo Möller Chemie
BYK
certoplast Technische Klebebänder
CNP-Polymer
Coroplast
Eluid Adhesive
IMCD
LANXESS
Planatol
Synthopol Chemie

Papier/Verpackung

Adtracon
Alberdingk Boley
ALFA Klebstoffe AG
Arakawa Europe
Artimelt
Avebe Adhesives
BCD Chemie
Beardow Adams
Biesterfeld Spezialchemie
Bilgram Chemie
Bison International
Bodo Möller Chemie
Bostik
Brenntag
BÜHNEN
BYK
certoplast Technische Klebebänder
CNP-Polymer
COIM Deutschland
Collano
Coroplast
CSC JÄKLECHEMIE
CTA GmbH
DEKA
Eluid Adhesive
EMS-Chemie
EUKALIN
Evonik
Follmann
Gustav Grolman
Gyso
H.B. Fuller
GLUDAN
Grünig KG
Hansetack
Henkel
IMCD
Jowat
Kraton
LANXESS
Morchem
Möller Chemie
MÜNZING
Nordmann, Rassmann
ORGANIK KIMYA
Paramelt
Planatol
Poly-Chem
PRHO-CHEM
Rilit Coatings
Ruderer Klebtechnik
Synthopol Chemie
TSRC (Lux.) Corporation
Türmerleim
UHU
Wakol
Weicon
Weiss Chemie + Technik
Wöllner

Buchbinderei/Graphisches Gewerbe

ALFA Klebstoffe AG
Arakawa Europe
BCD Chemie
Biesterfeld Spezialchemie
Bodo Möller Chemie
Brenntag

BÜHNEN
BYK
CNP -Polymer
Coim
Collall
CSC JÄKLECHEMIE
DKSH GmbH
Eluid Adhesive
EUKALIN
Evonik
Gustav Grolman
H. B. Fuller
Hansetack
Henkel
IMCD
Jowat
Kraton
LANXESS
Möller Chemie
MÜNZING
Nordmann, Rassmann
ORGANIK KIMYA
Planatol
PRHO-CHEM
Röhm
TSRC (Lux.) Corporation
Türmerleim
UHU
Vinavil

Holz-/Möbelindustrie
Adtracon
ALFA Klebstoffe AG
Arakawa Europe
BCD Chemie
Biesterfeld Spezialchemie
Bilgram Chemie
Bison International
Bodo Möller Chemie
Bostik
Brenntag
BÜHNEN
BYK
CNP-Polymer
Collall
Collano
Coroplast
CSC JÄKLECHEMIE
CTA GmbH
Cyberbond
Eluid Adhesive
EMS-Chemie
Evonik
fischerwerke
Follmann
Gustav Grolman
Grünig KG
Gyso
Hansetack
H.B. Fuller
Henkel
Jowat
KANEKA Belgium
Kissel + Wolf
Kleiberit
Kömmerling
Kraton
LANXESS
Minova CarboTech
Möller Chemie
Morchem
MÜNZING
Nordmann
ORGANIK KIMYA
Otto-Chemie
Panacol-Elosol
PolyU GmbH
Rampf
Ramsauer GmbH
Röhm
Ruderer Klebtechnik
SABA Dinxperlo
SKZ - KFE
STAUF
Stockmeier
Synthopol Chemie
Tremco illbruck
TSRC (Lux.) Corporation
Türmerleim
Vinavil

VITO Irmen
Wakol
Weicon
Weiss Chemie + Technik
Wöllner
ZELU CHEMIE

Baugewerbe, inkl. Fußboden, Wand u. Decke
ARDEX
artimelt
ASTORtec
BCD Chemie
Biesterfeld Spezialchemie
Bilgram Chemie
Bodo Möller Chemie
Bona
Bostik
Botament
Brenntag
BÜHNEN
BYK
certoplast Technische Klebebänder
CnP Polymer
Collano
Coroplast
CSC JÄKLECHEMIE
CTA GmbH
DEKA
DELO
Dunlop Tech GmbH
Emerell
EMS-Chemie
Evonik
Fermit
fischerwerke
Gustav Grolman
Gyso
H. B. Fuller
GLUDAN
Gyso
Hansetack
Henkel
IMCD
Kiesel Bauchemie
Kleiberit
Kömmerling
Kraton
LUGATO CHEMIE
Mapei
Minova CarboTech
Möller Chemie
Murexin
MÜNZING
Nordmann, Rassmann
ORGANIK KIMYA
Otto-Chemie
Paramelt
PCI
Planatol
Poly-Chem
PolyU GmbH
Rampf
Ramsauer GmbH
Sika Deutschland
SKZ - KFE
Sopro Bauchemie
STAUF
Synthopol Chemie
Tremco illbruck
TSRC (Lux.) Corporation
Uzin Tyro
Uzin Utz SE
Vinavil
Wakol
Weicon
Weiss Chemie + Technik
Wöllner
Wulff

Fahrzeug- und Luftfahrtindustrie
ALFA Klebstoffe AG
APM Technica
Arakawa Europe
ASTORtec
Beardow Adams
Bison International
Bodo Möller Chemie
Brenntag
BÜHNEN
certoplast Technische Klebebänder

CHT Germany
CNP-Polymer
Coroplast
CSC JÄKLECHEMIE
Cyberbond
DEKA
DELO
Drei Bond
Dunlop Tech GmbH
Dupont
Dymax Europe
Emerell
EMS-Chemie
Evonik
Gustav Grolman
H.B. Fuller
Hansetack
Henkel
Kissel + Wolf
Kleiberit
Kömmerling
Kraton
L&L Products Europe
LORD
Möller Chemie
MÜNZING
Nordmann, Rassmann
Otto-Chemie
Panacol-Elosol
Planatol
Polytec
Rampf
Ramsauer GmbH
Ruderer Klebtechnik
Sika Automotive
Sika Deutschland
Sonderhoff
Synthopol Chemie
Tremco illbruck
TSRC (Lux.) Corporation
VITO Irmen
Wakol
Weicon
Weiss Chemie + Technik
ZELU CHEMIE

Elektronik
APM Technica
ASTORtec
Bison International
Bodo Möller Chemie
Brenntag
BÜHNEN
certoplast Technische Klebebänder
Chemetall
CHT Germany
Collano
Coroplast
CSC JÄKLECHEMIE
CTA GmbH
Cyberbond
DELO
Drei Bond
Dymax Europe
Emerell
EMS-Chemie
Epoxonic
Evonik
Gustav Grolman
H.B. Fuller
Hansetack
Henkel
KANEKA Belgium
Kissel + Wolf
Kömmerling
L&L Products Europe
LORD
Möller Chemie
Morchem
MÜNZING
Nordmann, Rassmann
Otto-Chemie
Panacol-Elosol
Polytec
Rampf
Röhm
Ruderer Klebtechnik
Sika Automotive
Sika Deutschland
SKZ - KFE
Tremco illbruck

UHU
Weicon
Weiss Chemie + Technik

Hygienebereich
APM Technica
Arakawa Europe
Bilgram Chemie
CSC JÄKLECHEMIE
H.B. Fuller
GLUDAN
Gustav Grolman
Henkel
Jowat
Kömmerling
Kraton
LANXESS
Lohmann
Nordmann, Rassmann
Prho-Chem
Türmerleim
Vito Irmen

Maschinen- und Apparatebau
ASTORtec
BCD Chemie
Biesterfeld Spezialchemie
Bodo Möller Chemie
BÜHNEN
certoplast Technische Klebebänder
CHT Germany
Coroplast
CSC JÄKLECHEMIE
Cyberbond
DEKA
DELO
Drei Bond
Dupont
Epoxonic
Henkel
KANEKA Belgium
Kleiberit
Kömmerling
L&L Products Europe
Otto-Chemie
Panacol-Elosol
Paramelt
Renia-Gesellschaft
Ruderer Klebtechnik
SABA Dinxperlo
SKZ - KFE
Synthopol Chemie
Weicon

Textilindustrie
Adtracon
ASTORtec
BCD Chemie
Biesterfeld Spezialchemie
Bodo Möller Chemie
Bostik
Brenntag
BÜHNEN
CHT Germany
CNP-Polymer
Collano
CSC JÄKLECHEMIE
Emerell
EMS-Chemie
EUKALIN
Evonik
Gustav Grolman
Hansetack
H.B. Fuller
Henkel
Jowat
Kissel + Wolf
Kleiberit
LANXESS
Möller Chemie
Morchem
MÜNZING
Nordmann, Rassmann
SABA Dinxperlo
Sika Automotive
Synthopol Chemie
Vito Irmen
Wakol
Wulff
Zelu

Klebebänder, Etiketten

artimelt
Arakawa Europe
ASTORtec
Avery Dennison
BCD Chemie
Biesterfeld Spezialchemie
Bodo Möller Chemie
Bostik
Brenntag
CNP-Polymer
Coim
Collano
EMS-Chemie
EUKALIN
Gustav Grolman
Gyso
Hansetack
H.B. Fuller
Henkel
IMCD
Jowat
KANEKA Belgium
Kraton
LANXESS
Möller Chemie
MÜNZING
Nordmann, Rassmann
ORGANIK KIMYA
Paramelt
Planatol
PRHO-CHEM
Sika Automotive
Stauf
SKZ - KFE
Synthopol Chemie
TSRC (Lux.) Corporation
Türmerleim
Vito Irmen

Haushalt, Hobby und Büro

Arakawa Europe
Bodo Möller Chemie
Bison International
certoplast Technische Klebebänder
CNP-Polymer
Collall
Coroplast
CSC JÄKLECHEMIE
CTA GmbH
Cyberbond
EMS-Chemie
Fermit
fischerwerke
GLUDAN
Gustav Grolman
Gyso
Hansetack
Henkel
Jobachem
KANEKA Belgium
Kissel + Wolf
LUGATO Chemie
Möller Chemie
Nordmann, Rassmann
Panacol-Elosol
Rampf
Ramsauer GmbH
Renia-Gesellschaft
Tremco illbruck
TSRC (Lux.) Corporation
UHU
Weicon
Weiss Chemie + Technik

Schuh- und Lederindustrie

Adtracon
BÜHNEN
Cyberbond
H.B. Fuller
Henkel
Kömmerling
Renia-Gesellschaft
Ruderer Klebtechnik
Wakol
Zelu

Geräte, Anlagen und Komponenten

zum Fördern, Mischen, Dosieren und Klebstoffauftrag

Baumer hhs
bdtronic
Beinlich Pumpen
BÜHNEN
Drei Bond
Hilger u. Kern
Hönle
H&H Maschinenbau
Innotech
medmix
Meter Mix
Nordson
Plasmatreat
Poly-clip System
Reka Klebetechnik
Robatech
Rocholl
Scheugenpflug
Soudal
Unitechnologies SA - mta
ViscoTec Pumpen- u. Dosiertechnik
VSE Volumentechnik
Walther

Klebtechnische Beratung

ChemQuest Europe INC.
Hinterwaldner Consulting
Klebtechnik Dr. Hartwig Lohse

Forschung und Entwicklung

IFAM
SKZ - KFE
ZHAW